水，可引发冲突，也能促进和平！

水与中国周边关系

Water and China Neighborhood Relationship

李志斐◎著

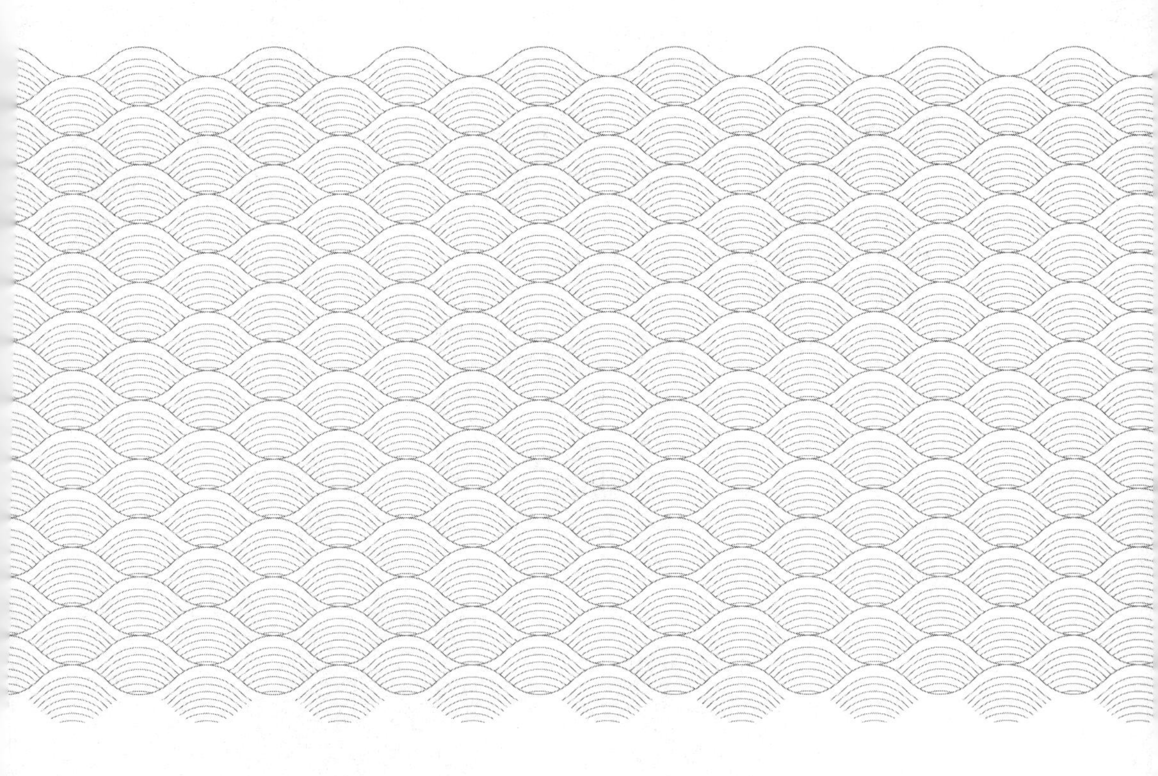

时 事 出 版 社

图书在版编目（CIP）数据

水与中国周边关系/李志斐著. —北京：时事出版社，2015.10
ISBN 978-7-80232-858-7

Ⅰ.①水… Ⅱ.①李… Ⅲ.①水资源—关系—国家安全—研究—中国 Ⅳ.①TV213

中国版本图书馆 CIP 数据核字（2015）第 162126 号

出版发行：时事出版社
地　　址：北京市海淀区万寿寺甲 2 号
邮　　编：100081
发行热线：（010）88547590　88547591
读者服务部：（010）88547595
传　　真：（010）88547592
电子邮箱：shishichubanshe@sina.com
网　　址：www.shishishe.com
印　　刷：北京市昌平百善印刷厂

开本：787×1092　1/16　印张：22　字数：311 千字
2015 年 10 月第 1 版　2015 年 10 月第 1 次印刷
定价：82.00 元

本书受“十二五”国家科技支撑计划项目
“气候变化与国家安全战略的关键技术研究”
（课题编号：2012BAC20B06）的资助

序　言

李志斐博士一直致力于有关水资源与国际关系，特别是有关我国与周边国家水资源关系的研究。她写作了《水与中国周边关系》一书，要我写一个序言。我粗看了她的书稿，觉得她的研究很下功夫，也很有特色。她从水资源的一般含义出发，分析水资源的国际特征，水资源冲突的类型，进而分析水资源冲突的演变，以及水资源合作的形式和内容。在此基础上，她探析水与国际关系，提出水资源关系的核心问题是安全问题，并进而提出，水资源的安全问题具有区域性和公共性的特征。

流行的理论认为，水资源作为一种稀缺资源，必然引起冲突。而她认为，作为区域性和公共性的水资源，只有通过合作才可以解决，而合作的中心是进行合作管理。特别可贵的是，针对国外流行观点认定中国是区域水资源冲突的根源，她提出了关于水资源与国际关系的中国化理论。

也许是因为近年来我对中国与周边关系给予了特别关注的缘故，我对李志斐博士的这本书稿很感兴趣，加上我主持的中国社会科学院地区安全研究中心的研究主要以中国的周边安全与合作为重心，因此，我才答应写这篇序言，一则是表示对这个领域的研究给予支持，二则也是对她的研究给予肯定。我不是这个领域的专家，不可能写出有深度的思想，只是以此支持青年学者沉下心来，认真研究问题。

水是生命之源，这是一个公认的道理。尽管地球上水资源丰富，但是97%以上的水是海水，也就是说，可供人类直接使用的淡水资源其实是很有限的。况且，这些有限的水资源水储量很不均衡，大部分为冰川、地下储藏水，而方便使用的河流、淡水湖泊水占量很少，可利用水的分布结构也失衡，部分国家和地区丰足，而另外一些国家和地区却稀缺。特别是，河流往往流经多个国家，居上游者往往拥有先占权；而且现代化导致人类对水的使用量大幅度增加，污染也使得很多水资源成为废水。鉴于这样一些特征，正如联合国世界水资源报告所指出的，水资源正变得枯竭和稀缺。据预测，到2025年，世界上将有50多个国家，涉及30多亿人口会缺水，这会危及到人（还有其他生命）的生存，威胁到国家的安全，也会引发冲突。

在人类历史上，围绕水资源的争斗一直不断，对水资源的争夺往往成为一些冲突，甚至战争的导火索。世界上有200多条河流经多个国家，世界50%的人口与邻国分享河流与湖泊，从这个意义上说，水本身就造就了国际关系。为水而战似乎天经地义。比如，幼发拉底河和底格里斯河孕育了美索不达米亚文明，但围绕水的争斗一直不断。历史上，美国与墨西哥围绕科罗拉多河和格兰德河水发生冲突，欧洲围绕多瑙河水发生纷争，中东围绕约旦河水、非洲围绕尼罗河水、中亚围绕阿姆河水等，都曾发生过冲突或者战争，主要原因当然是对水资源的利用、霸占和控制。比如，河湖之水在枯水季大量减少，人们因水短缺而争斗，而在雨季突然增多，人们则因水患而产生怨恨和矛盾……水本可以熄火，但在很多情况下却成为冲突之火的燃点。

正因为如此，为了减少冲突，防止战争，联合国和国际社会（如国际法协会）对于跨境水资源的利用和管理制定了不少法规和规约，对于跨境水资源赋予相关国家以公平、合理和可持续的方式参与国际流域水资源管理的权利，对如何解决争端也制定了明晰的原则与约定。应该说，这为合理利用和管理跨境水资源，避免战祸和推进合作奠定了基础，这是人类历史发展的进步。

水资源关系是中国对外关系，特别是周边关系的重要组成部分。中国有10条跨境河流，与周边许多国家有水资源关系。鸭绿江是中朝界河，图们江流经中国、朝鲜和俄罗斯，黑龙江（阿穆尔河）把中国与俄罗斯连接在一起，额尔齐斯河流经中国、俄罗斯和哈萨克斯坦，伊犁河为中国和哈萨克斯坦共享，狮泉河发端中国、流向印度，雅鲁藏布江（布拉马普特拉河）从中国流向印度和孟加拉，怒江（萨尔温江）连接中国与缅甸，澜沧江（湄公河）成为中国与缅甸、老挝、泰国、柬埔寨、越南之间的连接纽带，还有中国、越南共享的红河等。一个国家有这么多的河流与邻国共享，这是不多见的。因此，在中国与周边国家的关系中，水资源关系蕴含着复杂的内容和多变的特征。

中国与周边国家的水资源关系大体包括，河流上下游水利用与管理关系，河流水资源环境保护以及河流通航与区域发展关系，这几个方面的因素往往相互交织，既敏感，又复杂。尤其是中国有这么多的跨境河流，而且又涉及这么多的国家，对于出现的矛盾特别需要谨慎处理，如果处理不及时或者不当，就会影响到与邻国的关系，甚至成为更大范围的国际问题。

正如李志斐博士书中所言，水既可以成为冲突的引子，也可以成为地区和平的纽带。中国与相关国家已经发展起了多层次、多形式的合作。大湄公河区域合作（GMS）是一个很好的范例，各方以共同发展为宗旨，合作开发、利用和管理湄公河水资源和区域发展取得了显著的成绩；大图们江流域次区域合作在联合国开发署的推动下，相关国家建立了政府间的合作机制；中俄在黑龙江发生洪水之时，保持了密切的合作，在发生污染事故后也能通过协商妥善解决，避免了发生冲突与矛盾……这些都为如何处理复杂的跨境水资源问题提供了积极的经验。当然，如今水的问题不仅仅是河流湖泊之水，还有越来越重要的海水资源。

作者提出要构建中国化的跨境水资源理论，这是值得下功夫探究的。在我看来，如果说跨境水资源的核心问题是安全问题，那么，中国化跨境水资源理论的要旨是探索水资源的新安全观，以推动与周边国家构建共享水资源的命运共同体。从这个意义上说，本书不是李志斐博士在这个领域研究的终结，而应是新的开始。

张蕴岭

中国社会科学院学部委员、国际研究学部主任

2015 年 4 月 5 日

前　　言

水是世界上一切生命活动的基础，是继石油之后的第二个新战略资源。随着气候的变化，人口数量的高速增长和世界经济的持续发展，水资源需求呈现不断增长之势，水资源供给的紧张趋势愈来愈明显，水战略地位的重要性日益凸显，随之带来的是国际水资源所引发的水资源安全问题成为重要的地缘政治议题。

中国是一个国际水资源丰富的国家，国际河流的流域面积占到全国陆地面积的21%，界河长度占到全国陆地边界的1/3，年出入境水量占到全国总水量的26%。为了满足日益增长的水资源需求，发展边疆地区经济，中国积极调整水资源开发战略，日益重视对境内国际水资源的开发利用。但中国的开发利用引发了连锁性的周边反应，水问题在中国周边地区开始密集爆发。“中国水威胁论”盛行、周边国家对中国不断指责与抗议……这些都充分暴露出了水问题已经成为中国周边外交的软肋。国际社会，尤其是周边国家在水资源问题上对中国水资源开发利用基本上形成了“一边倒”的批评态势。在美国“重返亚太”的战略背景下，从横向上看，水问题的地缘政治性结合得更加明显，域外国家利用水问题介入中国周边事务的趋势有所增强；从纵向上看，水问题会与中国的海外水电投资联系起来，海外投资权益因为周边国家水坝政治的影响而遭受损失。现实已经表明，“水与国际关系”已经成为影响中国周边安全的一个重要的非传统性安全议题。

水，既可以成为冲突的引子，也可以成为地区和平的纽带，如何妥善地处理水资源的使用与分配，决定了流域国之间是选择和平还是冲突。中国与周边国家已经开启了水资源合作的大门，尤其是气候变化引发的青藏高原冰川融化，互联互通带动的区域合作，都为未来的水资源合作创造了新的机遇。水已经成为影响中国周边地缘政治环境变化的重要因素，对此，中国需要从一个负责任大国的角度来思考，如何直面和处理与周边国家之间的水资源安全问题，如何对之进行更长远、更系统的管理。

本书从战略的高度，从中国周边安全构建的视角，通过六个章节的内容，系统地分析了中国与周边国家之间的水关系状态，梳理和阐释了水资源与中国周边安全之间的内在联系，并在此基础上去思考和探寻中国如何推动与周边国家之间和平共享国际水资源，如何通过制定国际水资源安全战略，完善水安全合作机制来预防或解决纷争，推动水资源成为构建和平稳定的周边安全环境的积极因素。

目　　录

第一章　水与国际关系：理论框架与研究视角

水是一切地球生灵的生命之源，是每一个国家基础性的自然资源和战略性的经济资源。水的内涵丰富、特点鲜明、用途多样，与人类的文明发展息息相关。古巴比伦、古埃及、古代中国、古印度作为四个人类文明最早诞生的地区，无一不是在丰富水源的附近。古巴比伦发源于两河流域即底格里斯河和幼发拉底河流域，古埃及发源于尼罗河流域，古代中国发源于黄河流域，古印度发源于印度河与恒河流域。拥有水的地方，才会有肥沃的土地，才会为我们繁衍生息提供便利，提供足够的水去发展农业，兴起商业。

正因为水的重要性与必要性，国与国之间才会因为水而产生互动。自公元前4500年，底格里斯河和幼发拉底河流域的两个城邦国拉什加和乌姆马之间发生水战争之后，水问题就逐渐成为国家间关系处理的重要议题。

第一节　水资源的内涵与属性

一、水资源的概念与定义

“水资源”（water resources）的概念最早由美国地质调查局所使用，代指地表河川径流和地下水。1977年联合国教科文组织（UNESCO）将水资源定义为“可利用或有可能被利用的水源，这个水源应具有足够的数量和可用的质量，并能够在某一地点为满足某种用途而可被利用”。[①] 现在国内的学术界大多采用《中国大百科全

---

① 王利明：《物权法论》，中国政法大学出版社2003年版，第772页。

书》的定义，“水资源是在一定的经济技术条件下，可供人类利用的地球表层的水，又称为水利资源，包括水量、水域和水能资源”。[①]

地球表面72%的面积被水覆盖着，水是地球上最为重要的自然资源。作为一种不可替代性的资源，地球上的水资源总储存量大约为1386000万亿立方米，其中海洋水为1338000万亿立方米，约占全球总水量的96.5%，在余下的水量中地表水占1.78%，地下水占1.69%。这意味着全球大约96.5%的水为不适于饮用和灌溉的碱水，只有3.5%的水为淡水，其总量大约为350万亿立方米。[②]

陆地上的淡水资源仅仅占地球上水体总量的2.53%左右，而其中近70%位于南北两极的冰圈之内，以冰川、永久积雪和多年冻土的形式储存，其中冰川的储水量约240亿立方米，约占世界淡水总量的69%。剩余的30%分布在湖泊、河流、土壤和地表以下浅层地下水中，所以，只有大约100亿立方米是可供人类方便采用的水资源。

二、水资源的属性

（一）流动性

水资源与其他固体资源的最本质的区别就在于其具有流动性，它可以在上下游之间、地表与地下之间、高位与低洼之间、河岸的左右之间流动。作为一种流动的资源而非静态的实体，水具有跨地区和跨国界的特性，它会以跨国界河流、湖泊和含水层的形式而跨越国界，将因国界而分隔开的居民联系在一起，形成国际流域。正是水的这种流动性，才会将水资源的共同拥有国的利益紧密联系在一起。在水量上，河流上游国家的取水量越大，下游的水量就越少；在质量上，一个国家对河流水质的破坏和污染，就可能会影响到整

---

① 《中国大百科全书》，中国大百科全书出版社2004年版，第4497页。

② Peter H. Gleick, “An Introduction to global fresh water issue,” Water in crisis: a guide to the world’s fresh water resources, New York: Oxford University Press, 1993, pp. 4–12.

条河流流经国家的水质状况。在一定流域范围内，水是相通的，流域国的利益也是相通的，正因为水具有这种天然特性，决定了水会和国际关系联系在一起。

（二）循环性

水是自然界中最活跃的要素之一，它是一种动态资源，在自然环境中积极地参与一系列物理、化学、生物过程。在太阳辐射和地球引力的推动下，水以气态、液态、固态等不同的身份在陆地、海洋和大气间不断循环，把各种水体连接起来，使得各种水体能够长期存在。正是水的这种动态循环，水资源才可以被不断地开发利用、补给、消耗，实现人类利用和生态的平衡，产生经济价值。

（三）分布不均性

水在自然界中是有一定的时间和空间分布的，但这种分布极其不均。从地球的整个空间分布来看，南北两极的冰川仅仅占地区总面积的30%，但却覆盖了整个地球上70%的淡水资源。从各大洲来看，北美洲的地下水和地表水分别为4300万亿和27万亿立方米，欧洲的地下水和地表水分别为1600万亿和2.529万亿立方米，亚洲的地下水和地表水分别为7800万亿和30.622万亿立方米，大洋洲的地下水和地表水分别为1200万亿和0.221万亿立方米，非洲的地下水和地表水分别为5500万亿和31.776万亿立方米。[①]

从国家来看，巴西、俄罗斯、加拿大、中国、美国、印度尼西亚、印度、哥伦比亚和刚果等9个国家的淡水资源占了世界淡水资源的60%。而约占世界人口总数40%的80个国家和地区却严重缺水，其中26个国家约3亿人极度缺水。从时间上看，水资源分为丰水期和枯水期，水量随着季节性的降雨量不同而存在差异。水资源分布不均，决定了全球各种水问题层出不穷，为了拦蓄更多的水量，或者从水资源丰富地区向缺水地区输送，许多国家掀起修坝热潮，力图可以在时间和空间上重新配置水资源。

---

① UNEP, An Overview of the State of the World's Fresh and Marine Waters, Nairobi: UNEP, 2008.

（四）利用多样性

水资源是人类生产和生活活动的“必备品”，它不仅被广泛应用于农业、工业和日常生活中，还被用来发展航运、发电、渔业、旅游、环境保护等产业。其中航行利用主要是船舶在水上航行，从事运输活动；水力发电则主要是通过修建水坝来利用水体运动将水中蕴含的势能转换成水轮机之动能，再借水轮机为原动力，推动发电机产生电能。现在，全世界大约 1/3 以上国家的供电是来自水力发电，很多发展中国家大力修建水坝、水利设施等工程，主要的目的就是满足生活和生产中日益增长的电力需求。

水资源的用途不同，对水量和水质的需求就不同。水资源利用得当，既推动区域经济发展，又保持自然环境的良性循环；如果利用不当或过度，比如水利工程的设计不当、工业废水污染水质、无节制地抽取地下水等，将可能造成水量调节不当引发洪涝、土质盐碱、水质恶化、水量减少、地面沉降，由此不但制约国民经济发展，破坏人类的生存环境，还可能引发自然灾害或事故。因此，在水资源的利用过程中，需要坚持合理与可持续发展的原则。

三、水资源的类别

水涉及的范围广泛、庞杂，传统的水既指距离遥远的海域和围绕大陆近距离水体，也包含有大陆内部的跨界跨区域的内河，按照广义和狭义划分的话，水资源的内涵不一。从广义上说，地球表层的水资源是指水圈内水量的总体，可供人类直接或间接利用的水都可被称为水资源。天然的水资源包括海水、江水、湖泊水、河川径流、地下水、积雪和冰川、沼泽水。从狭义上说，水质可分为淡水和咸水，人类在一定的经济技术条件下，可以直接利用的淡水才被称作为水资源。

按照空间分布划分的话，水资源通常分为地表水和地下水。地表水，是存在于地壳表面，暴露于大气的水，主要包括河流、冰川、湖泊、沼泽等四种水体。地表水也被称为“陆地水”，是人类生活用水的重要来源之一，也是各国水资源的主要构成部分。地下水，泛指埋藏和运动于地表以下不同深度的土层和岩石空隙中的水，狭义上的地下水是地下1000米范围内的水。按照埋藏条件可分为包气带水、潜水和承压水，按照埋藏介质可分为孔隙水、裂隙水和岩溶水。由于水量稳定，水质好，是农业灌溉、工矿和城市的重要水源之一。① 地下含水层储藏了全球31%的淡水资源，它们提供了全球50%的饮用水、40%的工业用水和20%的农业用水，一些欧洲国家90%的饮用水都来自于地下水。②

按照流动的范围来划分的话，水资源分为境内水资源和国际水资源。境内水资源主要是指水资源的水体全部位于一国境内，所在国享有全部的管辖权和拥有权。而国际水资源是指水体位于两个或两个以上的国家，管辖权按照流经范围分属于流经国。在同一流域内，流域国可以被定义为上下游国家、先后开发水资源国家、发达和发展中国家，由于各自的权利、利益、需求和关注点存在差异，流域国常常在水资源的利用、保护和管理上产生潜在或现实性的冲突。在国际关系领域中所探讨的水问题，通常主要是指主权国家之间围绕着国际水资源所产生的纷争和矛盾。

四、水资源的构成要素

水资源的构成主要由水质和水量两个要素，水质的好坏与水量的多少直接决定着水资源的可持续利用价值。从国际关系的视角来看，国家之间关于水问题的互动从根本上就是围绕着水质的改变和水量的分配两个原因展开的。

（一）水质

水质是水体质量的简称，它标志着水体的物理（如色度、浊度、

---

① “地下水”，http：//baike. baidu. com/link？url = SSARwGPBT6SW6zzkZTIsgVph6s2xUhqO30kSzqCOP8qOoKhbySlAwMIzHeryf29J。（上网时间：2015年5月29日）

② 何艳梅：《国际水资源利用和保护领域的法律理论与实践》，法律出版社2007年版，第4页。

臭味等)、化学（无机物和有机物的含量）和生物（细菌、微生物、浮游生物、底栖生物）的特性及其组成的状况。[①] 水质恶化的主要原因就是污染。人类在利用水资源过程中的不恰当行为改变了天然水的性质和组成，影响了水的使用价值。

水质污染包括：生理性污染，即污染物排入天然水体后引起的嗅觉、味觉、外观、透明度等方面的恶化；物理性污染，即污染物进入水体后改变了水的物理特性，如热、放射性物质、油、泡沫等污染；化学性污染，即污染物排入水体后改变了水的化学特征，如酸碱盐、有毒物质、农药等造成的污染；生物性污染，即病原微生物排入水体，直接或间接地传染各种疾病。水受到污染后，会危害人的健康；会对环境形成危害，导致生物的减少或灭绝，造成各类环境资源的价值降低，破坏生态平衡；会生产并形成危害，被污染的水由于达不到工业生产或农业灌溉的要求，而导致减产。[②]

（二）水量

水量的维持是保持水环境容量的根本，水环境容量包括稀释容量和自净容量，也就是水域内需要保持一定的水量，以保证水具有天然消纳某种污染物的能力。如果水的最低流量得不到保证，那么将破坏水的生态恢复能力，造成水质恶化。所以，人类在开发利用水资源时，无论是对地表水，还是地下水，都不能过度抽取，避免造成水量枯竭、水质恶化、水域生态环境受损的现象。

第二节　水资源与国际冲突

国际水资源的水文地理上的整体性、政治上的分段归属性以及

---

① “水质”，http：//baike. baidu. com/link？url = SIxNxgnFwA_ doDw – 0m2 gjBH0J – cL9KroRxjGoCZFFqX5rdf4kngCDzhzBWpgFrii。（上网时间：2015 年 5 月 29 日）

② “水质污染”，http：//baike. baidu. com/link？url = vZiZFm_ KgUF17MIG9 real pWb – 2h0 – 1C9_ tRjiy – R0p050pA7FF8bInzcRyRpst_ R。（上网时间：2015 年 5 月 29 日）

水与鱼类等资源的自由流动性，使国际水资源内在地包含了冲突的可能性。而人口增加、城市化进程加快以及气候恶化，使国际水资源的水质恶化、水量减少，加剧了水资源需求与水资源供应之间的各种矛盾，水资源冲突的可能性大大增加。[①] 据统计，在 20 世纪的后 50 年里，由于水资源问题引发的 1831 起事件中，有 507 起具有冲突的性质，37 起具有暴力性质，而在这 37 件中有 21 件演变成为军事冲突。[②]

水资源冲突，主要是指两个或两个以上主体或潜在利益相关者，对于水资源的开发、利用、管理与保护等，存有相异的看法或决策，而造成的明显对立或潜在紧张关系的一种过程。它是一系列经济、社会、政治、法律、组织、技术、文化、环境和历史的互动交错影响所形成的复杂、多元的问题。[③]

水的基本功能是满足人类社会不同种类目的的需要。之所以发生冲突，最根本的原因是不同国家行为体之间在与水资源相关的国家利益上发生了矛盾、冲突和碰撞。

由于人类社会对水供应的需求越来越大，而水资源分配的天然或后天人为造成的分配不均衡性导致越来越多的国家将水资源纳入到国家安全范畴之内，获取可以满足国家发展和人民生活的足够水资源是各国的国家目标之一。从历史上发生的水资源冲突案例中可以看到，水问题与国家安全的结合通常是在一定的地理范围之内的。在不同的地域范围内，地域环境和国家间安全、政治关系不同，其对水资源关系的影响也不同，所发生的水冲突会表现出不同形式。如果放在地缘政治环境中去分析，水资源在地区冲突或国际间冲突中主要扮演着两种角色。

第一种是水资源作为军事和政治目标。

---

① 王志坚：《国际河流法研究》，法律出版社 2012 年版，第 4 页。

② A. T. Wolf，S. B. Yoffe and M. Giordano，“International Waters：Identifying Basins at Risk”，Water Policy，Vol. 5，No. 1，2003，pp. 29 – 60.

③ 胡庆和：“流域水资源冲突集成管理研究”，河海大学博士论文，2007 年，第 40 页。

如同20世纪中占有或控制他国的石油常被作为军事行动的目标一样，作为经济和政治实力提升不可或缺的资源，水资源和水资源供应体系也能变成军事进攻的目标。[①] 水资源成为国家间战略对抗的来源所具备的基本特征包括：（1）干旱程度；（2）水供应被一个以上的国家或地区分享的程度；（3）流域国之间的相对实力；（4）新鲜淡水资源可替代性的难易度。[②] 当流域国所在地区的干旱程度比较严重，对流经本国的水资源就愈加重视，依赖程度就比较严重。如果流域国之间的国家实力相对比较悬殊，就会更加剧水资源分配不均所带来的权力不均衡状态，而在又没有更多的可替代水源时，国家之间因水资源使用问题所发生的纠纷和矛盾就会比较多。

第二种是水资源系统作为战争的工具。

在历史上，水资源系统作为进攻性或防御性武器不胜枚举，一国不仅可以利用水资源有限性和分配不均的先天事实来获得对其他水资源共享国的实际控制，而且将其作为战争手段，通过摧毁对方的水利系统、灌溉系统来赢得决胜权。比如在亚洲，朝鲜战争期间，美国轰炸鸭绿江上的中央水电站，企图切断供应中国和北朝鲜的水供应；20世纪60年代，美国又选择炸毁越南北部的水资源灌溉系统来打击越南。在中东，20世纪90年代中期，土耳其以限制水流量来逼迫利比亚退出对土耳其南部库尔德人的叛变运动的支持；[③] 海湾战争中，伊拉克和科威特的水电站、海水淡化厂、农业水利系统等都成为彼此破坏和摧毁的军事目标。

一、水冲突的类型划分

按照不同的划分标准，水冲突的类型是多样的。胡庆和在其博

---

① Malin Falkenmark, "Fresh waters as a factor in strategic policy and action," Westing, *Global Resources and International Conflict*, pp. 85 – 113.

② Peter H. Gleick, "Water and Conflict, Fresh water Resource and International Security", International Security, Vol. 18, No. 1, pp. 84 – 85.

③ Alan Cowell, "Water Rights: Plenty of Mud to Sling," *New York Times*, February 7, 1990, p. A4.

士论文《流域水资源冲突集成管理研究》中，将水冲突的划分标准和类别进行了汇总（参见图1—1）。

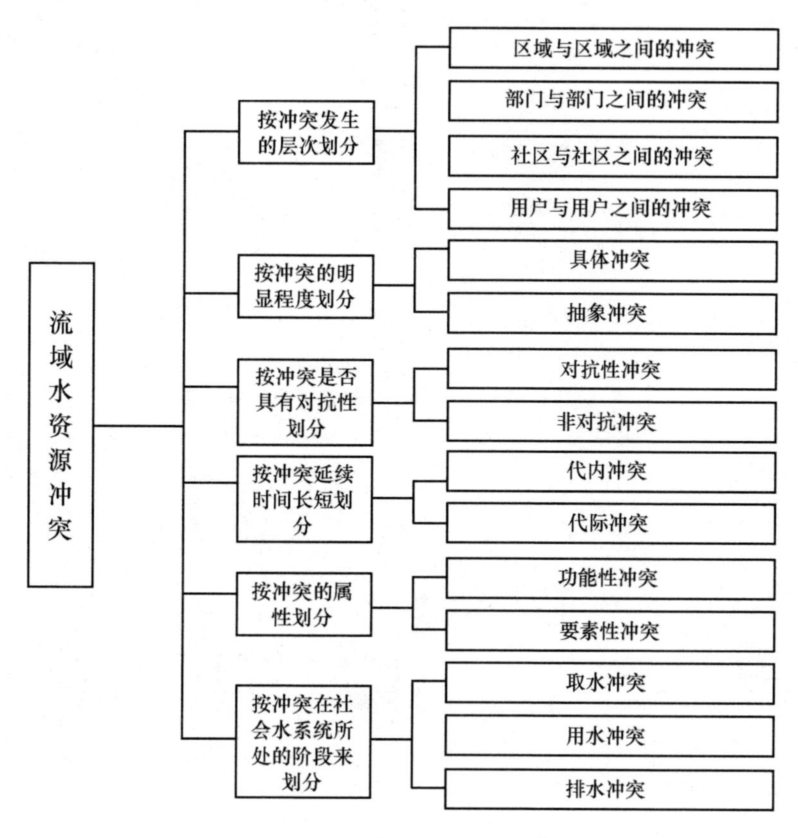

图1—1　水冲突的多种分类①

国家间发生水资源冲突的客体数量不一，引发原因多种。从总体上来说，争议的主要议题是以水量和基础设施相关，占总体事件中的比例有61%和25%（如图1—2所示），其他争议的议题还有水质、合作管理等，占总体事件中的比例分别为5%和3%。但是涉及到水冲突的客体仅为两个主权国家时，90%的冲突由水量

① 胡庆和：“流域水资源冲突集成管理研究”，河海大学博士学位论文，2007年，第40页。

分配问题引发，另外10%的冲突事件与基础设施问题有关（如图1—3所示）。所以说，水量分配问题是引发水冲突发生的主要因素。

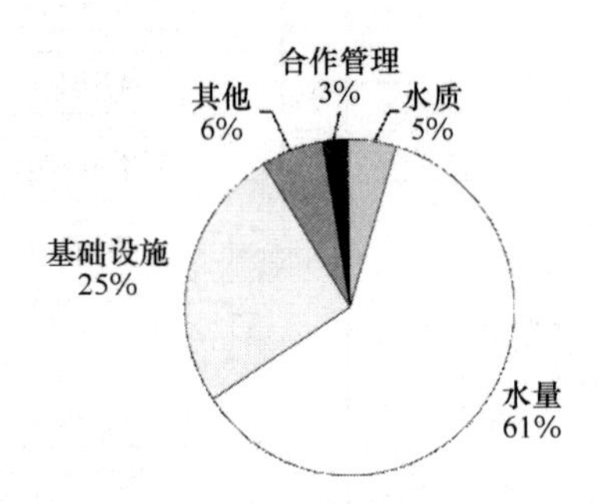

图1—2　引发水事件的议题分布图

来源：A. T. Wolf et al，International Water：identifying basin at Risk，Water Policy 5，2003，p. 42。

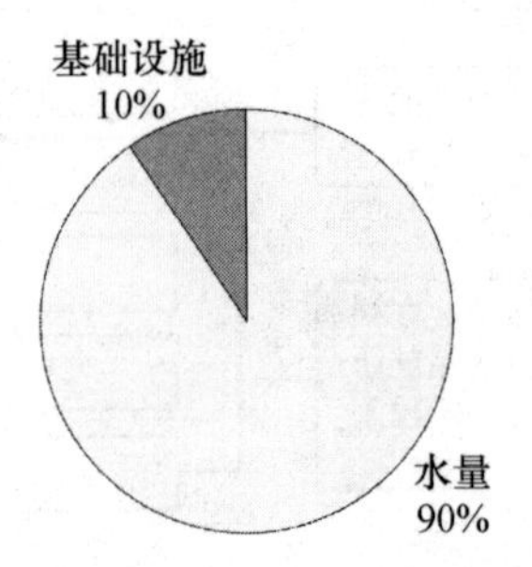

图1—3　引发两国间水事件的议题分布图

来源：A. T. Wolf et al，International Water：identifying basin at Risk，Water Policy 5，2003，p. 42。

通过对世界范围内所发生的具有典型性的水资源冲突事件进行分析，本文将按照人类对水资源施加影响的过程，将水资源冲突类型划分成四种，即利用性冲突、污染性冲突、分配相对短缺性冲突和分配绝对短缺性冲突。

表 1—1　水冲突的类型与原因[①]

冲突类型	利用性冲突	污染性冲突	分配相对短缺性冲突	分配绝对短缺性冲突
冲突原因	水资源利用	水质	水分配	水分配和可利用度

第一种是利用性冲突。

由于在国际水资源本质上属于公共产品，其固有的地缘性质和水利可开发特质，使流域国之间在环境、经济、政治和安全等方面形成一个复杂的相互依存的网络。[②] 一国对水资源的利用不可避免地会影响到其他国家，尤其是上游国家为提升水力使用功效来兴建水电站或修改河道，就更会影响到下游国家的水资源使用，引发不满，从而诱发冲突。

以恒河水域冲突为例。恒河是南亚地区流域面积最广的一条国际河流，流经印度和孟加拉国，恒河水资源对于印孟两国的农业生产和经济生活作用巨大。20 世纪 70 年代，印度在恒河之上的印孟两国交界地——法拉卡上筑坝截水，使恒河中 2/3 的水改道至加尔各答港入海，此举提升了加尔各答港的航运能力和印度城市的取水能力，但却使孟加拉国每逢旱季就面临无水可取的境地，严重地影响了孟加拉国的农业生产和经济、居民生活。在多次抗议和谈判无果的情况下，孟加拉国一度将恒河用水问题提交至联合国大会。1977 年，印孟两国终于签订了一项为期五年的临时协议，适度地满足孟加拉国的用水要求，但仅仅在三年之后，就被印度的英迪拉·甘地政府废弃，致使孟加拉国遭遇重大损失。印孟两国长期的水纷争使本已因边界问题和政治问题就紧张的两国关系更加雪上加霜。

第二种是污染性冲突。

在国际水域中，一国所造成的水质污染很容易通过水流动或者

---

① Helga Haftendorn, Water and International conflict, Third World Quarterly, Vol 21, 2000, p. 53.

② Elhance, Hydropolitics in the 3rd World: Conflict and Cooperation in International River Basin, Washington, DC: United States Institute of Peace, 1999, pp. 226 – 227.

运输扩散至共享水域国内，造成连带污染，尤其是上游国家有时为了自身利益而利用地理优势向共享水域内排出大量污染物质，下游国家不可避免地就成为水质污染的受害国，引发与上游国家之间的冲突。历史上比较著名的由水质污染引发的国家间冲突的典型案例当属欧洲的多瑙河和莱茵河污染事件。

1986 年 11 月，瑞士巴塞尔市的一化学公司仓库发生火灾引发装有 1250 吨剧毒农药的钢罐子爆炸，大量有毒化学物质流入莱茵河，导致大范围鱼类死亡和水质污染，除了瑞士，莱茵河流经过的德国、法国和荷兰等国也蒙受巨额损失。法国等国在愤怒谴责之余，还要求瑞士政府赔偿 3800 万美元。而在多瑙河流域，由于上游罗马尼亚的巴亚马雷市附近的金矿污水处理池出现破损裂口导致大量含剧毒氰化物和铅、汞等重金属污水流入多瑙河，使多瑙河流域的生态环境遭到严重破坏，匈牙利、南斯拉夫和乌克兰等国也成为污染受害国，这些国家反应强烈，认为罗马尼亚不仅要赔偿自身损失，还应受到相关国际法的制裁。罗马尼亚和上述几个国家的关系一度高度紧张。

第三种是分配相对短缺性冲突。

水资源分配相对短缺性冲突主要是指流域内水资源相对丰富，但是水资源的利用方式和类型、季节性降水等因素增加了共享国家水需求满足的脆弱性，在难以协调共享国利益的条件下，潜在的利益竞争和矛盾就可能转化为冲突。

以底格里斯—幼发拉底河水域冲突为例。底格里斯—幼发拉底河是美索不达米亚平原的重要水源，处于水域上游的土耳其对两河水资源的利用主要集中于水力发电和农业灌溉，而下游的叙利亚和伊拉克两国 48% 和 75% 的用水取自于两河流域，土耳其对两河流域水资源的利用方式直接决定了下游国家水资源需求的脆弱性。20 世纪 60 年代，土、叙两国分别在幼发拉底河上建设凯班大坝和奥托拉大坝，伊拉克谴责叙利亚泄水减少，而叙利亚又将批评转向土耳其，伊拉克在边境上部署重兵，威胁要炸掉大坝，后来在苏联和沙特阿拉伯的调停下，叙利亚增加向伊泄水，才避免了战争。[①] 在土耳其的阿塔图尔克大坝的建设过程中，叙、伊两国也是抗议不断，在1990年大坝蓄水造成幼发拉底河断流九天后，伊拉克再次威胁要炸毁此大坝。虽然三国等在1980年合作创建了关于地区资源的联合技术委员会，但都无法从根本上解决水资源问题。

第四种是分配绝对短缺性冲突。

水资源分配绝对短缺性冲突主要是指流域内水资源天然匮乏，各国改善面临的水资源短缺性危机而采取单边性措施，这些措施会绝对性地威胁其他流域国的用水保障，造成其严重的水资源安全问题，引发国家间的水资源冲突。此类冲突一旦发生，激烈程度就比较高，原因就是涉及国的水资源安全受到了根本性的威胁。

以约旦河流域为例。中东地区是世界上最干旱的地区之一，约旦河流域的国家缺水情况更为突出。约旦河是中东地区的以色列、约旦、黎巴嫩和叙利亚等国水资源需求的主要来源。在20世纪50年代，以色列打算实施“国家输水工程”，通过修建水渠和河坝来改变约旦河河道，从而使约旦河的大部分水资源为己所用。这一计划激起了流域内其他国家的强烈反对，但以色列仍旧在1964年将输水工程基本竣工。作为反制措施，约旦河其他国家纷纷实施自己规划的约旦河水改道工程。以色列在1965年派出了突击队对阿拉伯国家的约旦河改道工程进行了破坏，成为引发第三次中东战争的由头之一。在第三次中东战争期间，以色列占领了约旦河西岸和戈兰高地，夺去了约旦河和太巴列湖（地处戈兰高地，主要由约旦河上游的淡水注入而成）的控制权，并利用第四次和第五次中东战争，又占有了埃及的西奈半岛和黎巴嫩南部领土，从而控制了约旦河流域的主要水资源来源地。以色列独霸水资源的行为激起了约以、巴以、叙以和黎以之间长期的水冲突。

---

① 胡文俊、杨建基、黄河清：“西亚两河流域水资源开发引起国际纠纷的经验教训及启示”，《资源科学》，2010年第1期，第22页。

二、水冲突产生的影响因素

水问题的产生是水冲突发生的基础，但是并不是所有的水问题最终都会演变升级为水冲突，它需要一定的外在影响性因素，需要特定的政治环境和条件刺激。推动水冲突发生的影响性因素主要有以下几点。

（一）国家和地区的水稀缺程度

水资源存在着天然分配不均的事实，不同的国家和地区因地理位置不同、缺水程度不同，相应的爆发水冲突的几率也会不同。按照一般的国际标准，年人均淡水量在1000—1600立方米之间的国家为面临严重缺水国家，其社会生活和经济发展将会受到直接威胁。而在中东和非洲地区，许多国家的年人均淡水占有量在1000立方米以下，这就属于严重缺水国家，像布隆迪、坦桑尼亚、肯尼亚等，以色列、突尼斯等国的年人均淡水占有量为400—500立方米，阿拉伯、约旦、叙利亚、也门等国年人均淡水量仅有100—200立方米。对于这种严重缺水的国家来说，水资源对于国家安全的影响就比较大，为获取国家和人民生存与发展的水资源而发生冲突的可能性就相对较高。

弗莱克·马克（Falkenmark M.）曾在1988年提出了“水压力指数”，其划分标准是根据人口的数量来进行的。“水压力指数”的层次划分如下：人均水资源拥有量达到10000立方米以上的，是有限管理问题；人均10000—1600立方米的，是一般性管理问题；人均1600—1000立方米，是存在缺水压力；人均1000—500立方米，是存在水恐慌；人均低于500立方米，超越“水障碍”管理。[①] 随着人口数量的不断增长，水资源稀缺的程度还在不断加深，水供应的压力随之不断增加。例如，据世界银行统计，到2025年，中东地区每人将只拥有700立方米的天然饮用水，相当于1990年的1/2，且水质将比

---

① Falkenmark, M. The Massive Water Scarcity Now Threatening Africa-Why isn't it being addressed? Ambio, 18, 2, 1989, pp. 112 – 118.

以前差。以色列在1948年建国之初人口不到200万，到2000年已经超过600万人。人口的急速增长对水资源造成极大的压力，这既是以色列一直将水资源的保护、利用和争夺作为国家重大政治任务的重要原因，也是它占领阿拉伯国家领土不愿撤出的一个主要原因。

加拿大多伦多大学迪克斯（Thomas F. Homer-Dixon）所主持的一个“环境变化与冲突”的研究项目中，对环境资源变化与国家冲突之间的关系进行了大量的实证性研究，绘制出了环境短缺和水冲突之间的关系图。该项目组认为，环境变化和环境稀缺的内涵不同，环境稀缺这一概念包含了有可能引发冲突的三个方面：环境资源的短缺、人口增长、分配不均。可再生资源质量和数量的下降、人口的增长和资源获取机会的不平等会加剧环境的稀缺性，导致经济生产能力和规模下降和缩减，促使越来越多的人选择迁移他处，去加剧其他地区的环境竞争，最终引发种族间冲突，同时由于迁出地人口数量减少、社会内部发展压力增大，国家内部容易发生政变或社会冲突。项目组通过自己的实证研究回答了三个问题：第一，单纯的资源短缺可以引发国际冲突或战争；第二，环境压力增大会引发大规模的人口迁移，引起群体身份认知冲突，尤其是种族冲突；第三，严重的环境短缺会破坏经济和关键性的社会制度。[①]

（二）国际流域内国家的数量以及对共享水源的依赖程度

通常说来，国际流域内分布国家的数量越多，利益冲突就越不好协调，发生冲突的几率就越大。同时，在其他条件一定的情况下，流域内国家对共享性水源的依赖程度与为争夺水资源发生冲突的几率和强度成正比，也就是说，同一共享性水资源的依赖程度越大，共享水源对本国的社会生活和经济发展的影响程度越大，那么围绕着共享水源的竞争就越大，一旦认为自身利益受到威胁时，就很容易发生冲突。一般来说，如果一国1/3以上水资源来源于境外，那么，水与其国家安全的联系就比较紧密，就比较容易受其他共享国

---

① Thomas F. Homer-Dixon, “Environmental Scarcities and Violent Conflict: Evidence from Case,” International Secutity, Vol. 19, No. 1, Fall 1994, P31.

水资源利用的影响，发生水冲突的可能性就相对较大。

例如，流经中东地区的黎巴嫩、叙利亚、以色列和约旦的约旦河。由于中东地区本身水资源短缺状况比较严重，约旦河又是各流经国国内重要的水资源来源，流域国之间针对约旦河水资源的竞争就比较激烈，矛盾往往很难协调，致使水问题长期存在，水冲突常常处于一触即发的状态。在尼罗河流域同样如此。埃及国内96%的径流来自尼罗河，而尼罗河85%的水量来自上游的埃塞俄比亚，由于上游埃塞俄比亚等国规模性修建水坝，以增加电力供应并兼顾农业灌溉，导致流入埃及的水流量大大减少，埃及国内水资源紧张局面日渐严重，与上游国家因水而纷争不断，尤其是自2011年初，埃塞俄比亚宣布修建复兴大坝之后，埃及和埃塞俄比亚的水资源争端再趋激化，双方态度强硬，埃及总统默罕默德·穆尔西甚至放言："如果有必要，我们将用鲜血来保卫尼罗河的每一滴水。"①

（三）国际流域中国家间相互差异度

一般情况下，同一国际流域内的国家在政治、文化、宗教、历史等方面的差异性较小的话，发生纠纷或冲突的可能性会比较小，即便是发生矛盾或纠纷，也比较容易协调解决。如果政治、文化、宗教、历史等方面的差异性较大的话，就很难建立比较稳固的政治互信，并且一旦存在历史性争端或遗留问题，水问题就很容易和这些因素纠合在一起，相互影响和发酵，不但使矛盾难以协调，更容易使矛盾升级为冲突和战争。

以中东战争为例。中东地区有尼罗河、底格里斯—幼发拉底河、约旦河等三大水系，其中以约旦河水系国家间的冲突最为激烈。共享约旦河水资源的以色列与阿拉伯国家之间因种族、宗教及文明的巨大差异而冲突和战争不断，但同时阿拉伯国家之间，如埃及和苏丹、叙利亚和伊拉克、叙利亚和黎巴嫩、叙利亚和约旦等国之间，

---

① "尼罗河水资源争端再次升温"，北极星电力网，http://news.bjx.com.cn/html/20130805/450454.shtml。（上网时间：2013年11月21日）

也存在不同程度的水资源问题，但由于政治文化和宗教信仰相近，冲突强度表现较低，迄今为止还未因水资源分配问题而发生过大规模的军事冲突和战争。[①]

（四）国际流域所在地区的地缘政治与稳定程度

国际流域中，国际水资源因其天然的水流量分布差异，而使区域内的国家对其利用和分配的方式存在不同，流域内国家间因此会形成不同的水资源利用关系。如果地区内国家间关系紧张，固有冲突严重，政局动荡不堪，深层次的国家间矛盾就很容易借着水问题挑起冲突，发生战争，使水资源成为争夺利益和区域地位的工具，推动区域政治环境向更加不稳定的方向发展。另外，在这种地缘政治环境中，一旦发生水资源利用的争议，国家之间倾向于采取强硬的对抗性方式进行处理或应对，容易激化现有矛盾，促使演变成冲突乃至战争。反之，如果该区域内国家之间存在广泛的合作或结盟关系，或者具有区域合作框架或机制，那么在共同利用国际水资源时通常会采取协商的态度，追求合作共赢，既便是发生一些争执，也通常会在一定的机制框架内协商解决。

三、水资源冲突的演变

水冲突并不是一蹴而就，而是随着水问题的产生、发展而演变升级的。水冲突的发生要经历即前发展阶段、低发展阶段、高发展阶段和持续发展阶段。[②] 胡庆和博士论证了一国内部水资源冲突变迁的四个阶段，同样在国际关系领域中，国家之间的水冲突也会经历这样四个阶段。

第一阶段是即前发展阶段，属于零冲突阶段，主要是指当经济发展水平较低，人口数量较少，流域国的需水总量小于水资源的可

---

① 何志华：“中印关系中的水资源问题研究”，兰州大学硕士学位论文，2011 年，第 18 页。

② 胡庆和：“流域水资源冲突集成管理研究”，河海大学博士学位论文，2007 年，第 45 页。

利用量时，国家之间在水资源利用上是零冲突关系。

第二个阶段是低发展阶段，属于准和谐阶段，意指随着水需求量的增加，水资源的开发利用程度日益提高，尤其是随着一些水利工程的修建，用水规模在发生变化，依赖这些同一水源的国家之间的用水竞争关系开始逐渐显现，但由于水资源需求量还能得到基本的满足和保障，国家之间的水关系整体上还是一个和谐的状态。

第三个阶段是高发展阶段，也就是冲突萌发阶段。随着流域内人口数量的增加，经济发展速度的加快，水资源的需求量日渐上升，流域内一些国家开始出现缺水状况或者在旱季出现供水不足的情况，使得流域内国家未获得足够供水，开始修建水电站等基础设施以获取更多供水，水供应的自然平衡被打破，水资源的利用成本不断攀升，国际之间的用水竞争日益激烈，加上随着工业化的发展，水质污染状况出现，水环境遭受破坏，水问题开始凸显，冲突处于萌芽阶段。

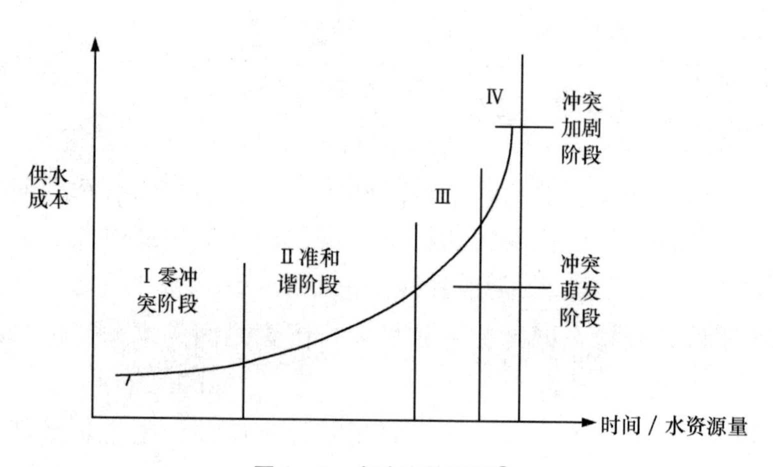

图1—4　水冲突的变迁①

① 胡庆和："流域水资源冲突集成管理研究"，河海大学博士学位论文，2007年，第46页。

第四个阶段是持续发展阶段，也就是冲突加剧阶段。随着社会经济水量和生产生活用水的大量增长，可利用的水资源量低于水资源需求量，水资源短缺状况更加明显，加上水生态环境恶化，水资源稀缺已经成为制约社会发展和正常运转的重要性因素，国家之间为保证自身用水量，出现争水现象而引发政治局势的紧张乃至军事冲突。

水冲突具有渐进性和累积性，由于有流域之间的差异性问题，累计时间的期限长短会不同。从另一个方面来说，水冲突的这种演变特点与规律，也显示出水冲突的可预防性和可避免性，如果能够及早地采取措施来化解产生的水问题和水纷争，就有可能避免和预防水冲突的爆发。现在越来越多的国家和地区将水资源作为流域国家相互协作的动力。美国俄勒冈州立大学曾列出世界上 17 条河流处于“危险”级别，其中非洲 8 条危险流域中，6 条位于南非境内：因科马蒂河、库内内河、林波波河、奥卡万戈河、奥兰治河、赞比西河。南非水行政联合体（SAHPC）成功地缓解了流域国之间的矛盾和冲突，鼓励在不威胁国家主权的情况下进行国家间的合作，现在南非这些国际河流流域内的相互合作已经远多于矛盾和冲突，这些河流均不应再定位于“危险”级别。[①] 事实充分证明，合作是预防和解决水冲突的理性选择。

第三节　水资源与国际合作

由于水资源的天然流动性，它可以跨越地理的界线将不同政治边界的国家联系起来，形成一种相互依存的互动关系。所以，相比较于军事、政治等因素的对立，水资源可以利用其与生俱来的特性来推动存在竞争关系的国家坐在谈判桌前，寻找解决问题和共享水源的办法，从而为水资源领域，甚至更广泛领域的合作创造机会。

① 王志坚：《国际河流法研究》，法律出版社 2012 年版，第 3 页。

正如任何事物都具有辩证的两面性，水资源问题亦是如此，它不仅仅可以成为诱发冲突的潜在因子，也可以成为促进国家和地区合作的推动力量。

水资源合作，主要是指在国际流域内，流域国将公平、合理、有效地使用水资源，保证未来的可持续发展，作为重要的战略考虑，在必要而合理的范围内，联合起来对公平利用水资源法则的行为进行政策、法律和机制上的规定。历史上，水资源合作发生的几率远远大于水冲突发生的几率，说明国家之间一般还是选择通过国际合作来解决水资源安全问题。

美国俄勒冈州立大学建立的跨边界淡水争端数据库（TFDD）中调查的全球大约1831个与水相关的事件后发现，20%的水事件属于冲突性质的，数量为507件，大部分没有上升到战争层面。67%的水事件属于合作性质的，数量为1228件，其余的5%属于中间性质。[①] 因此，从国际关系的研究角度看，国家之间或地区、全球范围内在水资源问题上开展合作不仅可以避免冲突，更可以共同开发水资源，形成利益共同体，共同受益。

一、水资源合作的发展趋势

从20世纪40年代末到70年代初期，国际之间在水问题上开展合作的平均比率为64%，到80年代末期，这一比率上升到82%，但此后的十年期间，合作的比率又下降到60%（如图1—5所示）。从整体态势看，自进入20世纪90年代以后，水事件的发生概率呈快速上升趋势，水资源合作的比率也呈现同步上升态势。总体上看，水合作的数量远高于水冲突的发生数量（如图1—6所示）。

---

① A. T. Wolf, S. B. Yoffe and M. Giordano, “International Waters: Identifying Basins at Risk”, Water Policy, Vol. 5, No. 1, 2003, pp. 29 – 60.

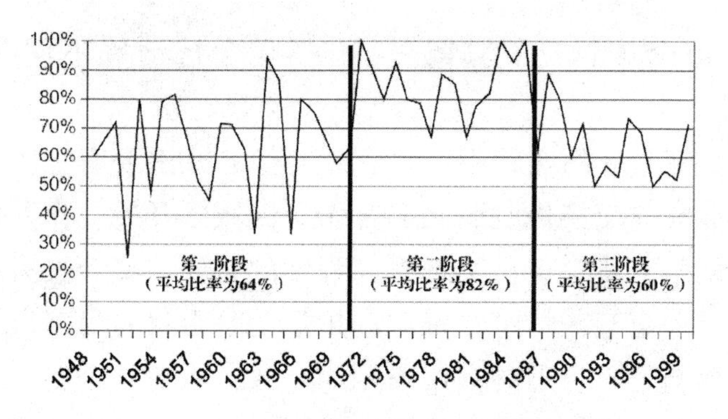

图1—5　水事件中水合作的百分比

来源：A. T. Wolf et al，International Water：identifying basin at Risk，Water Policy 5，2003，p. 45。

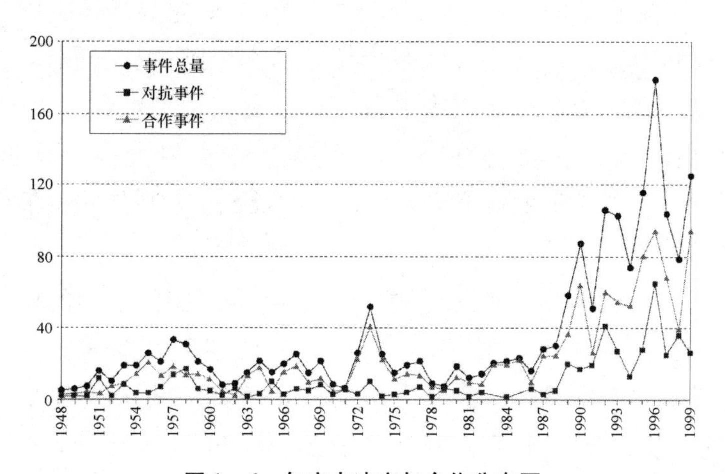

图1—6　年度水冲突与合作分布图

来源：ShiraYoffe，Aaron T. Wolf，Mark Giordano，"Conflict and Cooperation Over International Freshwater Resource：Indicators of Basins at Risk"，Journal of the American Water Resources Association，2003，p. 1114。

二、水资源合作的方式

由于地缘特点、历史文化和传统关系等因素，水合作的方式存在差异，表现出较强的层次性特点，主要包括协调（信息交流与共享）、协作（制定条约和行动规则）、联合行动（设立共同的管理机构）等三个层面。这三个层级不是一蹴而就的，而是逐渐演变的，经历个体行动—协调—合作—联合行动等不同阶段的演变。①

当前，在具体的实践中，水资源合作方式主要有三大类。第一类是信息收集与交换机制。此类合作是流域国开展合作共同管理共享水资源的第一步，也是实现更高程度的必要前提。收集或交换的信息主要是确定某一特定水资源利用活动是否将对另一国造成重大损害，是否与公平合理的利用原则相一致，或者是否促进国际水资源的最佳利用和有效保护。流域国之间既有定期交换数据和信息的义务，也有交换影响国际水域水体或水环境的项目、规划、工程或活动的相关技术信息的义务。②

第二类是水资源条约。此类是水合作主要类型，其中内含了公平与合理利用、无害利用、地区合作等基本原则。从公元前 4500 年拉什加和乌姆马两个城邦国为平息水战争而签订了水合作条约开始，迄今为止有文献记载的水利条约和协议，全世界大约共有 3000 多个，而目前正在实施的水条约大约有 286 个，其中有 2/3 集中在欧洲和北美洲。③

水资源条约有多边和双边之分，目前签订相关条约的国际流域有 105 个，但多边性协议只有 20%，在对 145 个流域水条约进行分析后发现，只有 21 个是多边条约，剩下的 124 个则都是双边条约。④ 回顾历史上的水争端事件，大部分的争端都源于水流量变化和水利工程建设，因为水利工程的建设会影响到河流未来水流量的多少和水流时机的变化，因此，就条约所涉及的问题来看，水

---

① Sadoff, C. W., & Grey, D. Cooperation on international rivers: A continuum for securing and sharing benefits. Water International, 30th, Apr, 2005, pp. 1 – 8.

② 何艳梅：《国际水资源利用和保护领域的法律理论和实践》，法律出版社 2007 年版，第 183—185 页。

③ NuritKliot, Deborah shmueli, Development of institutional framework for the management of transboundary water resources, Int. J. Global Environmental Issues, Vol. 1, Nos. 3/4, 2001, p. 307.

④ Human Development Report 2006, Beyond scarcity: Power, poverty and the global water crisis. Download from www. undp. org.

量分配、水力发电是主要关注的两大议题，其余的是洪水和污染控制、通航等。在 145 个条约中，57 个条约集中于水能开发，53 个是水量分配，13 个是防洪，9 个是工业利用或航行，6 个是关于污染防治。[①]

从订立水资源条约的地域来看，西欧、北美等发达国家集中区域所订立的条约很大程度上是为了解决跨国界河流的污染和水质保护问题，水量分配虽有涉及，但比重不大。比如在莱茵河流域，1987 年签订的《莱茵河行动纲领》和 2001 年的《莱茵河可持续发展 2020 规划》；在多瑙河流域，1994 年签订的《保护多瑙河公约》等。而在亚洲、非洲等地区的跨国界河流流域，所订立的条约多为处理水量分配问题的，例如，在恒河流域，1996 年印度和孟加拉在多次谈判基础上对恒河水分配总量达成一致，签署了《关于分享在法拉卡的恒河水条约》；在印度河流域，印度和巴基斯坦在 1960 年签署《印度河河水条约》，据此条约，印方获得印度河流域全部水量的 20%，巴方获得 80%。

从目前来看，许多国家在解决跨国界河流的利用和水量分配等问题时，更倾向于双边性框架，条约规范的事项也较为单一。由于水问题的敏感程度非常大，涉及跨国界河流的条约达成通常需要长时间的谈判与协商，例如，《约旦协议》用了 40 年的时间，尼罗河流域倡议用了 20 年的时间，《印度河河水条约》耗费了 10 年时间。

第三类是流域组织结构。此类水合作是同一流域之内的国家根据所签订的流域水条约等正式协议所设立的、专门性的、以经常性的委员会形式存在的实体或组织，参加的成员是相关国家政府指定的代表。这些常设机构的成员很多都是比较专业的技术人员，具备对河流水体和水利工程设施进行实际调查和研究的能力。一般来说，流域组织可以监督缔约国的条约执行情况，调查河流水体及影响水量、水质和生态环境的水利工程设施，收集水文、资源、气象等方

---

① 何艳梅：《国际水资源利用和保护领域的法律理论和实践》，法律出版社 2007 年版，第 195 页。

面的数据，同时建立起信息共享系统，为流域国之间的数据信息交换提供机制化平台。在流域国发生争议之时，常设机构还可以承担起调解和协商的职能。

从1804年莱茵河委员会设立开始，在200多年的时间内，国际流域组织的机构已经遍布世界各地，如果按照流域国的合作程度来划分的话，共包括四类。

第一类是覆盖整个流域，职能综合化的机构。这类国际流域组织机构在北美的案例较多，如美国和墨西哥之间根据《关于利用科罗拉多河、提华纳河和格兰德河从德克萨斯州奎得曼堡到墨西哥水域的条约》建立了国际边界河水委员会，该委员会的职责范围涉及数量分配、水质和生态环境保护、调研取证、解决纷争等多项职能。[①] 同样类型的机构还有博茨瓦纳、莱索托、纳米比亚、南非四个国家建立的奥兰治—森善库河流委员会，其职能也是综合全面，涉及奥兰治—森善库流域的生态保护、系统开发、争端解决、紧急事故应急、数据搜集与信息交换等多个方面。[②]

第二类是覆盖整个流域，但职能范围单一化的机构。例如，保护易北河国际委员会，此委员会虽然覆盖了德国、捷克、斯洛伐克等三个流域国，但其权限仅仅是保护水质。其主要任务是治理易北河的水质污染和生态环境破坏问题，努力使易北河恢复成能够供应饮用水和灌溉水的河流。

第三类是覆盖流域一部分，职能综合化的机构。例如，湄公河委员会，虽然只包括湄公河六个国家中的四个，但作为一个多目标的联合开发机构，其职责范围涉及数据搜集、水利开发、防洪、污染防治、环境保护、航行自由、渔业发展等多方面内容。

---

① NuriKlito, Deborah Shmueli, Development of institutional framework for the management of transboundary water resources, Int. J. Global Environmental Issues, Vol. 1. Nos. 3/4, 2001, p. 316.

② 《博茨瓦纳共和国、莱索托王国、纳米比亚共和国和南非共和国政府关于建立奥兰治—森善库河流委员会的协定》，水利部国际经济技术合作交流中心编译：《国际涉水条法选编》，社会科学文献出版社2011年版，第489—494页。

第四类是覆盖流域一部分，而且职能单一化的机构。例如，尼罗河流域倡议，其职能范围目前还仅限于埃及和苏丹之间的水量分配。

如何妥善地处理水资源的使用与分配，决定了相互依赖行为体之间是选择和平还是冲突。如今，在263个国际流域中，虽然106个国际流域开始开展水资源合作，但其中绝大部分还停留在协调，即信息收集和交换的层面。

三、水资源合作的内容

水事件主要是围绕着水质、水量分配、洪水防控、水力发电、基础设施、合作管理等议题产生的。其中，关于水量分配问题的水事件最多，占到了总量的45%，其次是基础设施，比例占到19%，有关水资源合作管理的，占的比例为12%，水力发电占到10%，水质为6%（参见图1—7）。

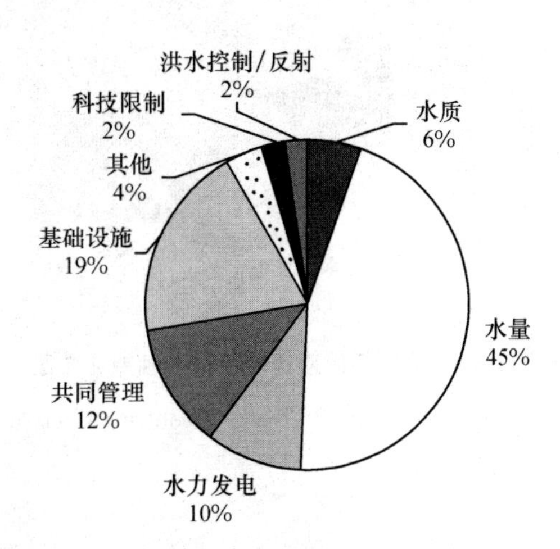

图1—7　与水议题（冲突与合作）相关的事件分布图

来源：A. T. Wolf et al，International Water：identifying basin at Risk，Water Policy 5，2003，p. 41。

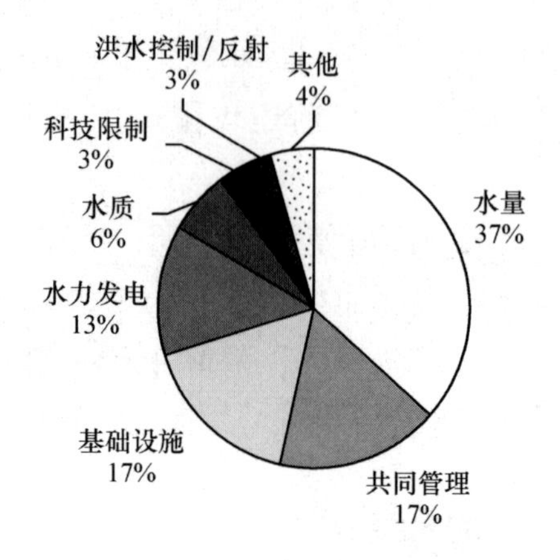

图 1—8 水合作问题领域分布图

来源：A. T. Wolf et al，International Water：identifying basin at Risk，Water Policy 5，2003，p. 42。

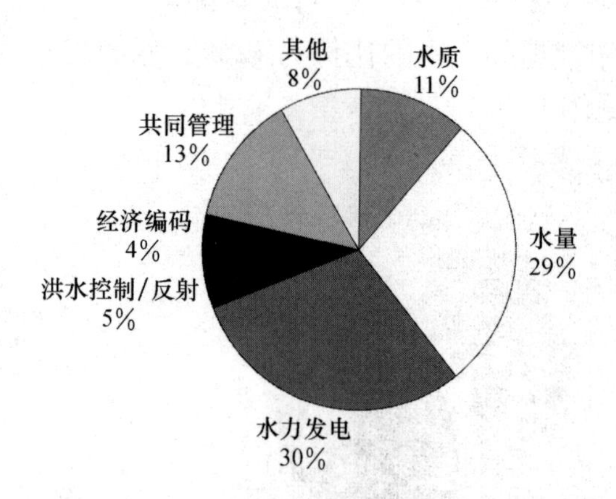

图 1—9 国家间的双边性水合作领域分布图

来源：A. T. Wolf et al，International Water：identifying basin at Risk，Water Policy 5，2003，p. 42。

由于大部分的国际水资源涉及两个以上的国家，在水合作问题上，联合管理成为仅次于水量分配之外的另一大合作领域，其比例占到了 17%（参见图 1—8）。随着国家间大规模水电开发行为的兴起，水力发电和基础设施建设成为引发水量和水质发生变化的主要原因，所以，针对这两方面的合作分别占到了合作总量的 13% 和

17%（如图1—8所示）。利用国际水资源来进行水力发电已经成为很多国际流域国家解决地方经济发展，满足人口增长需求的重要途径，因此，双边国家间的水利发展方面的合作占的比例达到了30%，其次是针对水量的分配问题，比例占到了29%（如图1—9所示）。

（一）关于水量分配的合作

国家间在水问题上无论是发生冲突，还是发展合作，其根本就是如何平衡利益需求。由于水量的多少直接关系着水资源如何开发利用满足需求，所以，针对水量如何分配就成为国家之间开展水合作主要涉及的议题。一般来说，同一国际流域内，上游国家凭借地理优势，可以单边开发水资源，例如建造大坝、改道分流、引水灌溉等，而下游国家由于地理位置所限，加上可替代水源较少，一旦上游国家截流或使用河水过多，那么下游国家的用水将受到影响，用水保障将受到威胁。随着经济发展、人口增长、气候变化等因素的加强，流域国之间因为水量分配议题的争论和冲突日渐增多，成为国际流域内需要解决的突出问题。为此，流域国之间在水量分配上的协商与合作日渐增多，而合作的实现与不断发展，其根本条件就是要实现在利益分配上的相对平等和权利义务上的相对对等。

有些国家之间的水量分配数量极为明确，合作开展较为容易，例如，苏丹和阿拉伯联合共和国在1959年达成的《苏丹共和国和阿拉伯联合共和国关于充分利用尼罗河水的协定》，协定中明确规定了双方的水量分配份额，即如果平均流量保持在一贯的限度之内的话，苏丹获得比例是14.5，阿拉伯联合共和国得7.5。[①]

有些流域国之间为了达成平等合作意愿，会通过采取权利限制或互补来实现，例如美国和加拿大、印度和巴基斯坦。美加两国先是在1909年签署了《边界水条约》，对两国共享的国际水资源进行了基本的划分，在此基础上，两国在1961年签订了《美加哥伦比亚

---

① 《苏丹共和国和阿拉伯联合共和国关于充分利用尼罗河水的协定》，水利部国际经济技术合作交流中心编译：《国际涉水条法选编》，社会科学文献出版社2011年版，第453—457页。

河条约》，条约规定了加拿大虽然有权从哥伦比亚河中引水，但引水后要确保下游一定的水流量，以保证下游地区的用水量。该条约保证了美加两国的合理权益，实现了两国的和平用水。

印巴两国虽然分别在1947年和1948年签署了《固定协议》和《德里协议》这两份关于印度河的用水协议，但是两国的用水争端一直没有解决，原因是在两国的合作中，两国的权利义务不对等，利益分配严重不平等。印度强行要求巴基斯坦承认其对整个拉维河、萨特累季河、比亚斯河的控制权。在世界银行的推动下，两国签署了《印度河条约》，条约将印度河系统分为三条东部河流与三条西部河流。印度对三条东部河流的全部水量可以“不受限制地使用”；在巴基斯坦对西部河流进行必要的建设以替代东部河流供水的十年过渡期间内，印度有义务向巴基斯坦提供东部三条河流的历史供水量，同时将为巴实施替代工程建设提供1.74亿美元的赞助，巴基斯坦对西部河流可以“不受限制地使用”。[①] 印度和巴基斯坦两国能够从原来的利益难以协调发展到后期的合作，根本原因就是在世界银行的运作与协调下，实现了权利义务的对等，确保了双方都受益。

（二）关于水利开发的合作

增强对水资源的充分利用和开发是很多流域国的选择。在国际河流上建设大坝等水利设施，不可避免地会改变河水的时空分布，对河流生态环境产生影响。为避免和解决在水电开发上的矛盾与冲突，流域国之间通过合作来规范彼此的水电开发行为，限制水电开发对自然环境的破坏，降低彼此在不同时空开发的利益冲突，实现收益的基本平衡。

流域国之间关于水利开发的合作通常采用共同开发的方式。例如，在多瑙河流域。进入20世纪之后，多瑙河流域各国水电开发兴起，如何避免水电开发冲突、和平共享水电资源就成为流域各国慎重考虑的议题。1924年，德国开工修建了多瑙河流域的第一座水电站——卡赫赖特（kachlet）水电站。1948年之后，多瑙河流域国开

---

① 王志坚：《国际河流法研究》，法律出版社2012年版，第85页。

始全河渠化工程，流域国不仅在境内水域修建了很多水电站，还开展双边或多边性的合作，共同规划、设计、投资和修建，并共享发电效益。从20世纪50年代到80年代，多瑙河流域共修建了69座大坝和输电站，水能资源开发利用率达65%。1952年，奥地利和西德签署《多瑙河水力发电协议》，双方协商合作开发水电，兴建了约翰斯坦水电站，其建设费用由双方分摊，发电量两国共享。1953年，奥地利和德国签订了《关于多瑙河水力发电和联营公司的协定》，双方联合修建了约翰斯坦水电站。1963年，罗马尼亚和南斯拉夫签署《多瑙河铁门水电站及航运枢纽建设和运行的协议》，并成立铁门联合委员会，联合发展界河的水电。从整体上看，水电合作多在两个邻国之间进行，邻国之间更倾向于达成合作开发协议，投资和水电效益按照协议进行摊分。

（三）关于水质和水资源管理的合作

水资源的利用很容易引发水质的污染问题，相当一部分国际流域的水资源合作就是从水质污染开始的，并继而向水资源的综合管理方向发展的。

例如，在莱茵河流域。二战结束之后，饱受污染之苦的下游国家荷兰，开始倡议开展国际合作，共同维护莱茵河。1950年7月，莱茵河沿岸国瑞士、法国、德国、卢森堡和荷兰举行代表大会，成立保护莱茵河国际委员会（ICPR）。1963年，各国签订《保护莱茵河伯尔尼公约》，为莱茵河流域开展国际合作提供了法律依据。1986年发生的桑多兹污染事件使得莱茵河流域国再次认识到了水合作管理的重要性，ICPR成员国于1987年制订出“莱茵河行动计划”（RAP），将合作的范围从水质拓展到多个领域，更第一次明确提出了“实现整个莱茵河生态系统的可持续发展”，生态系统目标的确立，为莱茵河流域的综合管理奠定了基础。至今，ICPR仍是莱茵河流域水合作管理的主要框架与平台。

现在，开展水资源的综合管理已经开始成为很多国际流域国家的倡议内容，尤其是在包含多个国家的国际流域内（如图1—8所示，合作管理的比例占到了17%）。越来越多的国家认识到，寻求有效的水资源治理手段，有助于公平、合理、有效地使用资源能源，保证未来的可持续发展。在多边水资源管理中，参与的行为体除了有流域国家之外，还有国际组织、国际投资者和非政府组织等。这些行为体在水资源的治理参与上扮演了不同的角色：流域国，是从国家利益出发，通过各种协调和磋商活动，促成国家之间和平共享水资源；国际组织，通常是向流域国提供基础设施建设贷款或项目开发资金；国际投资者，一般开发以经济效益为目的的项目；非政府组织，侧重于环境、移民、历史遗产和文化生活形态保护等方面。由于水资源的使用和开发涉及到国家利益和权力，因此，水资源开发和保护的决策过程主要是由国家来承担，其他参与者虽然在参与水资源的使用过程中或多或少地影响到了水资源的开发利用活动，但扮演的只是非主体性的参与角色。

四、水合作的收益与障碍

水资源合作的开展，可以使得流域国获得四重收益，这也正是水资源合作得以持久性开展的根本动力。

第一，对水体本身有益。流域国联合起来保护水质、水域生态环境等，使之可以从河流的可持续发展中受益。比较典型的例子是在饱受污染之苦的莱茵河流域，流域国合作推行了一系列河流治理措施，包括“鲑鱼—2000 计划”、莱茵河洪水管理行动计划、2020 年莱茵河可持续发展综合计划、高品质饮用水计划等，将生态保护与水质改善相结合，确保了莱茵河是一条美丽、静谧、浪漫的自然河流。

第二，从河流中获益。水合作有助于流域国之间水问题的解决和避免，确保流域国共同从和平共享水资源中获得最大收益。

第三，降低河流的损耗。水合作有助于降低洪水和干旱等自然灾害造成的损失，减轻地区压力。

第四，促进区域合作。水问题的产生和发展会影响国家之间的贸易、交通、人力、投资等方面的交流与合作，甚至造成“虽是邻居，但老死不相往来”的对立局面。如果能在水问题上协调立场，在水资源领域开展合作，那么就可能会带动一系列的国家互动及多领域的合作，促进整个区域的合作，从而使国家之间的获益领域远远超过水合作本身所带来的收益。[①]

但是，阻碍水合作的困难同样存在。从现在的情况看，困难主要有两个方面：一是，国家主权需求和竞争性主张。水是一种有限资源，国家的竞争性主张使得许多国家将国内的水资源看作是“私有财产”，拥有自由使用本国水资源的权利。所以，当制定国家经济发展计划时，通常不会与其他流域国的战略发展相挂钩，不会考虑其他国的实际可用水量，由此很容易引起国家之间的水权竞争和使用竞争，竞争性的国家发展计划演变成国家之间紧张的来源和合作解决共享问题的障碍。二是，实力的非对称性。同一流域国内的国家会在综合国力和发展程度上存在巨大差异，再加上先天地理位置的特点不同，就造成了流域国之间谈判能力不对称现象。不均等的实力关系很容易造成共享国之间信任感建立困难和不信任。

五、水合作产生的推动因素

究竟是何种原因能推动水资源合作的发生？一般情况下，主要有以下几个因素：水资源的稀缺程度，也可以说是一国所面对的水压力状况；行为体之间的相对权力[②]；国家间的整体关系，是否存在长期冲突；水利基础设施发展与相关机制的发展；可替代性水源的存在和希望谈判达成协议的意愿。

（一）水资源的稀缺程度与合作

从历史的经验来看，水资源稀缺主要有四种状况：（1）共同具有水资源短缺状况；（2）单方性水短缺严重，其余国家不严重；

---

① 部分参考了 Sadoff，C. W.，Gery，D. Beyond the River：The benefits of cooperation on international rivers. Water Policy，4，2002，pp. 389 – 403。

② Dinar Shlomi，“Water，security，conflict and cooperation”，The Johns Hopkins University Press，Volume 22，Number 2，Summer-Fall 2002，p. 236.

（3）同一类型的水短缺状况（例如都出现水量短缺状况）；（4）不同类型的水短缺状况（例如有的是水量短缺，有的是水力发电不足）。水资源短缺相比较于水资源分配问题来说，更容易引起合作的发生。[①]

由水资源短缺引发的合作存在着倒“U”型关系（如图1—10），在同时存在水资源短缺的状况时，合作关系更容易发生，尤其是所经历的短缺处于中等程度的时候。当水电、防洪、污染等方面出现问题时，如果超过中等程度，它们的合作程度的下降幅度低于因水量短缺超过中等程度时的状况，其原因就是这些问题对于流域国的危害程度要低于水量短缺所造成的。所以，当水量出现短缺之后，在初级和中级阶段比较容易促成流域国之间的合作，但一旦短缺程度超过一国所能承受的度之后，合作的可能性就会非常低。

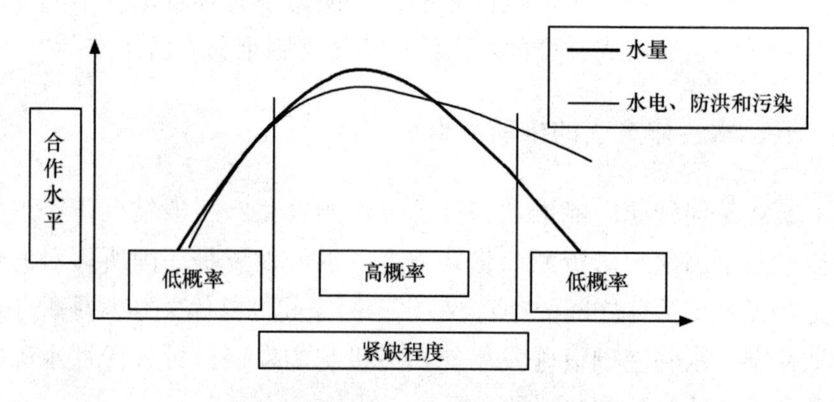

图1—10　稀缺—合作程序化一体图

来源：Shlomi Dinar，“Scarcity and Cooperation Along International Rivers”，Global Environmental Politics，Volume 9，Number 1，February 2009，p. 121。

资源的稀缺很大程度上是由于环境退化造成的，合作可以使国家之间借助联合的力量阻止或减缓这种退化。以阿伦·梅兹尼

① Shlomi Dinar，“Scarcity and Cooperation Along International Rivers”，Global Environmental Politics，Volume 9，Number 1，February 2009，p. 120.

（Amon Medzini）为代表的一些学者在深入对中东阿以水政治进行研究后，得出的结论认为，国际河流的共享水源为促成阿以和平谈判协议起到了重要的作用。[①] 所以，在某些国际关系比较紧张的地区，水资源可以承担起“牵线搭桥”的作用，既是国际间政治谈判的基本组成部分，又可以提供一种对话的途径，对于预防和解决国际间的复杂冲突和矛盾起到促进作用。

（二）国家承受和化解水压力的能力

当一国内部发生水压力事件时，一般是通过国内调水来化解，但在国际流域中发生的水问题，通常涉及两个或两个以上的国家，如果需要解决，理性的做法是通过合作来化解，而如何开展协调合作，则是考验国家承受和化解水压力的能力。

当水问题需要双方协作来解决时，如果一方还没有较为严重的同种经历，另一方最好主动采取补偿性的合作方式，也就是将给予对方经济补偿作为激励措施，来促进合作的开展。这种补偿可能和水议题并不相关，也不仅仅局限于经济上，还可以在安全、政治利益方面。比较有代表性的一个例子是，土耳其和叙利亚在 1987 年签订的《土耳其和叙利亚有关经济合作事宜的协议》中，明确提出要保证叙利亚每秒 500 立方米的最低流量，作为交换，叙利亚在安全和边界问题上做出让步。

另一种比较特殊的情况是，国家之间共享有多条国际河流，一国是这条河流的上游国，但同时可能是另外一条河流的下游国，存在的利益诉求具有差别。此种情况下，通过在不同河流之间协调利益诉求，既可以双赢，也可以带动合作。比较典型的例子就是美国和墨西哥之间的水问题处理上。在科罗拉多河上，由于河水的含盐量比较高，美国在上游修建水坝之前，上游的水下泄会稀释咸水，但自从美国在上游建坝拦水之后，流入墨西哥境内科罗拉多河水量

---

① Amon. Medzini and Aaron T. Wolf, “Towards a Middle East at Peace: Hidden Issues in Arab-Israeli Hydropolitics”, Water Resources Development, Vol. 20, 2004. 2, pp. 193 - 204.

骤减，当河水流至墨西哥境内时，含盐量已从年平均800毫克每升猛增至1500毫克每升，致使墨西哥灌区的农作物枯死，损失严重。在美国和墨西哥的另一条国际河流——提华纳河上，每当降雨之时，大量的污水就会混合着工业废物由墨西哥贫民区和沿岸工厂经提华纳河流入美国境内，导致美国圣地亚哥市用水受到污染。为解决两条河流上存在的水问题，美国和墨西哥分别在1973年和1990年签署了《科罗拉多河协议》和《提华纳河协议》，美国保证每年向墨西哥提供科罗拉多河水量150万英亩—英尺（1850234000m^3）。[①] 而墨西哥也承诺开展治污行动，保证下游国家用水安全。美墨两国通过补偿性合作使两国实现了利益诉求上的整体平衡。

另一种创造"讨价还价"空间和合作机会出现的方式是议题关联，也就是当流域国之间都有水问题存在，但涉及的具体议题不同，彼此之间可通过互补和利益交换等方式来开展合作。例如，在哥伦比亚河流域上。哥伦比亚河发源于加拿大，然后流经美国。美国在20世纪20年代开始开发境内哥伦比亚河，修建邦纳维尔等多个水电站，主要用于灌溉和发电，同时兼顾防洪和航运等功用。1961年，美国第87届国会通过了哥伦比亚河的第三个规划，计划兴建有调节特大洪水能力的水力发电工程以适应日益增长的电力需求，同时改善哥伦比亚—斯内克河航运系统，提高灌溉供水量。为了避免加拿大因美国上游开发而担扰水量减少，不足以保证本国水力发电，规划中还计划在加拿大境内修建上游蓄水库。1961年1月17日，两国签订了《加拿大和美国关于合作开发哥伦比亚河流域水资源条约》，其中规定，美国要在不列颠哥伦比亚省奥利韦（Oliver）附近的加拿大—美国边境上的一处或在双方实体可能同意的其他地方向加拿大提供加拿大应有的发电权益。[②] 该条约的签订实现了美国的规划，同时让加拿大均等分享了水力发电、防洪和其他等多种效益。

---

① 《加拿大和美国关于合作开发哥伦比亚河流域水资源条约》，水利部国际经济技术合作交流中心编译：《国际涉水条法选编》，社会科学文献出版社2011年版，第412—414页。

② 同上，第422—432页。

（三）基础设施发展与机制发展

能够加强人们对国际河流水资源开发利用的主要举措就是修建基础设施，例如水电站或水坝，但是这些基础设施的建设会快速改变河流的自然状态，尤其是超过1000立方米存储量的大坝，会给河流的流速、平均流量、生态系统等方面造成巨大影响，会影响其他流域国家对共享水源的使用，引发流域国之间围绕基础设施发展的争论。如图1—7所示，流域国之间的水问题中与基础设施相关的事件能够占到19%。如果流域国之间拥有相关的协议、条约等，两国之间的水合作关系就容易建立。美国学者希拉·约菲（Shira Yoffe）、阿伦·T. 沃尔夫（Aaron T. Wolf）、马克·哲瑞弄（Mark Giordano）设立了一个国际流域风险评估项目，该项目在对基础设施发展和机制发展对于合作的影响的分析中，将流域分为四类，分别是大坝高密度建设流域和低密度建设流域，有条约流域和无条约流域，然后条件交叉后进行一系列比对，如表1—2所示。

表1—2　大坝密度与水条约①

流域情况	合作发生指数
大坝低密度流域	4.2
大坝高密度流域	3.7
大坝低密度，无条约	2.8
大坝高密度，无条约	2.5
有条约（不仅一个），大坝低密度	3.8
有条约（不仅一个），大坝高密度	4.2

① ShiraYoffe, Aaron T. Wolf, Mark Giordano, "Conflict and Cooperation Over International Freshwater Resource: Indicators of Basins at Risk", Journal of the American Water Resources Association, 2003, p. 1118. A. T. Wolf et al, International Water: identifying basin at Risk, Water Policy 5, 2003, p. 45.

续表

流域情况	合作发生指数
有条约（不仅一个），大坝高密度	4.2
无条约，大坝高密度	2.5
有条约的后条约时代	4.0
整个流域无条约或仅仅一个	2.6

从表1—2中可以看出，虽然整体上来说，大坝低密度流域的合作指数要高于大坝高密度流域，但是，如果流域中有条约，那么，即便是大坝高密度的流域，其合作指数也高于大坝低密度流域。这些鲜明的对比说明，在流域内基础设施不断发展的情况下，如果具有一定的机制性合作框架，流域国之间的利益诉求比较明确，具有协调问题的平台和机制，那么开展合作的可能性和现实性就会大大提高。比较典型的案例是国际河流丰富的中东、北非、东欧和中亚地区。

英国殖民统治结束后，由于殖民时期遗留下的种族矛盾和领土争端，中东和北非的国际流域中，地区合作框架缺乏，国家之间的合作协议亦很少，水合作程度较低。而同样在东欧和中亚地区。水资源分布非常不均衡，苏联时期一直由中央政府实行统一能源调配，国家之间采取能源互换的方式“取长补短”，即位于水源上游的吉尔吉斯斯坦和塔吉克斯坦油气资源匮乏，它们从乌兹别克斯坦、哈萨克斯坦和俄罗斯得到用于发电和取暖的石油、天然气和煤炭供应，而其境内水利设施的主要职能是蓄水，供下游的乌兹别克斯坦、土库曼斯坦和哈萨克斯坦灌溉大量耕地。但是苏联解体后，上游国家获得的补偿性能源供应大大减少，价格明显上涨，致使塔、吉两国热电厂无法正常运转，居民的日常用电以及冬季取暖得不到保障。这迫使上游国家开始将水库的功能进行调整，将主要用于蓄水改为更多地用于发电，特别是在用电需求急剧增加的冬季，但发电排水导致下游被淹。而到了夏季，由于上游国家需要储存冬季发电用水，导致灌溉用水大量减少，使下游的耕地面积减少、农作物产量下降。[①] 虽然经历了20年的复杂谈判，但中亚的水资源困境一直没有解决，其根本就是因为中亚国家间缺少统一的协调机制。

（四）国际流域中国家间的整体关系与相对权力

虽然水问题不能对国家间整体关系的处理产生决定性影响，但是国家间如果一直是和平、合作的关系状态，那么在遭遇水问题时，会更倾向于选择协商合作的方式进行解决，而不是倾向于对抗和冲突。另一方面，国家间多层次、多领域合作机制和框架的存在，为国家间和平处理水问题提供了基本的工具，有助于推动水合作的实现。

另外，在流域国实力和权力因素处于非对等的情况下，冲突被引发的可能性也相对较大。这种相对权力因素包括地理区域、人口规模、燃料消耗、钢铁生产、GDP规模和人口密度等等。实践证明，地理区域、人口规模、燃料消耗、钢铁生产等因素与一国创造和调动军事力量的能力息息相关；[②] 而GDP规模与一国的经济实力密切相关；人口密度的大小决定了对同一水源需求大小的差异，需求差距越大，引发冲突的可能性越大。在存在相对权力差异性的情况下，流域国之间需要寻求一种合作性的对称结构来取代非对称性的权力结构，而这种取代的方式就是合作进行制度性安排。[③] 合作可以让敌对各方分享到合作的积极结果，这对河流本身生态管理的改善以及河岸靠河为生的居民都是有益的。[④]

---

① 徐晓天："中亚水资源的困局"，《世界知识》，2010年第20期，第41页。

② Garnham, D., Dyadic International War 1816 – 1965: The Role of Power Parity and Geographical Proximity. Western Political Quarterly 29, 1976, pp. 231 – 242.

③ Helga Haftendom, 0wateandin, "Water and international conflict," ThirdWorldQuaterly, Vol. 21, No. 1, 2000, p. 65.

④ Aaron T. Woff, Shira B. Yoffe and Mark Giordano, "International waters: Identifying Basins at Risk," Water Policys, No. 1, 2003, pp. 29 – 60.

六、从冲突到合作：发展与交汇

由于在国际关系领域，冲突与合作的类型、程度是不尽相同的，加上地缘政治环境的影响，国家之间在水问题上的关系构建基本上都呈现出层次性和交汇式状态。

在美国学者希拉·约菲、阿伦·T. 沃尔夫、马克·哲瑞弄设计的国际流域风险评估项目中，将从冲突到合作的等级划分为15个，0代表中立或没有显著特点的行为。从0到+7，表示合作等级从中立到一体化，其间经历温和的口头支持，官方口头支持，签署文化或科学类协议，非军事性的经济、技术、工业类协议，军事、经济和战略支持，国际水协议签署等6个等级。从0到-7，说明冲突的等级是从中立恶化到正式宣战，其间需要经历温和/非官方的口头交恶、强硬/官方的口头交恶、外交/经济敌对行动、政治/军事敌对行动、小规模军事冲突、大范围军事冲突等6个层级。从历史现实来看，从-3到-7，基本上是双边国家间发生冲突；从+3到+7，则以多边合作为主。其中57%的水合作是处于0到+1之间，属于口头上支持合作。

同时，在水问题上，从冲突到合作的过程不是一蹴而就的，冲突和合作两种状态也不是截然分开的，更多的情况下是一种并存的、此消彼长的状态。尤其是在全球化社会，关于水与国际关系之间的关系特征已经很难只用冲突或合作中的单一词汇来表达，按照冲突与合作的并存程度，主要有四种关系状态：低冲突—高合作状态；低冲突—中度合作状态；低冲突—低合作状态；中度/高度冲突—低合作状态。

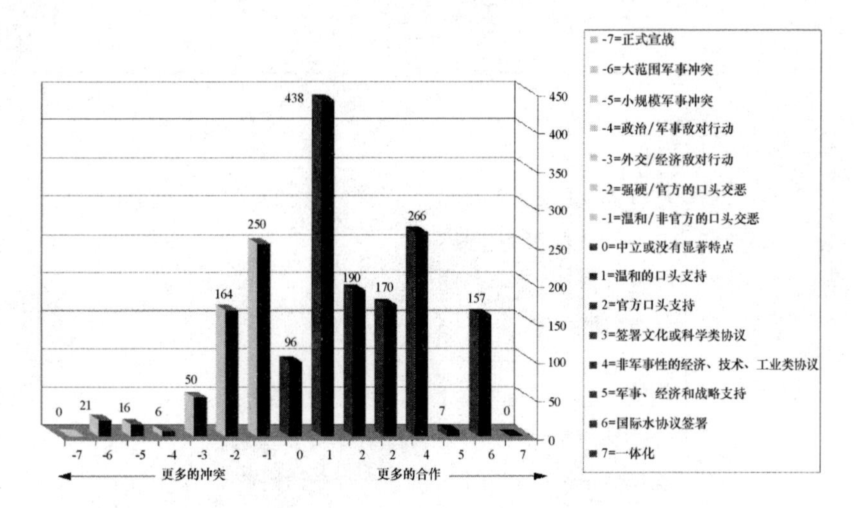

图 1—11　水冲突与合作等级分布表（1948—1999 年）

来源：ShiraYoffe，Aaron T. Wolf，Mark Giordano，“Conflict and Cooperation Over International Freshwater Resource：Indicators of Basins at Risk”，Journal of the American Water Resources Association，2003，p. 1113。

表 1—3　水资源冲突与合作交汇的类型和表现

交汇特点	交汇类型	交汇样本	潜在驱动力
低冲突—高合作	[积极性交汇] 在平等条款上合作； 一系列问题上跨国界合作； 通过谨慎程序缓解紧张	落实、实施相关原则（例如：平等使用、无威胁）； 创建跨国界机制； 在国际水法基础上进行条约谈判； 制定有效条约	利益共享/拓展共享成果范围； 减少环境不确定性
低冲突—中度合作	[中立性交汇] 狭窄合作（在局部问题上选择性合作）； 象征性合作；温和型语言冲突	联合污染治理； 联合基础设施建设； 在协议基础上利益共享； 创建苏格兰银行等类似机构	经济/发展目标； 问题联系

续表

交汇特点	交汇类型	交汇样本	潜在驱动力
低冲突—低合作	[中立性交汇] 极少或没有交叉； 临时性、自利性、策略性合作； 不稳定性合作	低信息交换； 技术委员会或会议	相互不信任； 提高国际声誉； 资源共享
中度/高度冲突—低合作	[消极性交汇] 安全化冲突； 强制性合作； 支配性合作； 暴力冲突	被动性控制冲突； 不是在国际水法的基础上开展条约谈判； 资源争夺； 单边环境保护论	改变权力不对称性； 控制资源

来源：Mark Zeitoun and Naho Mirumachi，“Trans-boundary Water Interaction：Reconsidering Conflict and Cooperation，” International Environmental Agreement：Politics，Law and Economics，August 2008，p. 310。

积极性的交汇结构是国家之间构建的一种比较理想的水关系结构，它基本上能满足涉及方的利益需求，也有助于推动国家之间更深层次和更宽领域的合作。国家之间的水关系呈现低冲突、高合作的结构特征，这通常与建立以国际公认准则为基准的条约和机制有密切关系。而且这种高合作的内容中不仅包括了水资源类的合作，还包括水合作所带动的其他一系列的国家间或区域合作，合作广度和深度的增加带动了共同利益的增加，更加确保了水冲突发生的低机率性，降低了环境的不确定性。

积极交汇结构在莱茵河与多瑙河流域上表现得较为明显。在这两个流域上，流域国在《莱茵河保护公约》和《多瑙河保护公约》的机制框架下，建立了各自的保护委员会等常驻机构，实现了流域内水质、水量、航运、电力、基础设施建设等一系列的深度合作，一旦遇到水问题，流域国之间会在统一的机制框架内协商和平解决，实现利益共享。

在消极性的交汇结构中，国家间的中度或高度冲突与低合作通常是因为国家之间力图改变权力不对称性，或者努力控制资源，争夺资源控制的相对优势。这种结构状态和互动形式不是按照基本的国际水法来开展平等的对话、协商和谈判，而是带有强制性和被动性的，去利用权力或实力的不对称性来压制冲突，开展具有支配性的合作，由此不仅不会降低水资源冲突的程度和风险，而且还会对国家之间其他领域构成负面影响，导致国家间的关系状态呈现出紧张的高风险态势。

比较典型的案例是印度和尼泊尔之间的水关系状态。尼泊尔水源丰富，但开发能力不足。印度在英国殖民时期曾在尼泊尔修建了萨尔达大坝（Sarda Barrage）等一系列水利工程，以满足印度境内的洪水治理和灌溉需要。印度独立之后，为推动国内水电开发工程建设，在1954年和1959年先后和尼泊尔签署了《科西工程协议》和《甘达基灌溉及电力工程协议》，这两份协议对尼泊尔是不平等性协议。按照协议，印度完全控制了尼泊尔境内科西河与甘达基河的上游水权。1991年，印度与尼泊尔又签署了《塔纳科普协议》和《马哈卡利综合开发条约》，在《塔纳科普协议》中，印度占有尼泊尔长约577米的领土，修建塔纳科普水坝的左侧水流导入坝，在塔纳科普水坝上再修建一个最低流量为每秒1000立方米的水源控制设施，以控制向尼泊尔的供水量。[①] 在《马哈卡利综合开发条约》中，尼泊尔同意在国内的潘查斯瓦尔修建水坝，所产电能绝大部分归印度使用。印度的霸王条款和带有强烈的支配性的合作协议，将两国的水政治关系定格在了中度冲突—低合作的状态上。

中立性交汇的结构状态包括有两种：一种是低冲突和中度合作并存状态，一种是低冲突和低合作的并存状态。中立性交汇结构状态通常是因为行为体自我利益的暂时一致或者局部一致，其对于国家之间

① Dipak Gyawali, Ajaya Dixit, "The Mahakali Impasse and Indo-Nepal Water Conflict", Peace Process and Peace Accords, Samir Kumar Das, ed, New Delhi: Sage Publication India Pvt Ltd, 2005, p. 260.

的其他政治内容没有内在影响。此种结构状态中的合作，一般都是出于暂时性利益考虑，开展的局部性合作，带有鲜明的策略性考虑，合作带有很大的不稳定性。另一方面，之所以合作的程度一直处于低、中状态，与其水冲突发生的低程度和低概率性也有很大关系。通常情况下，这类国家间的冲突多属于语言性冲突，没有发展到军事对峙和政治关系紧张的程度。但如果随着水资源竞争关系的加剧，那么这种中立性交汇将有可能向消极性交汇或积极性交汇的结构状态发展，这就将取决于涉及国家之间的处理方式和政治智慧等因素了。

中国与东南亚地区之间的水关系状态就属于低冲突和低合作的中立性交汇结构状态。中国与东南亚国家之间共享着多条重要的国际河流。自进入 21 世纪后，中国加大了对国际河流境内部分的开发利用，引发了与下游国家的水冲突，但这种冲突只局限于非官方的、语言性冲突，例如来自于媒体界、学术界和民间的语言质疑和批评，没有引发政治和军事关系的紧张。中国和东南亚国家之间水合作也处于有限的信息交换阶段，没有建立深层次的协商合作机制，彼此在水问题上还没有建立起足够的信任度。

整体上说，国家之间因为水资源问题选择合作，主要有内外两大方面的驱动力。从内在来说，包括利益共享、减少环境恶化的不确定性和实现发展目标，同时提高国际负责任的声望。从外在来说，包括谈判策略或全球权力格局的变化等等。因此，在认识水资源在地缘政治环境的角色与地位、探索如何推动水资源冲突解决、分析加强水资源管理的时候，就必须重视水资源冲突和合作交汇的结构状态。① 注重从内外驱动力的角度来推动国家之间在水议题上的合作

---

① 主要的代表作：DipakGyawali, Ajaya Dixit, “The Mahakali Impasse and Indo-Nepal Water Conflict”, Peace Process and Peace Accords, Samir Kumar Das, ed, New Delhi: Sage Publication India Pvt Ltd, 2005, pp. 1 – 11; Mirumachi, N., & Warner, J, “Co-existing conflict and cooperation in transboundary waters, paper prepared for the 49th annual conference of the International Studies Association, San Francisco, pp. 26 – 29, March 2008; Wolf, A. T., Healing the enlightenment rift: Rationality, spirituality, and shared water. International Affair, Volume 61, Number 2, 2008。

向有效层面发展。

第四节　“水与国际关系”命题研究与中国周边安全

和众多非传统安全问题一样，水资源与安全的结合也是从传统安全领域演变而来的一个“新”问题。在20世纪70年代，水资源问题在西方学术界被纳入到国际政治的研究领域中来，水资源安全研究成为国际安全研究的独立分支。伴随着国际关系与国际安全研究议程的扩展，水在国际政治安全中发挥的功能正日益受到重视。

随着世界人口数量上升以及工农业生产用水的不断增加，气候变化剧烈，温室效应愈发明显，水资源成为一种战略性的稀缺资源。联合国早在1977年就指出，要把水资源问题放在全球战略的高度来考虑。世界环境与发展委员会（WCED）也在1998年发布报告时指出：“水资源正在取代石油而成为在全世界范围引起危机的主要问题。”[①] 世界经济论坛发布的《2011年全球风险评估报告》中，水资源安全被列为近些年及其可能发生的、需要给予高度关注的高风险问题之一。可以预见，随着水资源短缺压力的增大，水资源对于国家发展和国际关系的影响将会越来越深入而明显。

一、“水与国际关系”议题的核心：水资源安全问题

国际水资源从本质上来说属于公共产品，是相关流域国之间的共享水资源，各流域国拥有享用它领土内的河流开发和利用的权利。但水是一种流动的资源而非静态的实体，具有跨地区和跨国界的特性，它会以跨国界河流、湖泊和含水层的形式而跨越国界，将因国界而分隔开的居民联系在一起，形成国际流域。正因为水具有这些

① 胡平：《国际冲突分析与危机管理研究》，军事谊文出版社1993年版，第51页。

天然特性，决定了水会和国际关系联系在一起。

国际水资源的开发利用涉及沿岸权、航行权、水资源占有权、优先使用等资源权属问题，涉及国际法、生物多样性保护、环境保护等多个领域。所以，任何一个流域国对共享水资源的开发利用，都不可避免地会对其他流域国产生影响。

在国际关系领域，引发国家间冲突的核心问题主要有两个：一是主权界定的利益归属问题，二是制度在调节资源分配中的不完善性。水资源和能源、原材料一样，存在着先天分配不均的特性。例如，亚马逊流域的水资源含量占全球淡水资源的20%，欧洲占了7%，整个澳大利亚占了1%，而非洲虽然拥有全世界人口总量的15%，但却只占有9%的淡水资源。联合国大会在1962年通过的《自然资源之永久主权的决议》中规定，“各民族和各国有对自然财富和资源之永久主权”；1974年发布的《各国经济权利和义务宪章》中进一步规定，“每个国家对其全部财富、自然资源和经济活动享有充分的永久性主权，包括拥有权、使用权和处置权在内”。所以，在水资源先天分配不均的现实条件下，国际流域中一国在享有对境内水资源使用的权益时，可能会对流域内其他国家的权益产生影响，再加上缺乏必要的协调与管理机制，利益各方会产生权益界定上的争议，并由此引发水问题。

从本质上来说，水问题的核心是水资源安全问题。联合国在1977年的世界水会议上就从全球战略的高度来关注水资源安全问题。所谓水资源安全是指国家利益不因洪涝灾害、干旱、缺水、水质污染、水环境破坏等造成严重损失；水资源的自然循环过程和系统不受破坏或严重威胁；水资源能够满足国民经济和社会可持续发展需要的状态。[①] 从国际关系的角度来讲，水资源安全的核心内涵有两个。一是，一国的主权不因水资源问题而受到侵犯和削弱。正如国际水法所规定的水资源国家主权原则和公平合理利用原则，即一国

① 郑通汉：“论水资源安全与水资源安全预警”，《中国水利》，2003年第6期，第45页。

既享有开发本国境内水资源的权利和自由，也承担不损害他国主权和领土完整的义务。二是，一国的经济与社会生活的可持续发展不因他国的水资源使用受到威胁。国家的生存和发展必须有一定的水源保证，当其他国家的水资源使用导致本国的水资源使用受到影响，并且继而影响到其正常的生产与生活需要时，就可以说，一国的水资源安全受到威胁了。从问题类型上来讲，水资源安全问题主要包括水污染纠纷和水资源利用争端两种。

在国际关系领域，水资源安全问题具有很强的区域性与公共性特点。“在相互依赖的关系中，系统中任何单位行为的变化……都会对其他单位造成影响，或者受到其他单位行为的影响。”① 当一方的行为对其他方产生的影响是消极性时，就意味着它损害了其他共存者应享有的权利，就会发生权利和责任的冲突问题。在同一水流域，水资源的可使用总量是有限的，当几个流域国都依赖于此来维持生计和发展生产时，其中一方对水资源的利用就会影响到其他使用者的使用，加上地理位置和用水模式的差异，流域国之间就很容易发生水污染或水资源分配不均等水问题。水问题一旦产生，水文上相互依赖的各国都会不可避免地受到影响，如何解决它就成为流域国家共同面对的公共问题。因此，可以说，水问题的一个重要特征就是它的“公共性”。

从水的分布来看，水高度地方化和区域化，并因气候、季节和气温等因素，水资源的可用性随着时间和空间的变化而变化，这使得人们很难对水资源的全球状态进行全面的描述，所以，在这种情况下，水属于一种区域性资源②。在国际关系领域，水问题通常是同一流域内的国家之间因共享水源的利用问题而引发的。流域因共享水源而生，虽有大小之分，但因水源分布范围有限，所以流域也具有一定区域限制，这就决定了水问题的外部性主要局限于一定的区

---

① ［美］理查德·罗斯克斯莱斯、阿瑟·斯坦著，刘冬国译：《大战略的国内基础》，北京大学出版社 2005 年版，第 537 页。

② 莱拉·梅塔：“公共性和使用权问题：从水事领域的视角看”，［美］英吉·考尔等编，张春波、高静等译：《全球化之道——全球公共产品的提供与管理》，人民出版社 2002 年版，第 459—462 页。

域之内，具有鲜明的区域性特点。

水是人类维持生命的重要因子，随着人口增长、经济发展以及“温室效应”加重为主要特征的气候变化，未来社会对水资源的竞争会日益激烈，水资源安全问题已经逐渐成为国际政治领域中一个重要的研究议题。

二、“水与国际关系”理论的国内外研究综述

早在18、19世纪，西方的学者就开始关注水资源问题的研究，直到二战结束后，水资源问题作为一个重要问题出现在西方国家的国家政策制定的讨论议程中，国际水理论开始蓬勃发展。冷战中后期，欧洲莱茵河与多瑙河流域水污染，中东以色列、叙利亚、土耳其之间的水争夺，美国和墨西哥之间的水纠纷等多地区的水冲突接连发生，水理论研究被囊括到国际关系的研究领域之中，水资源安全在国际安全研究中的独立地位得以逐渐建立，学者们对“水与国际关系”命题研究和讨论愈加充分和深入。

西方的学者们最初信奉“水资源稀缺冲突论”，认为水资源稀缺必然会导致国家之间发生水冲突。比较有代表性的是美国学者彼特·克莱克（Peter H. Gleick）和梅雷迪斯·佐丹诺（Meredith A. Giordano），他们认为气候变化、人口增长、经济发展，会加剧水资源的有限供应，会导致国家间的用水竞争和冲突，保障用水已经涉及一国的国家安全。[①]

随着全球化和经济一体化的发展，更多的西方学者认为，水和国际安全是联系在一起的，它会引发冲突，也会导致合作，合作不仅可以预防和解决冲突，还可以带动整个地区和平乃至一体化。水冲突与合作这两个维度应该综合而辩证地给予考虑。综合性的水理论日

---

① Peter H. Gleick, “Water and Conflicy: Fresh Water Resources and International Security”, International Security, Vol. 18, 1993. Meredith A. Giordano and Aaron T. Wolf, “World's International Freshwater Agreements”, in Atlas of International Freshwater Agreements. UNEP and OSU. 2002.

渐成型。比较有代表性的学者例如阿伦·沃尔夫、第纳尔·施罗米（Dinar Shlomi）、朱哈·I. 尤提图（Juha I. Uitto）和阿弗莱德·M. 杜达（Alfred M. Duda）。[①]

随着研究的深入，西方学者提出了国际水资源的合作管理与开发问题，认为只有建立综合性或者多层次的国际水资源管理机制，才能促成国际流域中国家之间共同利益的一致和整体利益的实现，促成国家之间形成良性的水政治关系。这种思想可以被看作是水合作管理理论。

比较有代表性的学者有乔·帕克（Joe Parker）、梅雷迪斯·佐丹诺、富兰克林·M. 菲舍（Franklin M. Fisher）、穆罕默德·米扎纳日·拉哈曼（Muhammad Mizanur Rahaman）等。[②] 西方的一些学者还通过历史性的经验研究，总结出了一些水问题是导致冲突还是引

---

① Aaron T. Wolf, "Conflict Prevention and Resolution in Water Systems", The Management of Water Resourcesseries（Ed. C. W. Howe）. Cheltenham, UK: Elgar 2002. Aaron T. Wolf, "Criteria for Equitable Allocations: The Heart of International Water Conflict", Natural Resources Forum, vol23, 1, 1999. Aaron T. Wolf, Shira B. Yoffe, and Mark Giordano, "International waters: identifying basins at risk", Water Policy, Vol. 5, 1, 2003. Aaron T. Wolf, Annika Kramer, Alexander Carius, and Geoffrey D. Dabelko, "Chapter 5: Managing Water Conflict and Cooperation", In State of the World 2005: Redefining Global Security. The World Watch Institute. Washington, D. C. 2005. Dinar Shlomi, "Water, Security, Conflict and Cooperation", SAIS Review, Vol. 22, Number 2, Summer-Fall 2002. Dinar Shlomi, "Scarcity and Cooperation Along International Rivers", Global Environmental Politics, Volume 9, Number 1, February 2009. Juha I. Uitto, Alfred M. Duda, "Managementi of Transboundary Water Resources: Lessons from International Cooperation for Conflict Prevention", The Geographical Journal, Vol. 168, No. 4, Water Wars? Geographical Perspectives, Dec., 2002.

② Joe Parker, Forestalling Water Wars: Returning to Our（Grass）Roots. Prepared for and under the guidance of Professor Mel Gurtov, Mark, O. Hatfield School of Government, College of Urban & Public Affairs, Portland StateUniversity. 2006. unpublished works. Meredith A. Giordano, "International River Basin Management: Global Principles and Basin Practice", in partial fulfillment of the requirements of the degree of Doctor of Philosophy, Presented March 7, 2002 Commencement June 2002. Franklin M. Fisher, Annette T. Huber-Lee, "Sustainability, Efficient Management, and Conflict Resolution in Water", The Whitehead Journal of Diplomacy and International Relations, Winter 2011. Muhammad Mizanur Rahaman and Olli Varis, "Integrated water management of the Brahmaputra basin: Perspectives and hope for regional development", Natural Resources Forum 33, 2009. Louis Lebel, Ram C Bastakoti, Rajesh Daniel, "Enhancing Multi-Scale Mekong Water Governace", CPWF Project Report. April 30, 2010.

发合作的重要指症或因素，为更好地认识潜在冲突、冲突发展趋势，如何引导合作发生及深入，尤其是水合作管理理论的发展提供了更多理论基础。①

西方水理论的发展为中国国内开展“水与国际关系”的研究提供了理论基础，但另一方面，西方水理论的发展是站在西方社会的视角上去思考和总结的，以中国以外的其他地区为基本的分析文本。所以，中国学者如果开展“水与国际关系”研究，需要在借鉴国外理论的基础上，结合自身的地缘政治环境等现实情况，开展“本土化”和“中国化”的理论研究。

进入20世纪之后，西方学者对中国周边水资源问题的关注有所增加，但基本上是“一边倒”，即批评与“讨伐”中国。他们的主要观点有以下五点：

第一，中国作为国际水资源丰富的国度之一，现在正利用这种自然地理的天然优势，加大对境内水资源的开发利用，从而“威胁”到下游国家的用水安全。中国这种为满足发展需求和增强实力而修建大量水坝或水电站的行为，是一种战略性选择，它会使下游的国家的生态与环境安全处于“危险境地”，其人民生存与发展受到影响。

第二，中国在国际河流的水资源开发中处于主导性地位，中国“忽视”其他国家的国家利益的做法与其一直宣称的“和平发展”理念是“相悖”的。

第三，中国“不愿意”去构建管理机构，“不主动”推动合作机制的构建，根本目的是避免对自己的开发造成牵制，“逃避”关切其他国家用水权益的义务。

第四，现在中国的很多条国际河流还没有深度的合作机制，没

① Shira Yoffe and Greg Fiske, “Use of GIS for Analysis of Indicators of Conflict and Cooperation Over International Freshwater Resource”, Submitted for publication, as part of set of three articles, to *Water Policy*, World Water Council, October 1, 2001. Shira Yoffe, Aaron T. Wolf, and Mark Giordano, “Conflict and Cooperation Over International Freshwater Resources: Indicators of Basin at Risk”, Journal of the American Water Resources Association, Oct, 2003.

有统一的管理机构，下游国家应该联合起来去“平衡”中国的影响力，同时寻求合作管理国际水资源的方法。①

第五，中国在国际河流上修建大坝，从政治层面讲具有两方面意义：一是潜在影响其他国家的权力工具，另一个是施加“外交威胁”。中国在处理下游国家的“指责”和“抱怨”时，倾向于使用“问题联系”策略，凭借地缘与国家实力等优势，将大坝问题与更广阔的发展问题联系起来，比如贸易、投资和援助等，瓦解了可能的反大坝措施。②

中国对境内国际河流的开发活动已经激起了周边国家诸多社会活动家、生态环境学者、非政府组织的反对与阻挠，他们认为中国的开发行为是“掠夺资源”，会制造“生态灾难”。这些行为体正在形成一股势力，制造国际压力，企图阻止中国的开发行为。西方学术界在对中国的水资源开发进行研究和阐述时所持有的上述观点，一定程度上呼应了周边国家反对中国水电开发行为的势力及其言论，这对于中国的国际形象是一个严重的破坏。

相对于国外对中国水问题的种种质疑，中国所做出的回应还非常有限，大部分是通过外交部等官方机构给予驳斥，声明中国在上游的开发会充分照顾下游国家的利益。相比较于国际学术界，国内学术界对于“水与国际关系”议题的研究还处于起步阶段，还缺乏

---

① Macan Markar, Marwaan, “Asia: Dam Across the Mekong Could Trigger a Water War”, New York: Global Information Network, 2009. Milton Osborne, River at Risk: “the Mekong and the water politics of Southeast Asia”, Double Bay, N. S. W.: Longueville Media 2004. Alex Liebman, “Trickle-down Hegemony? China's ‘Peaceful Rise’ and Dam Building on the Mekong”, Contemporary Southeast Asia, Vol. 27, Number 2, August 2005. Timo-Menniken, “China's Performance in International Resource Politics: Lesson from the Mekong”, Contemporary Southeast Asia, Vol. 29, Number 1, April 2007. Philip Hirsch, Kurt Morck Jensen, “National Interests and Transboundary Water Governance in the Mekong”, http: //sydney. edu. au/mekong/documents/mekwatgov _ mainreport. pdf. Olive Hensengerth, “Trans-boundary River Cooperation and the Regional Public Good: The Case of the Mekong River”, Contemporary Southeast Asia, Vol. 21, Number 2, August 2009.

② Sebastian Biba, China's Constinuous Dam-Building on the Mekong River, Journal of Contemporary Asia, Vol. 42, No. 4, November 2012.

从国际政治和国际战略的角度，对水资源问题进行宏观和理论上的深入分析与阐释。

云南大学亚洲国际河流研究中心是国内较早开始专门研究国际水资源问题的学术机构。该中心以何大明为代表的研究团队出版和发表了一系列有关中国国际河流相关问题的专著和论文，[①] 该中心对中国的国际河流的情况做了较为全面而深入的总结，但主要是侧重地理科学领域，以分析国际流域的生态环境保护、水资源分配、水资源开发、径流、水法和水权等问题为主。该团队对中国东南地区、西南地区的国际河流的水资源开发问题也进行了一定的分析，涉及了区域合作和利益协调的问题，但更多地是从技术的操作性角度来进行，而没有把国际水资源问题提升到国家战略和周边关系构建的层面。该团队提出了中国应与周边国家进行合作开发和管理的观点，不仅符合中国的国家利益，而且还是国际上水合作的大势所趋。

国内学者对于水资源与国际安全和国际关系等议题的研究已经开始。学者王家枢和李少军都在著作中指出，水安全已经成为重要的全球性政治问题，对于国家和国际安全具有重要意义。[②] 笔者曾对中国与周边国家的水问题进行过系统的梳理和总结，阐释了这些水问题对中国周边关系和安全环境构建所产生的消极影响，指出中国需要与周边国家联合起来构建一系列的协商合作机制才是解决和避

---

① 例如：何大明、汤奇成等：《中国国际河流》，科学出版社 2000 年版；何大明、冯彦：《国际河流跨境水资源合理利用与协调管理》，科学出版社 2006 年版；冯彦、何大明："国际河流的水权及其有效利用和保护研究"，《水科学进展》，2003 年第 1 期；何大明："澜沧江—湄公河水文特征分析"，《云南地理环境研究》，1995 年第 1 期；冯彦、何大明、包浩生："澜沧江—湄公河水资源公平合理分配模式分析"，《自然资源学报》，2000 年第 3 期；何大明、杨明、冯彦："西南国际河流水资源的合理利用与国际合作研究"，《地理学报》，1999 年 S1 期；冯彦、何大明、甘淑："澜沧江水资源系统变化与大湄公河次区域合作的关联分析"，《世界地理研究》，2005 年第 4 期；陈丽晖、曾尊固、何大明："国际河流流域开发中的利益冲突及其关系协调——以澜沧江—湄公河为例"，《世界地理研究》，2003 年第 1 期。

② 王家枢：《水资源与国家安全》，地震出版社 2002 年版；李少军："水资源与国际安全"，《百科知识》，1997 年第 2 期。

免水问题的理性之道。[①]

目前，在国内国际关系领域，水资源与地区安全和地区关系的研究是研究重点。中国学者对于中东地区、中亚地区、东北亚地区、南亚地区、东南亚地区的水资源问题对地区关系的影响进行了研究。

在中东地区，比较有代表性的是宫少朋的《阿以和平进程中的水资源问题》、姜恒昆的《以和平换水——阿以冲突中的水资源问题》以及刘卫的《现状与出路：约旦河流域阿以水资源合作研究》[②]等。

在中亚地区，中国学者们也多从地区层面分析中亚国家之间的水争端问题，而不是以中国与中亚国家的水问题为主要分析对象。例如，杨恕和王婷婷的《中亚水资源争议及其对国际关系的影响》、焦一强和刘一凡的《中亚水资源问题：症结、影响与前景》、冯怀信的《水资源与中亚地区安全》。[③]

在东北亚地区，中国学者对该地区的水资源问题关注相对较少，王志坚和翟晓敏曾撰文指出，该地区的国际河流主要是界河，由于缺乏合作，国际河流的水质污染状况比较严重，中国与朝鲜、俄罗斯等邻国只有开展国际合作才能使水资源成为维护东北亚安全的积极因素。[④]

在南亚地区，刘思伟、蓝建学和何志华等学者对于水资源与南

---

① 李志斐："中国与周边国家跨国界河流问题之分析"，《太平洋学报》，2011 年第 3 期；李志斐："国际水资源开发与中国周边安全环境构建"，《教学与研究》，2012 年第 2 期。

② 宫少朋："阿以和平进程中的水资源问题"，《世界民族》，2002 年第 3 期；姜恒昆："以和平换水——阿以冲突中的水资源问题"，《甘肃教育学院学报》，2003 年第 4 期；刘卫："现状与出路：约旦河流域阿以水资源合作研究"，华中师范大学硕士论文，2007 年。

③ 杨恕、王婷婷："中亚水资源争议及其对国际关系的影响"，《兰州大学学报》（社会科学版），2010 年第 5 期；焦一强、刘一凡："中亚水资源问题：症结、影响与前景"，《新疆社会科学》，2013 年第 1 期；冯怀信："水资源与中亚地区安全"，《俄罗斯中亚东欧研究》，2004 年第 4 期。

④ 王志坚、翟晓敏："我国东北国际河流与东北亚安全"，《东北亚论坛》，2007 年第 4 期。

亚安全之间的关系进行了分析，其中在对中国和印度之间的水问题进行分析后，认为水问题既可能成为中印原有矛盾的催化剂，也有可能成为加强两国战略合作的天然纽带，中印之间应通过合作之论解决双方的水问题。[①]

在东南亚地区，针对澜沧江—湄公河的水资源问题，学者们更多倾向于探寻如何进行水资源安全合作与治理问题。例如郭延军提出了在该区域建立多层次治理机制，白明华提出了学习印度河水争端解决机制，在该流域建立联合管理机制的方法来有效缓解与应对水争端。[②]

总体来说，随着水资源稀缺性危机的加剧和各国经济的不断发展，水问题日渐成为影响地区安全与国际关系的“热点”议题，但国内学术界对“水与国际关系”这一主题的研究尚处于起步阶段。因此，从理论层面上说，无论是在对于非传统安全问题的研究层面上，努力追赶国际步伐，还是站在中国视角研究水与国际关系的内在联系，缩短研究进展与现实需求的差距，为中国的实际战略需要提供理论指导，都需要中国学者开展对于“水与国际关系”命题的基础性理论研究。

三、“水与国际关系”研究与中国周边安全视角

深入研究水问题与国际关系之间的联系对于现在的中国来说，具有重要的现实意义。

首先，近些年，水问题在中国周边地区密集爆发，“中国水威胁论”的盛行与周边国家对中国的指责充分暴露出了水问题已经成为中国周边外交的软肋，显示出随着非传统性安全议题的逐渐增多，

---

① 刘思伟：“水资源与南亚地区安全”，《南亚研究》，2010 年第 2 期；蓝建学：“水资源安全合作与中印关系的互动”，《国际问题研究》，2009 年第 6 期；何志华：“中印关系中的水资源问题研究”，兰州大学 2011 年硕士论文。

② 郭延军：“大湄公河水资源安全：多层治理与中国的政策选择”，《外交评论》，2011 年第 2 期；白明华：“印度河水争端解决机制的启示——兼论我国大湄公河水争端的避免解决”，《南亚研究季刊》，2012 年第 3 期。

中国周边外交呈现出复杂化的趋势，单纯的“睦邻、安邻、富邻”政策已经难以应对目前周边地区存在的新现实和新问题。

虽然中国一直保持着低调而务实的外交风格，但因为综合实力的快速增强，“中国可以影响世界”已经成为国际社会的普遍印象。面对与日俱增的国际压力，中国必须从一个负责任大国的角度来思考如何应对所面对的地区性乃至世界性公共问题，并承担起相应的国际责任。

其次，国际社会，尤其是周边国家在水资源问题上对中国水资源开发利用基本上形成了“一边倒”的批评态势，并且在美国“重返”亚太地区的战略背景下，从横向上看，水问题的地缘政治性结合得更加明显，域外国家利用这些介入中国周边事务的趋势也有所增强；从纵向上看，水问题会与中国的海外水电投资联系起来，海外投资权益因为周边国家水坝政治的影响而遭受损失。

所以，从战略的高度，从中国周边安全构建的视角，去系统地分析中国与周边国家之间的水问题，梳理和阐释水资源与中国周边安全的关系，并在此基础上去思考和探寻中国如何实现与周边国家和平共享水资源，如何更好地预防或解决纷争，推动水资源成为构建良性周边关系的积极因素，已经成为中国的现实需要。而这也正是本书写作的最大动力与根本目的。

第二章　中国国际水资源现状

第一节　国际水资源的涵义与分布

一、国际水资源的涵义与特征

从理论上讲，国际水资源是指储存于国际河流或湖泊或地下含水层中的淡水资源，也被称作跨境水资源或共享水资源，它主要包括两种基本类型：一种是存在于毗邻水道中的水资源，属于跨边界（国境）共享，如国际界河、边境湖泊或跨界含水层中的水资源；另一种是赋存在连接水道中的水资源，不仅是跨越国境共享，而且是跨越国际区域共享。①

国际水资源绝大部分的水源来自于国际河流，所以，本书所探讨的国际水资源主要是指国际河流中的水资源。国际河流通常被定义为天然水流流经两个以上国家的河流，从类别上说主要分为界河和跨境河流两种，其中以河为界分隔两个国家的河流称为界河，它具有国界的性质和地位。国际河流的数量一直呈增长态势，尤其是自苏联和南斯拉夫解体后，国际河流的数量由 1978 年的 214 条上升至现在的 263 条，其中，亚洲 57 条，非洲 59 条，欧洲 69 条，北美洲 40 条，中南美洲 38 条。②

---

① 何大明、冯彦：《国际河流跨境水资源合理利用与协调管理》，科学出版社 2006 年版，第 11 页。

② Aaron T. Wolf Annika Kramer, Alexander Carius, and Geoffrey D. Dabelko, "Chapter5: Managing Water Conflict and Cooperation", In State of the World 2005: Redefining Global Security, Washington, D. C. 2005, p. 83.

国际水资源有跨境和共享两个特征，跨境反映了水资源的自然特征，共享反映了水资源的国际社会特征。虽然从国际法的角度来讲，各流域国享有对国际流域内流经本国领土的部分水资源的使用权、所有权和处置权，但是，由于水体的连接性与流动性，国际水资源从本质上说属于国际流域内国家的共享资源。

二、国际水资源的分布

据相关数据显示，国际河流的流域面积覆盖了近半个地球的表面，涉及50%的陆地面积和全球近40%的人口，其流水量占到了全球陆地淡水的60%之多。[①] 目前，全世界共有145个国家属于拥有共享水资源国，涵盖人口超过了世界人口总数的90%[②]，其中，61个跨国界河流流域覆盖了全世界近1/3的陆地面积，有30多个国家的国土全部位于跨国界河流的流域范围之内。

如表2—1所示，欧洲的国际河流数量最多，有69条之多；其次是非洲，有59条；亚洲排名第三，有57条，占全球国际河流总数的40%，流域面积占到了亚洲陆表面积的65%，全球范围内只有大洋洲没有国际河流或湖泊。从国家的角度看，全世界拥有国际水资源最丰富的国家是巴西，其国际水资源拥有比例占到了全球国际水资源总量的17%；其次是俄罗斯、加拿大与中国，占据的比例分别是11%、7%和7%，美国、印度尼西亚和孟加拉国占有比例均为6%，印度为5%（如表2—2所示）。

---

① Aaron T. Wolf, Annika Kramer, Alexander Carius et al., 2005. *Manage Water Conflict and Cooperation.* In State of the World 2005: Redefining Global Security. The World Watch Institutes. Washington, D. C., p. 83.

② Human Development Report 2006, Beyond scarcity: Power, poverty and the global water crisis. Download from www. undp. org.

表 2—1　世界各洲的国际河流分布①

地区	国际河流数	附注
亚洲	57	约 208 条河流流经 2 个国家，31 条河流流经 3 个国家，22 条河流流经 4 个以上国家
非洲	59	
欧洲	69	
北美洲	40	
中、南美洲	38	

表 2—2　国际水资源分布比例图②

国家	国际水资源分布比例	国家	国际水资源分布比例
巴西	17%	印度尼西亚	6%
俄罗斯	11%	美国	6%
加拿大	7%	孟加拉国	6%
中国	7%	印度	5%
其他国家	35%		

亚洲的主要国际河流有雅鲁藏布江—布拉马普特拉河、印度河、恒河、澜沧江—湄公河、怒江—萨尔温江、底格里斯—幼发拉底河、约旦河、咸海等。

恒河是南亚的一条主要河流，发源于喜马拉雅山西段南麓，东南流入恒河平原后，自西向东，最后经孟加拉国注入孟加拉湾。其干流全长 2527 公里（从河源至孟加拉湾），流域面积 105 万平方公里。在戈阿隆多（Goelundo），恒河与布拉马普特拉河汇合，汇口以

① Aaron T. Wolf, Annika Kramer, Alexander Carius, and Geoffrey D. Dabelko, "Chapter 5: Managing Water Conflict and Cooperation", *State of the World 2005: Redefining Global Security*. WorldWatch Institute. Washington, D. C. 2005, p. 83.

② 世界水坝委员会报告：《水坝与发展：决策的新框架》，中国环境出版社 2000 年版，第 6 页。

下 105 公里的河段称博多（Padma）河，在坚德布尔（Chandpur）与来自左岸的梅克纳（Meghna）河汇合，汇合后的河段也称梅克纳河，然后通过三个河口注入孟加拉湾。①

阿拉伯河—幼发拉底河是西亚最长的河流，也是人类文明的发源地。它有两源，正源卡拉苏（Karasu）河，发源于土耳其东北部埃尔祖鲁姆市以北，河流由东向西南方向流动，在凯班水库与另一源——穆拉特（Murat）河相汇后向西南流经叙利亚，后转向东南，进入伊拉克境内，途经拉马迪（Ramadi）三角洲、哈巴尼亚（Habbaniya）洼地、哈马尔（Hammer）湖，在巴士拉上游的古尔奈与底格里斯河汇合成为阿拉伯河，最后在法奥注入波斯湾。从源头至入海口，阿拉伯河—幼发拉底河全长 2943 公里，流域面积 67.5 万平方公里，入海水量 473 亿立方米。②

非洲主要的国际河流有尼罗河、刚果河、尼日尔河、赞比亚河、塞内加尔河。其中，尼罗河有“非洲主河流之父”之称，埃及人称之为“生命之河”。

尼罗河位于非洲东北部，发源于赤道南部东非高原上的布隆迪高地，干流流经布隆迪、卢旺达、坦桑尼亚、乌干达、苏丹和埃及等国，最后注入地中海。其支流还流经肯尼亚、埃塞俄比亚和刚果（金）、厄立特里亚等国的部分地区。干流自卡盖拉（Kagara）河源头至入海口，全长 6670 公里，是世界流程最长的河流。流域面积约 287 万平方公里，占非洲大陆面积的 1/9 以上。入海口处年平均径流量 810 亿立方米。③

尼日尔河，非洲第三大河，是西部非洲最大的河流，发源于几内亚境内的富塔贾隆（Fouta Diallon）高原靠近塞拉利昂边境地区

---

① “恒河”，世界江河数据库，http：//www. chinawater. net. cn/riverdata/Search. asp？CWSNewsID = 17987。（上网时间：2014 年 4 月 12 日）

② “阿拉伯河—幼发拉底河”，世界江河数据库，http：//www. chinawater. net. cn/riverdata/Search. asp？CWSNewsID = 18001。（上网时间：2014 年 4 月 12 日）

③ “尼罗河”，世界江河数据库，http：//www. chinawater. net. cn/riverdata/Search. asp？CWSNewsID = 18064。（上网时间：2014 年 4 月 12 日）

的丛山之中，源头海拔900米，距大西洋岸仅250公里，干流流经几内亚、马里、尼日尔和尼日利亚等国，注入几内亚湾。支流伸展到科特迪瓦、布基纳法索、乍得、喀麦隆等国。尼日尔河全长4160公里，流域面积810万平方公里，年入海平均流量6300立方米每秒，年径流量2000亿立方米，年径流深约100毫米，属中等水量流域。①

欧洲最著名的两条国际河流当属莱茵河与多瑙河。

莱茵河是纵贯中欧、西欧的一条重要河流。发源于瑞士中部的阿尔卑斯山北麓，河流向西北流，经瑞士、列支敦士登、奥地利、法国、德国和荷兰六国，在鹿特丹附近注入北海。莱茵河全长1320公里，流域面积22.44万平方公里，年径流量790亿立方米。②

多瑙河是欧洲第二大河，发源于德国西南部的黑林山东南坡，干流朝东南方向流经德国、奥地利、斯洛伐克、匈牙利，克罗地亚、南斯拉夫、罗马尼亚、保加利亚、乌克兰等九国，支流延伸至瑞士、波兰、意大利、波斯尼亚—黑塞哥维那、捷克以及斯洛文尼亚、摩尔多瓦等七国，最后在罗马尼亚东部的苏利纳注入黑海，全长2850公里，流域面积81.7万平方公里，河口年平均流量6430立方米每秒。③

南美洲的国际河流主要有亚马逊河和拉普拉塔河—巴拉那河。

亚马逊河是世界上流量及流域最大、支流最多的河流，是世界第二长河，全长约6440公里，途经玻利维亚、哥伦比亚、厄瓜多尔、委内瑞拉、圭亚那、秘鲁、哥伦比亚、巴西等八个国家。

拉普拉塔河—巴拉那河是南美洲第二大河流，始于源流——格兰德（Grande）河和巴拉那伊巴（Paranaiba）河交汇处，向西南流，

---

① “尼日尔河”，世界江河数据库，http://www.chinawater.net.cn/riverdata/Search.asp?CWSNewsID=18069。（上网时间：2014年4月12日）

② “莱茵河”，世界江河数据库，http://www.chinawater.net.cn/riverdata/Search.asp?CWSNewsID=18039。（上网时间：2014年4月12日）

③ “多瑙河”，世界江河数据库，http://www.chinawater.net.cn/riverdata/Search.asp?CWSNewsID=18034。（上网时间：2014年4月12日）

经巴西中南部至瓜伊拉（Guaira），而后穿行于巴西与巴拉圭之间，过科连特斯（Corrientes）进入阿根廷，先往西南再往东南流与乌拉圭河汇合后称拉普拉塔河，最后注入大西洋。从源流巴拉那伊巴河算起，拉普拉塔河—巴拉那河全长4100公里。[①]

北美洲的国际湖泊比较丰富，美国和加拿大之间共享有著名的伊利湖、安大略湖、苏必利尔湖、休伦湖，另外著名的国际河流有哥伦比亚河、格兰德河等。

哥伦比亚河是一条国际河流，发源于加拿大不列颠哥伦比亚省落基山脉西坡海拔820米的哥伦比亚湖，西南流经美国，进入美国华盛顿州东部地区，而后向西在俄勒冈州和华盛顿州之间形成480公里的州界，最后在俄勒冈州的阿斯托里要塞注入太平洋。该河干流全长2000公里，落差808米，流域面积66.9万平方公里。[②]

格兰德河是流经美国与墨西哥之间的界河，发源于美国科罗拉多州圣胡安（SanJuan）县境内的落基山山麓，由北向南流过美国新墨西哥州到达埃尔帕索（墨西哥一侧为华雷斯城）转向东南，成为美国与墨西哥的界河（墨西哥称此河段为北布拉沃河），在布朗斯维尔（墨西哥一侧为马塔莫罗斯）注入墨西哥湾。全长3034公里，流域面积47万平方公里。[③]

三、国际水资源的功能性与重要性

国际水资源通常蕴含着丰富的水能，对国际流域中的流域国来说，开发利用国际水资源具有重要的经济价值和现实意义。国际水道不仅是流域国之间的航行通道，还在农业灌溉和水力发电上扮演重要角色。国际水资源的多重功能性使流域国之间在水资源的利用

---

① “拉普拉塔河—巴拉那河”，世界江河数据库，http://www.chinawater.net.cn/riverdata/Search.asp?CWSNewsID=18414。（上网时间：2014年4月13日）

② “哥伦比亚河”，世界江河数据库，http://www.chinawater.net.cn/riverdata/Search.asp?CWSNewsID=18363。（上网时间：2014年4月13日）

③ “格兰德河”，世界江河数据库，http://www.chinawater.net.cn/riverdata/Search.asp?CWSNewsID=18360。（上网时间：2014年4月13日）

上存在发生冲突与合作的可能性与潜在性。

（一）航运功能

许多国际河流是流域国之间的重要水运大通道，或者是连接国际河流与海洋之间的水道。对国际水资源的最早利用就主要集中在航行上。虽然沿岸国对流经本国的河流拥有主权，但是在航行方面，需要对一切国家的商船开放。为了保护国际河道上的航行自由权利，很多国际水资源法对之进行了规定，凸显了国际水资源航运功能的重要性。

在欧洲，1815 年维也纳会议制定的《河流自由航行规则》是欧洲最早的国际水资源协定之一，其规定了不论沿岸国还是非沿岸国在莱茵河、多瑙河等几条欧洲河流上自由航行的原则。在非洲，1885 年开始实施的《柏林公约》规定刚果河和尼日尔河对一切国家的船舶开放；尼日尔河流域国在 1963 年签订了《关于尼日尔河流域国家航行和经济合作条约》，规定所有国家的商船和游艇在尼日尔河自由航行并享受完全平等的待遇。在美洲，拉普拉塔河和亚马逊河流域的国家签订条约，规定这两条国际河流对一切国家的船舶开放。在亚洲，澜沧江—湄公河流域国之间签署了相关的通航协定，规定了通航的范围，将澜沧江—湄公河变成了中国—东盟自由贸易区建设中的水运"黄金大通道"，成为中国全面加强与大湄公河次区域国家经济合作的重要纽带。

（二）灌溉功能

人类对水资源利用的最原始方法就是农业灌溉。国际流域之所以能成为人类文明的发源地，其根本原因就是因为毗邻丰富水资源，农业灌溉便利，从而推动经济发展和文明进步。随着经济和工业化的发展，流域国通常在国际河流等跨国界水体上修建水库等各种蓄水、调水等设施，调节年内径流，提高年径流利用程度和用水保证率，扩大灌溉的面积。例如，在美洲的科罗拉多河流域，由于流经的美国西部干旱缺水，科罗拉多河的绝大部分水量用于农业灌溉，美国在科罗拉多河干流和支流上兴建了许多引水工程，有效地扩大了灌溉的面积，像圣胡安河—查马工程（San JuanChama Project）可以灌溉农田 3.7 万公顷，纳瓦霍印第安人灌溉工程（Navajo India Irrigation Project）可以灌溉农田 4.5 万公顷，中央亚利桑那工程（Central Arizona Project）可以灌溉农田 14.9 万公顷，索尔特河工程（Salt River Project）可以灌溉农田 10.7 万公顷等。[①]

（三）水力发电功能

水力发电是电力生产中所占比重最大的可更新来源，根据有关组织的统计，至 20 世纪末，世界上有 24 个国家的 90% 电力来自水电，有 1/3 的国家的水电比重超过一半。[②] 世界能源理事会在 2010 年预测，全世界尚有 2/3 具有经济可行性的水电潜力还未得到开发，其中很大部分集中于国际河流。国际河流中通常蕴藏着丰富的水能资源，流域国通过修建水坝等水电设施，将水力资源转化为电能。目前，随着流域国经济的发展和人口数量的不断增长，电力短缺现象日益严峻，成为经济发展和社会进步的“拦路虎”。为了满足电力供应，确保供需平衡，很多流域国加大了国际水资源的水电开发的力度。最具有代表性的是国际水资源丰富、水电发展潜力巨大，但尚处于起步阶段的非洲地区，近些年的水电开发规模不断扩大。

非洲地区的电力短缺现象严重，根据国际环保机构世界自然基金会（WWF）的最新报告，非洲缺少生活用电的人口将从现在的 5.4 亿上升到 2030 年的 5.9 亿。美国能源部的统计数据显示，在人均电力消耗方面，亚非拉发展中国家的平均水平是 1054 千瓦时/年，而非洲国家仅为 394 千瓦时/年，不足前者的 38%，仅为发达国家 8876 千瓦时/年的 4.44%。[③] 与之形成鲜明对比的是，非洲的水电可

---

① “科罗拉多河”，世界江河数据库，http：//www. chinawater. net. cn/riverdata/Search. asp？CWSNewsID = 18361。（上网时间：2014 年 4 月 13 日）

② “世界水电开发情况”，人民网，http：//ccnews. people. com. cn/GB/141677/87473/169939/169942/10125653. html。（上网时间：2013 年 10 月 12 日）

③ “非洲：电力市场商机无限”，中国华电集团公司网络，http：//www. chd. com. cn/news. do？cmd = show&id = 22787。（上网时间：2014 年 4 月 23 日）

开发潜力巨大。水能资源是非洲最大的能源优势，作为国际河流丰富的地区，非洲地区的理论水能蕴藏量高达11.55亿千瓦，占世界总量的21%，仅次于亚洲，居世界第二位；技术可开发水能和经济可开发水能资源分别为6.28亿千瓦、3.58亿千瓦，均占世界16.2%以上，次于亚洲和拉丁美洲。[①]

在水能资源丰富的赞比西河流域，赞比西河河口的多年平均流量为7080立方米/秒，尼日尔河流域的尼日尔河河口平均流量为6300立方米/秒，最大流量可达3万立方米/秒，最小只有1200立方米/秒。这些国际河流完全具备建设大中型水电站的条件。非洲开发银行提出了“2020水电工程”项目计划，计划到2020年开发水电资源12.4千瓦时，实现非洲水电资源使用率达到62%这一世界平均水平的目标。对此，欧盟已经计划给予1000万欧元的资金支持，非盟多个成员国着手合作开发计划。[②]

第二节　中国水资源的基本状况与特点

中国地处欧亚大陆的东部，太平洋的西侧，南北跨度大，东西距离长，地域辽阔，河流湖泊众多，水资源总量丰富。据统计，中国的多年河川径流量达2.7万亿立方米，多年平均水资源总量28124×10^8立方米，约占世界淡水资源量的6%，居世界第六位，亚洲第一位。[③]

由于气候和地形地貌特点的多样化与差异性，中国的水资源分布呈现出很强的不均衡性。首先，东西部地区差异大。东部地区的陆地面积为617万平方公里，占全国总陆地面积的比重为64.4%，

① “非洲：电力市场商机无限”，中国华电集团公司网站，http：//www.chd.com.cn/news.do？cmd=show&id=22787。（上网时间：2014年4月23日）

② “非洲水能资源居全球第二位”，北极星电力网，http：//news.bjx.com.cn/html/20140507/508850-2.shtml。（上网时间：2014年4月23日）

③ 刘福臣主编：《水资源开发利用工程》，化学工业出版社2006年版，第11页。

而水资源占全国总水量的95.36%。西部的内陆地区面积占全国总陆地面积的比重为35.6%，而水资源量占全国总量的4.64%。从数据上可以看出，东西部地区的陆地面积与河流等水资源量相差悬殊，严重失衡。其次，南北部地区失衡。南部地区水资源量为24148.3×10^8立方米，占全国水资源总量的80.16%，人口数量为740×10^8，占全国总人口的58.3%，而北部地区的水资源总量为5449.3×10^8立方米，占全国水资源总量的19.84%，而人口数量为5.35×10^8，占全国总人口的41.7%，可以说，北方地区人多水少，南方地区水多人少。①

中国水资源的主体是河川径流，其水资源量占到了全国总量的96%。据水利部、国家统计局2013年发布的《第一次全国水利普查公报》，中国流域面积在50平方公里以上的河流，共有45203条，总长度为150.85万公里，流域面积超过100平方公里的河流，约有2.3万条。②

中国的河流可以分为外流河与内流河两类。外流河是指注入海洋的河流。受地形等因素的影响，中国几乎所有的外流河都是自西向东的趋势，黄河、长江、珠江、海河、淮河、怒江、额尔齐斯河、钱塘江、雅鲁藏布江、黑龙江分别注入了太平洋、印度洋、北冰洋水系，长江是世界第三长的河流，也是中国第一长河。

外流河的主要干流发源于三个地区：第一是青藏高原，主要包括有黄河、长江、怒江、澜沧江等河流，这些河流不仅是中国的著名江河，而且部分也是国际性河流。第二是云贵高原与大兴安岭地区，主要包括有海河、黑龙江等河流。第三是长白山地区，主要包括有鸭绿江、图们江等，由于这些河流距海较近，水资源相对于其他河流来讲更为丰富。

内流河主要是指注入内陆湖泊、沙漠滩的河流。中国的内流区

---

① 宋先松、万培基、金蓉："中国水资源空间分布不均引发的供需矛盾分析"，《干旱区研究》，2005年第2期，第162页。

② "《第一次全国水利普查公报》公布"，《中国环境报》，2013年3月27日。

主要集中于新疆塔里木盆地、北疆地区及河西走廊等，较为著名的内流河有塔里木河、伊犁河、黑河等。内流河主要源于雪山地区，河流的上游流域面积较大，雪融水的补给量较为充分，但随着下游地区进入荒漠地带，雨水的补给量少，沿路的蒸发，使部分河流出现了流量骤减，甚至出现断流现象。

中国的河流也存在时空分布不均的特点。内流区的河流面积占全国面积约为1/3，水资源量占全国的比重却不到5%，而外流区的河流面积占全国面积约为2/3，但水资源量占全国的比重高达95%。

中国的出入境水量相差较大，据中国水利部发布的《中国水资源公报（2011）》显示，2011年，从国境外流入中国境内的水量为167.2亿立方米，从中国流出国境的水量为5518.9亿立方米，流入国际边界河流的水量为930.3亿立方米。[①] 从这些统计数据中也可以看出，中国的跨境水资源量巨大。

虽然从总量上来看，中国属于水资源丰富的国家，但由于人口数量占到了全世界人口总量的21%，所以，人均占有水资源量低。据2012年中国国家统计局公布的数据显示，中国的人均水资源量是2186.1立方米，是世界人均水平的1/4。据统计，在193个国家和地区中，中国的人均水资源量居143位，是世界上公认的13个缺水国家之一。

从中国最近20年的水资源量变化图中可以看出（如表2—3所示），受气候变化、人类经济活动等因素的影响，无论是全国年平均降水量，还是全国水资源总量，总体上都呈现出下降趋势，这无疑会加剧全国水资源供需失衡的矛盾。

① 中华人民共和国水利部编：《中国水资源公报（2011）》，中国水利水电出版社2011年版。

表 2—3　中国水资源量变化图（1999—2011 年）

年份	全国平均年降水量（毫米）	全国水资源总量（亿立方米）
1999	629. 1	28195. 7
2000	633. 2	27700. 8
2001	612. 4	26867. 8
2002	659. 7	28261. 3
2003	638	26251
2004	601	24130
2005	644. 3	28053
2006	610. 8	25330
2007	610	25255
2008	654. 8	27434
2009	591. 1	24180. 2
2010	695. 4	30906. 4
2011	582. 3	23256. 7

数据来源：中国水利部《水资源公报（2000—2012）》。

表 2—4　中国各地区水资源分布表

地区	水资源总量（亿立方米）	人均水资源量（立方米/人）
北京	39. 5	193. 2
天津	32. 9	238
河北	235. 5	324. 2
山西	106. 2	295
内蒙古	510. 3	2052. 7
辽宁	547. 3	1247. 8
吉林	460. 5	1674. 5
黑龙江	841. 4	2194. 6
上海	33. 9	143. 4

续表

地区	水资源总量（亿立方米）	人均水资源量（立方米/人）
江苏	373.3	472
浙江	1444.8	2641.3
安徽	701	1172.6
福建	1511.4	4047.8
江西	2174.4	4836
山东	274.3	238.9
河南	265.5	282.6
湖北	813.9	1411
湖南	1988.9	3005.7
广东	2026.5	1921
广西	2087.4	4476
海南	364.3	4130.8
重庆	476.9	1626.5
四川	2892.4	3587.2
贵州	974	2801.8
云南	1689.8	3637.9
西藏	4196.4	137378.1
陕西	390.5	1041.9
甘肃	267	1038.4
青海	895.2	15687.2
宁夏	10.8	168
新疆	900.6	4055.5

数据来源：《中国统计年鉴2013》。

按照国际标准，中国的水资源形势是比较严峻的。如果按照人均水资源量来计算（如表2—4所示），中国有6个省、区属于轻度缺水区，有8个省、区属于中度缺水区，有9个省、区（北京、河北、天津、山西、上海、江苏、山东、河南、宁夏）的人均水资源量低于500立方米/人，属于极度缺水区。如何保持水资源的可持续利用已经成为事关中国能否实现可持续发展的重要影响因素。

第三节　中国国际水资源的分布

中国是一个国际水资源丰富的国家，其总量居世界第三位，与智利并列，仅次于俄罗斯和阿根廷。在中国的17条主要大河中，有12条属于国际河流。如果按流域面积计算的话，中国主要的国际河流有16条，涉及14个与中国毗邻的接壤国，5个非毗邻的周边国家，影响人口将近30亿，占到了世界人口的50%。因此，可以说，国际水资源是连接中国与东南亚、南亚、西亚和东北亚地区的一条重要的纽带。

在中国境内，国际水资源的分布遍布全国范围，如果按照地域划分的话，国际水资源的分布可以分为三个地区。

一、东北地区国际水资源分布

中国东北地区的国际水资源主要以边界河流为主，界河线长达5000千米，共包括有10条界河与3个界湖，代表性的河流有黑龙江、鸭绿江、图们江、绥芬河等。

黑龙江流经蒙古国、中国和俄罗斯三国。有南北两源，南源为额尔古纳（Argun）河，北源为俄罗斯境内的石勒喀（Shilka）河，南北两源在中国黑龙江省漠河以西的洛古河附近汇合后称黑龙江。沿途接纳左岸的结雅河、布列亚河和右岸的呼玛河、逊河、松花江、乌苏里江等支流，在俄罗斯的尼古拉耶夫斯克（庙街）注入鞑靼海峡。以额尔古纳河为河源计算，河流全长4444公里，流域面积185.5万平方公里，居世界第十位。其中，中国境内89.11万平方公里，占全流域的48%。黑龙江流域的水资源与水能资源比较丰富，年径流量为3408亿立方米，水能理论蕴藏量585万千瓦，可能开发装机容量310.05万千万，其中中国境内部分可开发的水能资源量是1096.2万千瓦。①

鸭绿江，源于中国与朝鲜边境白头山南麓，为中、朝两国界河。河流全长795公里，其中流经吉林省境界长575公里，流经辽宁省境界长220公里，总流域面积6.19万平方公里，其中中国境内流域面积约3.25万平方公里。②

图们江为中国、朝鲜、俄罗斯界河，干流全长537公里，其中505千米为中、朝界河，中国境内多年平均径流量51亿立方米，水能资源44万千瓦。③

这一地区的国际河流地处中国北方，地理位置处于高纬度地区，气温较低，冬季漫长寒冷，有些地区的河流封冻期最少为3个月，个别河流甚至长达半年之久。部分河流段，特别是流域面积在3000平方千米以下的，有数月的断流期。河流补给水量主要是积雪融化。每年的3—4月为春汛期，而7—9月份为夏汛期，其中春汛期的补给水量占总初给水量的20%左右。但蒸发的损耗小，年径流的系数较高，很少超过50毫米，在长白山地区的年径流高达600毫米。

二、西北地区国际水资源分布

中国西北地区的国际河流主要来自于新疆境内，由于地处降雨量少的西北干旱地区，水资源显得弥足珍贵。该地区的境外入水的国际河流量主要有阿克苏河、乌伦古河等，向境外出水的国际河流量主要有额敏河、额尔齐斯河—鄂毕河。出入境的水量占西北地区总水量的30%以上。

新疆最大的出境河流为伊犁河和额尔齐斯河。两河径流量占全

---

① “黑龙江”，世界江河数据库，http：//www.chinawater.net.cn/riverdata/Search.asp? CWSNewsID=17812；朱道清编纂：《中国水系辞典》，青岛出版社2007年版，第1页。（上网时间：2014年4月13日）

② “鸭绿江”，世界江河数据库，http：//www.chinawater.net.cn/riverdata/Search.asp? CWSNewsID=17868。（上网时间：2014年4月13日）

③ 朱道清编纂：《中国水系辞典》，青岛出版社2007年版，第48页。

疆地表径流总量的1/3，出、入境河川径流量分别占全疆国际河流总出、入境量的90%以上和27%以上。

伊犁河是亚洲中部的一条内陆河，也是中国和哈萨克斯坦之间的国际河流。它发源于哈萨克斯坦境内的汗腾格里主峰北坡，由西向东流，进入中国，再折向北流，穿过喀德明山脉，与右岸的巩乃斯河汇合，北流汇合喀什河后始称伊犁河，西流150公里至霍尔果斯河汇入后又回到哈萨克斯坦，继续西流进入卡普恰盖峡谷区并接纳最后一条大支流库尔特河，然后流经萨雷耶西克阿特劳沙漠区，最后注入巴尔喀什湖。伊犁河全长1236公里，流域面积15.12万平方公里，年径流量117亿立方米。伊犁河干流在中国境内长约442公里，流域面积约5.6万平方公里，是中国新疆境内径流量最丰富的河流。[①]

额尔齐斯河，发源于中国新疆维吾尔自治区富蕴县阿尔泰山南坡，沿阿尔泰山南麓向西北流，在哈巴河县以西进入哈萨克斯坦，注入斋桑泊（现过境后即注入布赫塔尔马水库，斋桑泊已成为水库的一部分），出湖后继续向西北流穿行于哈萨克斯坦东北部，进入俄罗斯后，过鄂木斯克转向东北，于塔拉附近又转向西北，于托博尔斯克转向北流，在汉特—曼西斯克附近汇入鄂毕河，为鄂毕河的最大支流。该河流全长4248公里，流域面积164万平方公里；中国境内河长633公里，流域面积5.37万平方公里。河口处年均径流量为950亿立方米。[②]

阿克苏河是塔里木河三大源流之一，发源于吉尔吉斯斯坦，是天山南坡最大的河流，全长约530公里，中国境长419公里，水能理论蕴藏量6.88万千瓦，年均径流量59.3亿立方米。[③]

西北地区的国际河流多发源于荒漠或半荒漠地带。比如新疆的

---

① “伊犁河”，世界江河数据库，http：//www.chinawater.net.cn/riverdata/Search.asp？CWSNewsID＝17965。（上网时间：2014年4月13日）

② “额尔齐斯河”，世界江河数据库，http：//www.chinawater.net.cn/riverdata/Search.asp？CWSNewsID＝17889。（上网时间：2014年4月13日）

③ 朱道清编纂：《中国水系辞典》，青岛出版社2007年版，第667页。

阿克苏河支流、帕米尔阿克苏河等，发源于荒漠地带，该地带的山海拔较高，天山等地达到6000米以上，而公格尔山等地达到7000米以上。这些河流的补给水源主要为冰雪融水，其占总年径流量的50%，而地下水的补给量只占20%左右，补给水源发生在夏季汛期来临时节，这个时期的径水量占全年的70%左右。

像伊犁河、额尔齐斯河、乌伦古河等则发源于半荒漠地带，这一地带主要是山地，如阿尔泰山、阿拉套山、哈尔克山等。虽然处于半荒漠地区，但个别地区的降水量也十分丰沛。如新疆是中国的干旱区，但由于其周边的河谷敞开使得西方湿润气流大量流入，被西北与东南走向的阿尔泰山脉拦截，形成降水。据估计，该地带的降水量一度超过800毫米。额敏河与乌伦古河上游周围的山体并不高，其年降水量为300毫米左右，布尔津河与巩乃斯河上游的年降水量较前者高，可以达到800毫米左右。可以看出，上述地带的补给水量中，降水占有一定的比重，由于其地区位置仍处于高纬度及山体附近，所以仍以雪融水补给为主，降水为辅，其中，积雪融水占总补给水量的40%以上。阿尔泰山的汛期是5—7月份，其补给的水量占年总径流量的60%以上。额敏河流域由于源头山体较高，积雪融化的时期为4—6月份，由于流量较大，在短时间内会形成较大的汛峰。

三、西南地区的国际水资源分布

西南地区国际河流主要源于中国的青藏高原，海拔较高，水能资源较大，是中国西南地区重要的水电站基地，被誉为中华民族的“水塔”。该地区主要的国际河流有：澜沧江—湄公河、雅鲁藏布江—布拉马普特拉河、元江—红河、怒江—萨尔温江、独龙江—伊洛瓦底江、森格藏布河—印度河、巴吉拉提河—恒河、珠江，这些河流的主要类型是跨境河流，通常是出境。这些国际流域中，中国都处于流域的上游区，境内基本上是农业区，工业不发达兼地广人稀，河流水资源及其生态环境保持得基本完好。[①]

西南地区的国际河流，水资源量都比较丰富。澜沧江—湄公河有“东方多瑙河”之称，发源于中国青海省玉树藏族自治州杂多县西北部，水资源总量约为740亿立方米（加上从缅甸和老挝入境的水量，水资源总量为760亿立方米），水能资源理论蕴藏量达3656万千瓦，可能开发量2825.4万千瓦，其中干流理论蕴藏量为2545万千瓦，约占全流域的70%。[②]

雅鲁藏布江—布拉马普特拉河，发源于中国西藏自治区南部喜马拉雅山中段北麓的杰马央宗冰川，是世界水能资源最为丰富的河流之一。雅鲁藏布江的径流充沛，水资源总量为1654亿立方米，约占全国水资源总量的6.1%，而流域面积仅占全国面积的2.51%，单位面积产水量为68.8万立方米每平方公里，是全国单位面积产水量的2.4倍。流域内有地下水资源355.5亿立方米，占水资源总量的21.5%，有冰川面积9013.5平方公里，冰川融水量为148.8亿立方米，占水资源总量的9%，年降水量为2283.1亿立方米。雅鲁藏布江属外流河，江水全部经印度、孟加拉流入印度洋，出境水量为1654亿立方米。雅鲁藏布江的水能资源理论蕴藏量为11350万千瓦，干流水能蕴藏量为7910万千瓦，约占全流域水能蕴藏量的70%；支流为3440万千瓦，约占全流域总量的30%。初步规划全流域水能资源可能开发量约4740万千瓦，其中干流约4640万千瓦，占流域可开发量的95%，支流约100万千瓦，仅占流域可开发量的5%。干流河段中，东部的下游河段，水面坡降最大，落差最集中，水量也最丰富，天然水能蕴藏量高达6880余万千瓦，占干流天然水能蕴藏量的87%。[③]

---

① 何大明、冯彦：《国际河流跨境水资源合理利用与协调管理》，科学出版社2006年版，第14页。

② “澜沧江—湄公河”，世界江河数据库，http：//www.chinawater.net.cn/riverdata/Search.asp？CWSNewsID=17970。（上网时间：2015年4月13日）

③ “雅鲁藏布江—布拉马普特拉河”，世界江河数据库，http：//www.chinawater.net.cn/riverdata/Search.asp？CWSNewsID=17986。（上网时间：2014年4月13日）

怒江，发源于中国西藏自治区安多县境内、青藏高原中部唐古拉山南麓的冰川。其源流称纳金曲，向南流经安多入错那湖，过那曲县东流称那曲，与右岸支流姐曲汇入后称怒江，而后渐折南流，穿行于左岸他念他翁山—怒山与右岸念青唐古拉山—伯舒拉岭—高黎贡之间，在云南省境内与东面的澜沧江平行向南流，至云南潞西县的南信河口出中国国境，进入缅甸，之后始称萨尔温江。萨尔温江向南流经掸邦（Shan）高原，至毛淡棉（Moulmein）附近注入印度洋的安达曼（Audaman）海。从河源至入海口全长 3240 公里，总流域面积 32.5 万平方公里，多年平均径流量 2520 亿立方米。①

西南地区国际河流的源头多发于青藏高原的西南区域和喜马拉雅山东南部地带。

青藏高原的西南地区，高山耸立，季风很难穿越过喜马拉雅山，使得这个地区的降水很少，但地下水的补给量大，占全年径流量的 30% 以上，每月径流量的表现也不同，水量补给量最多的月份与最少的月份相差七倍之多。同时，也有部分高山融水，特别是夏季汛期的到来，可达到年径流量的 30% 左右，而冬季处于冰冻期，水量补给较少。

在喜马拉雅山东南部地带，由于地势高低起伏较大，山峰与谷地相差 3000 米以上，形成了世界第一大峡谷的奇观。这个地区的补给水源主要是雨水，高山阻截了水汽的扩展，从而在峡谷形成了大量的降水，占全年径流量的 50% 以上，成为中国西部地区降水最为丰富的地点。本地带主要是受季风的控制，四季的降水量较为平均，但总体来看，夏季的降水较多，河流的补给水量较大。

西北地区的国际河流多呈南北走向，元江、澜沧江、怒江等河流流出西藏地区之后，就逐渐进入了亚热带和热带地区，河流的补给水源就主要依赖降水了，其中 5—6 月份的补给水量占全年径流量的 40% 以上。

---

① “怒江—萨尔温江”，世界江河数据库，http：//www. chinawater. net. cn/riverdata/Search. asp？CWSNewsID = 17981。

表 2—5　中国的主要国际河流[①]

地区	河名	流域面积（万平方公里）		干流长（公里）		所属水系	发源地	流经国家
		总面积	中国境内	总长	中国境内			
东北地区	黑龙江	185.5	89.11	4444	3474	太平洋	俄罗斯	蒙古、中国、俄罗斯
	鸭绿江	6.19	3.25	795	795	太平洋	中国吉林	中国、朝鲜
	图们江	3.32	2.29	505.4	490.4	太平洋	中国吉林	中国、朝鲜、俄罗斯
	绥芬河	1.73	1.00	443	258	太平洋	中国吉林	中国、俄罗斯
西南地区	伊洛瓦底江	41	4.33	2714	178.6	印度洋	中国西藏	中国、缅甸
	怒江—萨尔温江	32.5	13.78	3240	1540	印度洋	中国西藏	中国、缅甸、泰国
	澜沧江—湄公河	81	16.70	4880	2395	太平洋	中国青海	中国、缅甸、老挝、泰国、柬埔寨、越南
	珠江	45.37	44.21	2214	2214	太平洋	中国云南	中国、越南

① 资料来源："世界江河数据库"，中国水利国际合作与科技网，http：//www.cws.net.cn/riverdata/（上网时间：2014 年 4 月 13 日）；何大明、冯彦：《国际河流跨境水资源合理利用与协调管理》，科技出版社 2006 年版，第 10 页。

续表

地区	河名	流域面积（万平方公里）		干流长（公里）		所属水系	发源地	流经国家
		总面积	中国境内	总长	中国境内			
西南地区	雅鲁藏布江—布拉马普特拉河	62.2	33	3100	2070	印度洋	中国西藏	中国、不丹、印度、锡金、孟加拉国
	巴吉拉提河—恒河	105	5.2	2527	49	印度洋	中国西藏	中国、尼泊尔、印度、孟加拉国
	森格藏布河—印度河	103.4	5.29	2900	419	印度洋	中国西藏	中国、印度、巴基斯坦、阿富汗
	元江—红河	15.8	7.9	1185	677	太平洋	中国云南	中国、越南、老挝
西北地区	额尔齐斯河—鄂毕河	164	5.37	4248	633	北冰洋	中国新疆	中国、哈萨克斯坦、俄罗斯
	伊犁河	15.12	5.6	1236	442	巴尔喀什湖	哈萨克斯坦	哈萨克斯坦、中国
	塔里木河	43.55	41.48	2421	449	塔里木河	吉尔吉斯斯坦	中国、吉尔吉斯斯坦、塔吉克斯坦

续表

地区	河名	流域面积（万平方公里）		干流长（公里）		所属水系	发源地	流经国家
		总面积	中国境内	总长	中国境内			
	咸海	123.1	0.19				中国/阿富汗	土库曼斯坦、乌兹别克斯坦、哈萨克斯坦、塔吉克斯坦、吉尔吉斯斯坦、阿富汗、中国、巴基斯坦

表2—5清晰地显示出，中国是亚洲主要国际河流的发源地或上游地区，在亚洲主要的16条国际河流当中，有12条发源于中国境内。中国正可谓处于“水龙头”的位置。也正因为如此，中国国内对国际河流的开发利用会直接关系到周边的19个共享国的睦邻友好与区域合作关系的发展。

第四节　中国的水政策与国际水资源开发利用

一、中国的水政策与管理机制

中国是水资源储量丰富的国家之一，也是水资源需求量巨大的国家之一，以1988年《中华人民共和国水法》的颁布为重要标志，中国逐步建立起了水资源管理的法律体系和管理体制，形成了以《水法》、《水土保持法》、《水污染防治法》、《防洪法》等为主的水法律体系，构建了国务院水行政主管部门—流域机构—地方水行政主管部门为主的水管理体制，依法确立了水资源权属统一管理与开发利用产业管理相分开的原则，逐步建立了水资源统一管理与分级管理相结合，流域管理与行政区域管理相结合的水资源管理制度，水资源统一管理的格局已在全国范围内基本形成。①

2002 年 10 月 1 日，新的《中华人民共和国水法》（以下简称《水法》）开始正式实施，标志着中国的依法治水和管水进入一个新阶段。《水法》强调水资源的流域管理，注重流域范围内水资源的宏观配置。国务院水利部等行政主管部门负责全国水资源的统一管理，行政主管部门在国家确定的重要江河湖泊上设立流域管理机构，由其在所管辖的范围内行使法律、行政法规规定的和国务院水行政主管部门授予的水资源管理和监督工作。

作为国家水事活动的基本法，《水法》明确规定，水资源属于国家所有，即全民所有，农业集体经济组织所有水塘、水库中的水，属于集体所有，水资源的所有权由国务院代表国家行使。《水法》强调，国家制定全国的水资源战略规划，规划从地理范围内分为流域规划和区域规划，从种类上分为综合规划和专业规划。综合规划是指根据经济社会发展需要和水资源开发利用现状编制的开发、利用、节约、保护水资源和防治无害的总体部署；专业规划是指防洪、洪涝、灌溉、航运、供水、水力发电、竹木流放、渔业、水资源保护、水土保持、防沙治沙、节约用水等规划。②

根据“国家对水资源实行流域管理与行政区域管理相结合的管理体制”的基本规定，逐渐创建与形成了现行的水资源管理体制，大致包括 14 个管理机构或部门（如表 2—6 所示）。全国水资源与水土保持工作领导小组，由分管水利的副总理任组长，成员由 11 个国务院部委的负责人组成，主要负责审核国家规定的主要江河的流域

① 王冠军、王春元、冯云飞：“中国水资源管理和投资政策”，《水利发展研究》，2001 年第 5 期，第 1 页。

② 《中华人民共和国水法》，中国政府网，http：//www. gov. cn/ziliao/flfg/2005 - 8/31/content - 27875. htm。（上网时间：2015 年 6 月 18 日）

综合规划和部门间、省际间的水资源综合规划以及水事矛盾。水利部，国务院水行政的主管部门，负责全国水资源的统一管理，拟定节约用水政策、编制节约用水规划，制定有关标准，组织、指导和监督节约用水工作；按照国家资源与环境保护有关法律法规和标准，拟定水资源保护规划；组织水功能区的划分和向饮水区等水域排污的控制；监测江河湖库的水量、水质，审定水域纳污能力；提出限制排污总量的意见。组织、指导水利设施、水域及其岸线的管理与保护；组织指导大江、大河、大湖及河口、海岸滩涂的治理和开发；办理国际河流的涉外事务；组织建设和管理具有控制性的或跨省（自治区、直辖市）的重要水利工程；组织、指导水库、水电站大坝的安全监管；指导农村水利工作；组织协调农田水利基本建设、农村水电电气化和乡镇供水工作；组织全国水土保持工作，研究制定水土保持的工程措施规划，组织水土流失的监测和综合防治；承担国家防汛抗旱总指挥部的日常工作，组织、协调、监督、指导全国防洪工作，对大江、大河和重要水利工程实施防汛抗旱调度。①

表 2—6　中国水资源管理体系

国务院系统	主要职能
全国水资源与水土保持工作领导小组	流域/地区水资源综合规划
水利部	全国水资源的统一管理，以地表水管理为主
环境保护部	水域环境保护
农业部	农业用水管理
能源部	水电开发管理
林业局	流域林业用水和资源保护

① “中华人民共和国水利部主要职能”，新浪网，http：//finance. sina. com. cn/roll/20040426/2100739340. shtml。（上网时间：2013 年 12 月 3 日）

续表

国务院系统	主要职能
住房和城乡建设部	城市水资源开发与保护建设
国土资源部	地下水管理、保护流域的工程项目管理、海水管理
国家发展和改革委员会	水电项目审批
交通运输部	河流航运管理
卫生和计划生育委员会	居民日常饮用水监测与保护
财政部	防洪资金审批
气象局	大气降水预报与管理
科学技术部	水资源科学研究管理

资料来源：笔者根据中央政府官方网站整理（http：//www. gov. cn/guowuyuan/）。

中国跨国界水资源安全战略和水资源安全关系的统一设计的缺失，很大程度是由于目前的水资源管理机制造成的。从中国现有的水资源政策与管理制度上看，水管理机构涉及部门众多，职能交叉，权力分散，各部门行动的时间和政策难以协调。例如，水利部门和环保局之间在水量与水质问题上的协调难度大。水利部门在水资源管理中往往重视开发利用，轻视恢复保护；重视水量调配，轻视水质保护；重视工程建设，轻视生态保护；重视水总量供给，轻视水需求量控制。迄今为止，中国尚未形成集中的中央统一水管理体系，在水资源的开发利用上，缺少权威机构在农业用水、工业用水、城市生活、水力发电、生态用水等不同的用水领域进行协调，缺乏流域之间和地区之间水资源协调，尤其是对于跨国界水资源的管理被“分割”到十几个部门之中，对于水资源的开发与使用，各个部门都有“发言权”并以不同的职能身份参与其中，造成“群龙管水”的局面。

虽然水资源的所有权主体是唯一的，但水资源的使用权主体是多元的，水资源管理的责、权、利的界定复杂，决策不统一，信息不共享，管理不完善，导致河流的上下游之间、地区之间、部门之间、各用水单位之间的水资源使用权模糊，在城乡用水、污染防治、防洪减灾、保护生态环境等方面的水事纷争不断，相互扯皮现象严重，水资源短缺和浪费现象并存，水质污染和流域环境破坏现象屡禁不止。中国的水资源管理体制的特殊性和弊端，不仅是造成中国和周边国家发生水资源矛盾和纷争频发的原因之一，也是制约深化水资源合作的重要机制性原因。

二、中国对国际水资源开发利用的基本原则

现在，中国正处于城市化和工业化快速发展时期，对水资源的需求量呈持续上升趋势，然而，由于传统的发展模式、用水效率低和用水方式不合理等缘故，水资源短缺、水污染等问题对水资源安全和生态安全构成了严重的威胁，现实中所面临的水危机成为制约经济和社会可持续发展的瓶颈。未来如何最大化地挖掘现有水资源的潜力，提升水资源的开发利用水平，满足国内社会的水资源需求成为中国发展的关键因素之一。

中国由于地处上游，连接的水道较多，国际河流水资源的出境水量远远大于入境水量，出境水量能占到全国年天然径流量的27%，国际水资源总量非常丰富。据相关部门统计的数据显示，全国的省、自治区、直辖市中，水资源量占据前五位的分别是西藏、青海、云南、新疆、广西。这些地区大多属于中国主要江河的上游或源头地区，国际河流数量丰富，水量和水能资源富集，但由于地广人稀、经济发展水平较低、地理位置偏僻、地势高耸陡峭等原因，水资源的开发利用程度较低，未来的可开发潜力巨大。

国际河流区除了具有丰富的水能资源外，还蕴藏着丰富的土、林、矿、能源、生物资源等，兼具发电、灌溉、渔业、旅游、生态、生活用水等经济、社会和环境功能。随着未来社会经济的迅速发展，适度地开发利用国际河流的水资源，可以有效地缓解国内的水压力，带动边境地区的经济发展，推动边境区域经济合作的深化。

对于境内河流来说，由于水资源的流经区域完全处于一国之内，

主权国家享有其全部的所有权。但如果是国际河流的水资源，因其具有跨国性的特征，流域国对这些水资源存有共享关系，利用国际水资源不仅仅是一个流域国之事，还涉及其他流域国的权益。

中国在国际水资源的开发利用上普遍受到周边国家的关注和重视，作为一个负责任的地区性大国，中国对于国际水资源的开发利用在坚持主权原则的同时，一直秉持着“公平合理利用”、不造成重大损害和国际合作的原则。

（一）主权原则

主权是一国的固有属性，主权国家享有对其领土行使所有权、管辖权和不受侵犯的权利，而领土的范围则包括领陆、领水和领空，以及领陆和领水之下的底土。1962 年，第 17 届联合国大会通过了《关于天然资源之永久主权宣言》，明确宣布“各民族及各国行使其对天然财富与资源之永久主权”。[①] 其后，联合国大会曾屡次重申主权国家拥有对其自然资源永久主权的原则。1974 年，联合国大会通过了《各国经济权利和义务宪章》，重申“每个国家对其全部财富、自然资源和经济活动享有充分的永久主权，包括所有权、使用权和处置权在内，并得以自由行使此项主权”。[②]

按照联合国通过的一系列国际法文件中的规定，确认流域国对位于其领土之内的流域部分及其水资源享有永久主权。从内涵上讲，这一永久主权原则意味着，流域国对本国境内的水资源可以按照本国的法律、法规和政策，不受外国势力的干扰或干预，自由地进行管理、处置、开发和利用。

2002 年 10 月 1 日起施行的《中华人民共和国水法》中规定，水资源属于国家所有，水资源的所有权由国务院代表国家行使，水资源的战略规划由国家来制定。中国在对其境内的国际水资源进行开发利用时所坚持的首要原则就是主权原则，在充分照顾到其他流域国利益关切的基础上，根据本国的经济发展、科技基础、民生需

---

① 王铁崖、田如萱编：《国际法资料选编》，法律出版社 1986 年版，第 21 页。
② 王铁崖、田如萱编：《国际法资料选编》，法律出版社 1986 年版，第 841 页。

求等条件，由国家来确定如何对境内段的国际水资源进行开发利用，无论是联合国等国际组织，还是其他流域国家，都无权对中国的境内使用行为“指手画脚”或者阻止反对，中国获得的开发利用收益完全由自己支配，不受任何其他力量的干涉或干预。

（二）公平合理利用原则

公平合理利用原则是国际水法的最基本原则之一。这一原则既是权利原则，但同时也体现了与之相关联的义务，即各国有权在其领土内公平合理地使用国际水资源并分享其产生的利益，但是这一权利又受限于不剥夺其他流域国家公平利用权力的义务。公平合理利用原则，承认了各流域国对有关国际河流的使用和受益方面有着平等的、相关的权利。[①]

许多国际条约和国际性文件都对国际水资源的公平合理利用原则进行了相关主张和阐释。例如，《多瑙河保护和可持续利用合作公约》的第 2 条、《湄公河流域可持续发展合作协定》的第 5 条、《沙瓦河流域框架公约》的第 7 条、《尼日尔—尼日利亚共同水资源协定》第 2 条等等，都要求流域国在其本国境内利用国际水资源时遵守公平合理利用原则。

比较有代表性和权威性的国际性条约是《赫尔辛基规则》和《国际水道非航行使用法公约》。

《赫尔辛基规则》是在 1966 年的第 52 届国际法协会大会上通过的国际河流利用规则，它在第 4 条中规定，每个流域国在其境内有权公平合理分享国际流域内水域和利用的权利。[②]

《国际水道非航行使用法公约》作为第一个规范国际水资源非航道利用的全球性公约，在其第 5 条中规定了国际水资源公平与合理利用的原则：（1）水道国应在其各自领土内公平合理地利用国际水

---

① 何大明、冯彦：《国际河流跨境水资源合理利用与协调管理》，科学出版社 2006 年版，第 95 页。

② “国际河流利用规则”，中国水利国际经济技术交流网，http：//www. icec. org. cn/gjhl/gjhltf/200512/t20051212_ 49721. html。（上网时间：2014 年 10 月 26 日）

道。特别是，水道国在使用和开发某一国际水道时，应着眼于实现和充分保护与该水道相一致的最佳利用和受益。（2）水道国应公平合理地参与国际水道的使用、开发和保护。这种参与包括本条款所规定的利用水道的权利和在对其加以保护和开发方面进行合作的义务。[①]

对国际水资源的公平合理利用原则，体现了流域国使用权利和保护义务的统一，而其针对的对象不仅是国际水资源的水量，还包括水质，也就是说，无论是在水量上，还是在水质上，一国在其境内对国际水资源的利用都不应损害其他流域国使用共享水资源的权利，每一个流域国都承担保护共享水资源水质的义务。

"公平"不是简单地意味着相等的使用，而是利用权利上的平等。公平合理利用原则的主旨是：在每一个特定情况下，需要对起源国的用水利益和受影响国的用水利益做出公平的权衡，以确定沿岸国公平利用水的权利和义务。沿岸各国对共享水资源享有公平利用权，但是由于各水道有其独特的经济、地理、生态、政治、文化和历史特点，沿岸各国情况又不同，因此，各国对权利的享有也是不尽相同的。[②] 从这一点来说，公平合理利用原则的使用需要很强的灵活性，需要结合流域国自身的特点以及流域地区的特殊情况来认定如何使用。

公平合理原则的实体意义体现为：各国对处于本国领域的河段拥有完全的和排他的主权，有权占有、使用、处分和收益；各国承担着保护共享的水资源和可持续利用的国际义务，对本国资源的利用不得损害到其他国家或国际公共区域的利益。公平合理原则的程序意义体现在：各国应合作签订双边或多边协议对共享水资源做出具体安排；建立专门的体制机构，如国际联合委员会，保证各类协议的执行；情报交换、通知、协商或其他方式的合作，应成为解决

---

① 何大明、冯彦：《国际河流跨境水资源合理利用与协调管理》，科学出版社2006年版，第96页。

② 何艳梅：《国际水资源利用和保护领域的法律理论与实践》，法律出版社2007年版，第93—94页。

国际水道各种问题的必要程序。[①]

中国在对境内的国际水资源利用时，一直遵守公平合理利用的基本原则，中国一直承认国际流域中的其他水资源共享国的平等利用水源的权利，尊重其他流域国的用水权益，同时还恪守保护国际水资源的义务，维护可航水道的自由航行。

（三）不造成重大损害原则

不造成重大损害原则，是指国际流域各沿岸国在自己境内利用跨界水资源或者进行其他活动时，有义务通过国际合作或者采取合理的单边措施，保护跨界水资源，预防、减少和控制对其他沿岸国或其环境造成重大损害，也不能允许在其领土之上或其控制之下的个人造成这种损害。[②]

联合国《国际水道非航行使用法公约》第 7 条规定：（1）水道国在自己的领土内利用国际水道时，应采取一切适当措施，防止对其他水道国造成重大损害。（2）如对另一个水道国造成重大损害，而又没有关于这种利用的协定，其利用造成损害的国家应同受到影响的国家协商，适当顾及第 5 条和第 6 条规定，采取一切适当措施，消除或减轻这种损害，并在适当的情况下，讨论补偿的问题。[③]

中国虽然不是《国际水道非航行使用法公约》的签约国，但是在对国际水资源的开发利用中，一直坚持“不造成重大损害原则”，尽力避免在自身的开发利用过程中对其他国家的现在和潜在用水量形成威胁，更不向其他国家经济和社会利用造成重大影响，同时承担着防止造成重大跨界损害的责任和义务。

中国在开发利用中，既关切于其他国家的水量分配要求，也关切于流域的水质保护和生态环境建设。由于水利开发大多数是通过

---

① 万霞：“澜沧江—湄公河区域合作的国际法问题”，《云南大学学报（法学版）》，2007 年第 4 期，第 138 页。

② 何艳梅：《中国跨界水资源利用和保护法律问题研究》，复旦大学出版社 2013 年版，第 56 页。

③ 《国际水道非航行使用法公约》，水利部国际经济技术合作交流中心编译：《国际涉水条法选编》，社会科学文献出版社 2011 年版，第 19 页。

天然河道上修建水利工程而利用开发河流水资源，最直接的后果就是改变河流的自然形态，引起局部河段水流的水深和含沙量的变化，继而影响到河流的水温、水质、地质环境和气候的变化。水质、水温的改变会对下游鱼类的繁殖产生不利影响，例如，导致鱼类产卵期推迟。另外，水利工程会影响河流的水速，应水、气界面交换速率和污染物的迁移扩散能力。所以，基于这些水利工程与生态环境关系的常识，中国在水利工程设计和建设中注重对下游的生态保护。

例如，澜沧江流域。在水量利用上，中国在澜沧江段修建的梯级水电站中，只有小湾水电站需要蓄水。为防止对下游水量造成负面影响，小湾水电站蓄水采取了多年汛期蓄水的方式，旱季停止蓄水，以减少对下游水量的影响；当洪水来临前，小湾水电站先放水来增加库容，洪水到来后，水电站大量蓄水，减轻下游洪水压力；而当遇到旱季时，通过释放水库的蓄水用于发电，并补充下游用水。比较有代表性的是橄榄坝水电站的修建。该水电站计划投资 45 亿元，却只有 15.5 万千瓦的装机容量。以单位装机的成本来计算，是目前水电平均造价的 4 倍以上。但橄榄坝水电站并不是一个主要用来发电的工程，而用于调节下泄水流，以保证澜沧江出境后水流的平稳，避免下游湄公河的水量出现大起大落，影响航运和生态环境。

在鱼类保护上，为防止阻隔下游鱼类洄游通道，中国主动放弃了澜沧江两库八级水电站规划中的最后一级水电站勐松水电站的开发。澜沧江段最大的水电站糯扎渡水电站在规划和修建中，投资了 2 亿元人民币实施分层取水措施，以提高春夏季下泄水流的水温，改善鱼类生存环境。另外，还设立了鱼类放流点和自然保护区，以有效保护下游洄游鱼类的生存与繁衍。[①]

在环境保护上，在澜沧江水电开发规划图上，云南省内的上游河段规划了位于云南省迪庆藏族自治州德钦县的果念水电站。果念水电站地理条件比较优越，装机大，造价低，是一个难得的好项目。

---

① “可持续发展最符合澜沧江—湄公河流域各国利益”，人民网，http://energy.people.com.cn/GB/11679639.html。（上网时间：2013 年 10 月 13 日）

但是电站水库位置接近世界少有的低纬度、低海拔季风海洋性现代冰川——明永冰川。为保护明永冰川生态，不破坏澜沧江—湄公河的水源，华能澜沧江公司取消了果念梯级的开发计划。另外，一般的水利建设施工中，往往会产生大量的渣石下江，影响水体质量。澜沧江水电施工时，华能澜沧江公司严令禁止渣石下江，并派专人监管；针对施工中容易出现的水土流失问题，采取修建护坡墙、栽植单行乔木带、在空地上播撒草种等手段，以保护路边的表层土壤；在工程施工区设计建造排水渠、地下排水洞和拦渣坝。这些措施收到了良好的效果，大大提高了水土控制率。①

（四）国际合作原则

联合国《国际水道非航行使用法公约》第 8 条规定：水道国应在主权平等、领土完整、互利和善意的基础上进行合作，使国际水道得到最佳利用和充分保护；在确定这种合作的方式时，水道国如认为有此必要，可以考虑设立联合机制或委员会，以便参照不同区域在现有的联合机制和委员会中进行合作所取得的经验，为在有关措施和程序方面的合作提供便利。②

国际流域中流域国之间开展合作，是主权原则基础上的一种互利与善意的合作，其目的是为了更加公平合理地利用国际水资源。1972 年召开的人类环境会议通过的《行动计划》中，呼吁开展国际水资源合作，以防止淡水污染。1992 年的联合国环境与发展大会通过的《二十一世纪议程》中，呼吁建构水资源合作管理的体制架构，其中提出主管水文数据收集、存储和分析的各机构间在国家一级建立和保持有效的合作，合作评价跨国界水资源等；该议程还呼吁通过双边和多边性的合作来保护水质和水生生态系统，保证饮用水的供应与卫生，保证城市与农村可持续发展的水资源的供应，应对气

---

① “中国为保澜沧江下游生态不惜做亏本买卖”，中国日报网，http：//www. chinadaily. com. cn/hqgj/jryw/2012 – 05 – 25/content_ 6009820_ 2. html。（上网时间：2013 年 10 月 13 日）

② 《国际水道非航行使用法公约》，水利部国际经济技术合作交流中心编译：《国际涉水条法选编》，社会科学文献出版社 2011 年版，第 19 页。

候变化对淡水资源可能造成的影响，避免或减少其对人类生活的潜在威胁。①

在国际水资源的开发利用中，中国倡行国际合作的原则，在信息交流、通知、水条约签订、建立联合管理机构等方面与周边国家开展了合作。

信息交流，主要是流域国之间相互交流共享水域的水文、地质、水质、生态环境、气象等方面的信息和数据。中国和印度、巴基斯坦、湄公河委员会等国家和组织之间进行报汛、水文等方面的信息合作。

通知，主要是流域国在制定和开展有可能对其他流域国造成重大不利或消极影响的计划和行动之前，有义务通知被影响国，甚至是所在区域的地区组织或国际组织，必要时还需要附有比较详尽的技术材料和信息，以方便被影响国去客观地评估项目的潜在影响和寻求对策。通知义务要求一国在计划开发利用跨界水资源时，首先要对其开发计划可能造成的跨界环境影响进行评估，如果经评估确实可能造成跨界损害，那么规划国有义务通知可能受影响的国家及主管国际组织，并依法就可能的损害的应对方法及补偿措施进行协商和谈判。在发生紧急情况之下，比如，洪水、冰冻、干旱、咸水入侵、泥沙淤积、工业事故、溃坝等自然或人为灾害的情况下，沿岸国也应当及时地、以最迅速的手段将在其境内发生的有害状况和紧急情况通知其他可能受影响国和主管国际组织，并采取所有可行的措施以防止、减轻和消除这种紧急情况可能造成的损害。中国和哈萨克斯坦两国在2005年签署了《中国水利部与哈萨克斯坦农业部关于跨界河流灾难紧急通报的协定》，与俄罗斯签署了《中俄关于跨界突发事件通报备忘录》，建立了跨界河流突发事件应急通知和报告制度。②

---

① 联合国：《二十一世纪议程》，联合国网站，http：//www. un. org/chinese/events/wssd/agenda21. htm。（上网时间：2013年11月16日）

② 何艳梅：《中国跨界水资源利用和保护法律问题研究》，复旦大学出版社2013年版，第63页。

签订和实施流域水条约，主要是流域国之间针对共享航运、水资源的水质、水量分配、合作管理等来签署一系列的具有约束性和义务性的条约，增强彼此之间水资源利用的协调性。中国与周边地区的流域国之间签署的水条约数目相对较少。在航运方面，中国和朝鲜以及湄公河国家老挝、缅甸、泰国签署了《关于国际河流航运合作的协定》和《四国澜沧江—湄公河商船通航协定》；在水资源利用与管理方面，中国和俄罗斯、哈萨克斯坦、蒙古等国家签署了《界水利用协定》、《中华人民共和国和哈萨克斯坦政府关于利用和保护跨界河流的合作协定》、《中国与蒙古界水利用和保护协议》等条约。这些水条约对于避免和解决有关国际纠纷，促进地区稳定起到了积极的作用。

建立流域联合管理机构，主要是指流域国根据所签订的水条约等正式法律协议成立的以经常委员会形式存在的流域组织或实体机构，流域联合管理机构可以是双边的，也可以是多边的。中国根据与俄罗斯、哈萨克斯坦、蒙古等国签订的双边水条约，分别建立了针对界河管理的双边委员会，虽然权力有限，职能相对单一，但是对于双边和平共享水资源，推进界河合作管理与可持续利用起到了积极的作用。

结语

中国是世界上水资源丰富的国家之一，但是人均拥有量属于缺水国家行列。随着气候变化因素的影响，以及“西部大开发”战略的实施，中国发展边疆地区经济的步伐大大加快，边疆省份的人口数量增长迅猛，城市化和工业化水平发展快速，随之带来的是对水资源需求量的增大。因此，未来如何维持经济可持续发展与人民生活基本需求的水资源是中国政府所面临的一项严峻挑战。

中国在国内实施的水资源统一管理与分级管理相结合、流域管理与行政区域管理相结合的水资源管理制度，虽然总体上有效地对全国的水资源实行了统一的管理与调配，但是也因为“群龙管水”

局面的不可避免、使用权主体的多元等这些水资源管理制度的缺陷，为国际水资源安全问题的出现埋下了制度性的隐患。

中国是国际水资源丰富的国家之一，但大部分的国际水资源蕴藏于流经边疆地区的国际河流中，高效地利用国际水资源就成为中国发展边疆地区的必然。国际水资源在某种程度上属于公共产品，作为一个负责任的地区大国，中国一直注重下游国家的关切与利益诉求，在国际水资源的开发利用上，倡行着主权、公平合理利用、不造成重大损害和国际合作的原则。但是近些年来，随着中国对国际水资源利用的加大，在某些固有的历史观念和错误认知的指导下，一些周边国家开始就中国国际水资源利用等问题频频指责中国，导致一系列关于水质污染、水资源分配等水问题开始在中国与周边国家关系构建中凸显，成为影响中国周边安全环境构建的非传统安全问题之一。

第三章　中国与周边国家之间的水问题

随着经济的发展和人口数量的不断增多，为满足日益增长的水资源需求，中国逐渐加大了对境内国际水资源的开发利用。因国际水资源的共享与跨国界性质，周边许多国家认为中国在境内的水利用会“牵一发而动全身”，不可避免地影响到他国的用水安全，在水质污染、水资源分配、水利开发、水域环境保护等一系列问题上发生纷争，由此产生的联动效应使水资源安全问题逐步发展成为影响中国周边关系与周边安全环境构建的一个非常重要的非传统安全问题。

第一节　水污染与国家间纷争

一、水污染的基本涵义

水污染，是指水体因某种物质的介入，而导致其化学、物理、生物或者放射性等方面特征的改变，从而影响水的有效利用，危害人体健康或者破坏生态环境，造成水质恶化的现象。[①] 根据污染物的来源，污染可以分为人为污染和自然污染两种。现在水污染的主要来源属于人为污染，这里所探讨的水污染问题也主要集中于人为原因造成的水污染。

之所以人类能造成水污染是由于人类排放的各种外源性物质

① 《中华人民共和国水污染防治法》，由中华人民共和国第十届全国人民代表大会常务委员会第三十二次会议于2008年2月28日修订通过，自2008年6月1日起施行。

（主要是指自然界中原先没有的），进入水体后，超出了水体本身自净作用（江河湖海自身具有自我清洁功能，可以通过各种物理、化学、生物方法来消除外源性物质，恢复原有水质）所能承受的范围，从而影响水的有效利用，危害人体健康或者破坏生态环境，造成水质恶化的现象。[①] 人类在生产和生活中产生的废物对水体产生的污染，包括物理性、化学性、生物性污染，有机物会消耗水体中的溶解氧，使得水体缺氧散发恶臭污染环境；无机物会改变水体 PH 值，破坏水体的自净能力，抑制微生物生长；漂浮物和悬浮物主要是使得水体浑浊影响水体光合作用和吸氧功能，形成沉积物淤积于河道中；生物性污染主要来自于污水中的微生物影响水体的正常微生物含量，产生藻类或者使得水体富营养化。[②]

现在，国际河流的水污染问题是比较严重的。据统计，全球每年约有 14% 的径流受到污染，全球河流稳定流量的 40% 左右受到了污染。[③] 从污染原因来看，水污染主要分为废水型污染和油污型污染。废水型污染主要是国际水源的流经国将生产和生活中所产生的废物排进国际水源中，导致水域水质恶化，影响人类生产和生活的基本用水。油污型污染主要是行驶在国际水资源中的船舶所产生的油污漂浮于水面，造成水体环境的污染。

因为水的流动性，国际水资源的污染通常具有鲜明的跨界传播性，尤其是上游国家污染了境内的国际水源之后，污染物质通常会“顺江而下，顺势漂流”，扩散进入到下游流域国境内，由此影响到非污染制造国的水质。所以，相对于境内的水源污染，国际水源的污染范围更广，破坏程度更大。

---

① “水污染”，百度百科，http：//baike. baidu. com/view/3313. htm。（上网时间：2014 年 10 月 22 日）

② 孟伟：《流域水污染物总量控制技术与示范》，中国环境科学出版社 2008 年版，第 23—25 页。

③ 姬鹏程、孙长学：《流域水污染防治体制机制研究》，知识产权出版社 2009 年版，第 7 页。

二、中国与周边国家之间的水资源污染问题

中国的很多地区目前正处于经济增长方式转型时期，很多地区还以粗放型经济增长方式为主，高能源消耗、高污染产业占有很大比例，尤其是一些存在严重污染问题的矿产开发和化工厂沿河而建，在满足生产用水方便的同时，不断地进行工业排污，加上监管不严和治理措施不到位，这样不可避免地会产生河流污染，由于边境河流纵横交错，很容易造成连带污染，影响到周边邻国的民生用水安全。从全国范围来说，流经中国东北部的跨国界河流污染现象相对严重，其中最具有典型性的当属黑龙江。另外，图们江流域和澜沧江流域的污染现象也比较突出。

（一）黑龙江流域：松花江水污染考验中俄传统友好关系

松花江是黑龙江在中国境内的最大支流，它位于中国东北部，有南西二源，南源为干流，出自吉林省合隆县，西源出自长白山珠峰东南麓。东北流汇合南源，俗称“二道杠”。北流至抚松县东、靖宇县东南汇合头道江之后，始称松花江，穿过松花湖，在扶余县三岔河口与嫩江汇合。沿吉、黑两省边界东流，在同江县同江镇北注入黑龙江。南源全长 2032 公里，北源嫩江全长 2309 公里，流域面积 54.604 万平方公里。[①] 松花江跨越辽宁、吉林、黑龙江和内蒙古四省区，是东北地区最重要的水上运输线。

在松花江流域坐落着一些石油化工企业和大型纸张加工企业，这些企业的净化装置简陋，排放的污染物不经治理达标就直接排放到松花江，松花江又把这些污染物带入黑龙江。

污染最严重的一次是在 2005 年 11 月 13 日，位于吉林省吉林市的中国石油天然气集团公司吉林石化分公司双苯厂（101 厂）的苯胺车间突然发生爆炸，导致 5 人死亡，1 人失踪，30 人受伤。爆炸导致大约 100 吨的苯和硝基苯等污染物质流入松花江，江水受到严

---

① 朱道清编纂：《中国水系辞典》，青岛出版社 2007 年版，第 4 页。

重污染。同月 14 日，吉林省环境保护部门检测到松花江的水体苯超标 108 倍。18 日，吉林省政府办公厅和环保局通报黑龙江省政府和环保局松花江遭遇污染的消息。23 日，国家环保总局向媒体正式通报，松花江因中石油吉林石化公司双苯厂爆炸事故影响，水质受到严重污染，属于重大水污染事件。

此次松花江的污染物主要是苯、苯胺、硝基苯等苯类污染物。如果排入水体中的苯量较少而且水质质量较高，十天左右水体会自我清洁，但如果水体摄入的苯量较大，而且水体的原有水质一般或较差，那么水体的自我清洁时间就会持续较长时间，短则几个月，长则一年或几年。尤其是硝基苯，无色至淡黄色油状液体，具苦杏仁气味，易燃，微溶于水，属于剧毒性物质，一旦侵入水体，就会造成水质的严重污染。人体通过呼吸、皮肤接触或食入硝基苯后，硝基苯会通过作用于血液、肝及中枢神经系统，使血红蛋白变为高铁血红蛋白，失去运输氧的能力，引起缺氧和皮肤黏膜青紫。所以，遭遇硝基苯等苯类污染物质污染的水源，其可能造成的社会危害是巨大的。此次松花江污染事件的影响程度深远，范围广阔，持续时间长，严重地影响了中俄两国的松花江沿岸居民的正常生产和生活活动。

2005 年 11 月 19 日，污染带汇入黑龙江，随后进入俄罗斯境内。污染事件发生后的第 12 天，俄罗斯政府宣布远东第二大城市哈巴罗夫斯克（中文名为伯力）进入紧急状态，切断其水供应。俄罗斯政府声称，由于中国工厂生产的污染物质和中国污染监督机构的缺职少责而出现的污染问题为俄罗斯境内的黑龙江流域居民带来了灾难性后果。哈巴罗夫斯克市的居民反应较为激烈，对于中国影响其用水安全的行为表示非常不满，在 11 月底出现了居民抢购瓶装水的风潮。哈巴罗夫斯克边疆区政府要求在抚远水道黑龙江一侧修筑围堰，防止污染水进入乌苏里江流域，以保障哈巴罗夫斯克市自来水系统取水口免受污染。

对于俄罗斯中央政府、地方政府和普通居民的反应和要求，中国政府从外交、技术和经济层面给予了积极的回应，平息了有可能因水污染引发的国家间纷争。

在外交层面，2005 年 11 月 26 日，外交部长李肇星约见俄罗斯驻华大使拉佐夫，向俄方通报了中国吉林市吉化公司双苯厂发生爆炸事故造成松花江水质污染的有关情况以及中国政府所采取的措施。[①] 12 月 4 日，中国国务院总理温家宝致函俄罗斯总理弗拉德科夫，强调“中俄两国人民同饮一江水，保护跨界水资源，对两国人民的健康和安全至关重要”，温总理向俄方表示，中方对此次污染持负责任的态度，中方已经在采取积极补救措施，中方愿与俄方进一步加强合作，消除灾害后果。[②] 12 月 8 日，国家主席胡锦涛会见俄罗斯政府第一副总理梅德韦杰夫。胡主席强调，在松花江水污染事件中，中国政府一定会本着对两国和两国人民高度负责的态度，采取一切必要和有效的措施，最大限度地降低污染程度，减少这一事件给俄方造成的损害。同时中方愿与俄方加强沟通和协商，提供协助，开展合作。[③]

在技术层面，2005 年 12 月 5 日，中国外交部、国家环保总局组成第一次联合工作组，专门针对松花江污染事件奔赴莫斯科，先后向俄罗斯外交部、自然资源部如实通报了初步监测结果。随后，中国派出松花江污染事件第二次联合工作组，再次赴莫斯科通报相关情况并做工作。水污染事件发生后，中国无偿向俄罗斯哈巴罗夫斯克边疆区和犹太自治州提供 6 台水质监测仪、2 台气相色谱仪和 1150 吨活性炭，帮助俄罗斯净化水质。[④]

在经济方面，水污染事件发生后，对于俄罗斯方面提出的赔偿要求，中国与之积极谈判，双方谈判关注的焦点集中于硝基苯浓度

---

① “李肇星约见俄罗斯大使拉佐夫”，《人民日报》，2005 年 11 月 27 日，第 4 版。

② “温家宝总理就松花江水污染事件致信俄罗斯总理”，中华人民共和国中央人民政府网，http：//www. gov. cn/yjgl/2005 – 12/07/content_ 120100. htm。（上网时间：2014 年 3 月 26 日）

③ “胡锦涛会见俄罗斯客人”，《人民日报》，2005 年 12 月 9 日，第 1 版。

④ 史卉：“中国处理松花江污染事件的成功实践”，《前沿》，2006 年第 10 期，第 241 页。

所造成的影响，但由于缺少相关的国际公约，谈判迟迟没有结果。此外，针对俄罗斯方面提出的建造围堰的要求，中国主动承担了施工和全部费用。

总体来说，松花江水污染事件发生之后，无论是俄罗斯政府方面，还是普通民众，对于中国方面的污染行为都是不满的，但中国政府在外交、技术和经济层面，本着负责任大国的态度和公开、友好、负责的原则，坦诚而积极地与俄罗斯协商解决之道，并尽自己所能，协助其尽快解决污染问题，因此，得到了俄地方政府和民众的普遍肯定，俄罗斯媒体对中方的评价态度逐渐转为正面、善意。

2006 年 2 月 21 日，中国与俄罗斯政府于北京签订协议，共同监测包括黑龙江在内的跨界水体质量，并同意制订重大紧急污染事件的应急计划。中俄还成立了联合调查专门委员会，在污染治理和环境灾害应急方面开始加强监管。但时隔五年的 2010 年 7 月 28 日，吉林省吉林市新亚强化工厂 7000 多个化工原料桶被洪水冲进松花江，虽然中国已经将所有化工原料桶在进入俄罗斯境内前捞起，但俄联邦气象和环境检测局对此问题的“紧急”关切再次表达了俄罗斯对中国境内可能造成跨国界河流污染问题出现的担忧。可以说，水污染问题一直是考验中俄传统友好关系的一个新问题。

（二）图们江流域：水污染成未来中朝关系潜在问题

图们江，满语称“图们色禽”，意为万河之源。它发源于长白山东南部石乙水，东北流至密江河口折向东南，于珲春县防川土字碑出境，为朝鲜、俄罗斯界河，最后注入日本海。图们江上游是中国东北与朝鲜北部的界河，下游为朝鲜与俄罗斯界河。其在中朝边境的一段，河的北岸是中国吉林省的延边朝鲜族自治州，南岸是朝鲜咸镜北道。

图们江的上、中、下游都存在污染现象。干流上游的第一个污染源是朝鲜的茂山铁矿。据统计，茂山铁矿每年向图们江排放的污水约 15000 万吨以上，含尾矿砂约 1000 万吨以上，造成图们江有严重的悬浮物污染。位于中游的开山屯化学纤维浆厂每年向图们江排放约3000多万吨工业废水，其中BOD5[①]排放量为18000吨，COD[②]为70560吨。石舰造纸厂每年排放约2800多吨废水，其BOD5排放量为13900吨，COD为61300吨。图们江中、下游有机物污染主要是这两大污染源所致。朝鲜的阿吾地化工厂，位于图们江下游，每天排放废水18万多吨，更加重了图们江下游的污染程度，尤其是由于废水中的含酚量高，使图们江受到酚污染。[③]除了这些主要的污染源外，图们江市沿江而建的化工厂、针织厂、制材厂、铜矿等，也都在大量地向江水中排污，加剧了图们江水质的恶化。

据延边州能源环保办公室调查，图们江水中大量的尾矿砂灌入水田后，对土壤和水稻生产带来不良影响，仅中国一侧就有2800公顷的水田和300公顷的果园受到较大的危害。据有关部门调查研究（延边州农业科学院1980年）尾矿砂在水田逐年沉积，造成土粒紧密，使土壤容重和硬度增大，土壤板结，降低通气性、透水性能，

---

① BOD5，(Biochemical Oxygen Demand）是一种用微生物代谢作用所消耗的溶解氧量来间接表示水体被BOD检测仪器有机物污染程度的一个重要指标。其定义是：在有氧条件下，好氧微生物氧化分解单位体积水中有机物所消耗的游离氧的数量，表示单位为氧的毫克/升（O_2，mg/l)。主要用于监测水体中有机物的污染状况。一般有机物都可以被微生物所分解，但微生物分解水中的有机化合物时需要消耗氧，如果水中的溶解氧不足以供给微生物的需要，水体就处于污染状态。百度百科，http：//baike. baidu. com/view/2160362. htm。(上网时间：2014年10月22日)

② COD，化学需氧量（Chemical Oxygen Demand)。废水、废水处理厂出水和受污染的水中，能被强氧化剂氧化的物质（一般为有机物）的氧当量。在河流污染和工业废水性质的研究以及废水处理厂的运行管理中，它是一个重要的而且能较快测定的有机物污染参数，常以符号COD表示。化学需氧量表示在强酸性条件下重铬酸钾氧化一升污水中有机物所需的氧量，可大致表示污水中的有机物量。COD是指标水体有机污染的一项重要指标，能够反应出水体的污染程度。百度百科，http：//baike. baidu. com/link？url = AOOTJxD3dk56G2cxB_ Fc52cFmL30KXJdBRr4Mh4y9Vov37vyACRNFwxQ11 LTbD56 - vLk8wNa7yDjuWX9fT5BsDxX2xbG8votPwxyEQoEyV9fh3touoNTTogVinIcQcmd。（上网时间：2015年7月22日）

③ 周世玲：“中国一侧图们江流域水资源开发利用中存在的问题诊断”，《绥化师专学报》，2001年3月，第11页。

导致影响水稻生长，从而减产7%—20%。[1]

图们江原本盛产鱼类，但近些年来，由于工业废水的大量排放，江水混浊，河床及河滩被尾矿砂等污染物质淤积，使江段生物群落的数量及种类减少，多样性程度降低，从根本上破坏了鱼类产卵条件和索饵场所，由此导致渔业资源日渐枯竭，甚至成为无渔区。[2]

图们江水污染最大的受害者当属普通老百姓。沿江而建的图们市、挥春市等重要的东北城市，因江水污染，水质恶化，已经不能直接将图们江水作为饮用水源，虽然中国政府花费巨资修建新水源，但是遇到枯水季或旱年，还需要从江中直接引水，可以说，图们江水的污染已经给居民的正常生活和身体健康造成影响。

图们江水污染还直接影响了水上交通的发展。作为挥春经济开发区通往日本海的唯一水上通道，图们江的通航及陆上交通运输系统的建成，可为“里日本”、朝鲜半岛等日本海沿岸地区提供通往欧洲的最便捷的大陆桥，形成一条国际联系纽带。这种交通潜力使这一地区非常适合于成为国际物流中枢和中转港。但是，目前，由于朝鲜茂山铁矿排放大量的尾矿砂和水土流失形成的砂土、河川变浅，影响轮船的航行。据多年的水文监测资料，图们江每年的输砂量达460万吨，最高时达1900万吨（如果把河底的输砂量计算在内，远远超过这个量）。若开辟图们江的航道，保证轮船的通行，每年需要挖掘几百万吨砂土。[3]

虽然从公开的资料中，尚未找到中国和朝鲜方面就图们江污染事件的商讨，但是从长远来看，忽视环境保护所带来的图们江地区的环境问题将成为影响该地区可持续发展的重要制约因素，因此，如果在经济开发的过程中，不注重水污染治理和环境管理，那么水

① 朱春默、任焕英、申亨哲：“图们江水环境污染对图们江下游地区开发的影响及改善对策”，《东北亚论坛》，1993年第2期，第65页。

② 朱春默、任焕英、申亨哲：“图们江水环境污染对图们江下游地区开发的影响及改善对策”，《东北亚论坛》，1993年第2期，第65页。

③ 朱春默、任焕英、申亨哲：“图们江水环境污染对图们江下游地区开发的影响及改善对策”，《东北亚论坛》，1993年第2期，第66页。

污染问题将成为中国和朝鲜之间发生争议的潜在非传统安全性问题之一。

（三）澜沧江流域污染：水污染加剧湄公河国家对中国的批评

位于金沙江、怒江、澜沧江“三江”成矿带中段的云南省怒江州兰坪县，有中国的“锌都”之称。亚洲最大的铅锌矿就位于兰坪县的凤凰山。据地质部门勘探，在6.9平方公里的矿区范围内，铅锌金属储量高达1500多万吨，占全国铅锌总储量的16%，铅锌合计品位达9.44%。2004年的统计显示，全县矿铅锌潜在经济价值约1000亿元，人均可达50万元。[①] 沘江发源于怒江州兰坪县境内的青岩石山，流经兰坪、云龙两县的7个乡镇，全长169.5公里，流域面积2447.4平方公里，流域内人口共14万人。[②]

从20世纪80年代中期开始，在“大矿大开，小矿放开，有水快流”口号的影响下，沘江源头及上游两岸的采选和冶炼厂的迅速发展，兰坪一度成为有名的群采热点矿区。由于缺乏统一的科学开采规划和生态保护方案，长期的无序开采导致矿区地质结构和植被遭到严重破坏，沘江水质污染严重。[③] 据统计，沘江的水质一度降到劣五类，污染物包括为铅、锌、镉、砷、汞等多种重金属，是云南省水体污染最为严重的江河，由于多种重金属超标，沘江的水既不可饮用，也不能用于浇灌，工、农业生产和生活用水的功能基本丧失。

据统计，该流域矿区对周边地区的环境造成了污染。大量的废渣、酸泥堆放在矿区的露天废渣场里，其中含有铅、镉、锰、锌等重金属，由于矿厂未对这些废渣、酸泥进行适当的处理，经雨水的冲洗，这些废渣中的有害重金属及酸性物质就会随雨水进入当地的

---

① “云南兰坪发现亚洲最大铅锌矿”，扬子晚报网，http：//www. yangtse. com/t21c/2015－06－11/24469. html。（上网时间：2015年6月19日）

② “云南龙县实施各种防治措施改善沘江脆弱生态”，云南网，http：//dali. yunnan. cn/html/2011－07/29/contart－1747675. htm。（上网时间2015年6月19日）

③ “云南铅锌矿开发严重污染怒江支流”，凤凰网，http：//finance. ifeng. com/huanbao/wrfz/20090707/897318. shtml。（上网时间：2015年6月19日）

稻田土壤。几十年以来，由此造成了研究区稻田、玉米田重金属污染，导致严重的环境问题，如粮食产量下降，部分农田已经绝收，瓜果蔬菜枯萎死亡现象严重，影响了当地的农业经济和农民的生活水平与身体健康。[①]

沘江是澜沧江的一级支流，污染河水会顺江而下，污染澜沧江后继续带到下游的湄公河国家。现在中国和湄公河国家的水资源争端更多地集中于中国在澜沧江段的水坝建设而引发的水资源分配等问题上，对于澜沧江段的水污染问题争议还比较少，但如果沘江的水质得不到进一步的改善，那么未来中国与湄公河国家的水争端内容将会进一步增多，引发周边国家对中国的更多批评、抱怨和抗议。

第二节　水资源分配问题与国家间纷争

中国大部分国际河流的水流量比较丰富，是周边地区农业灌溉、城市发展和居民用水的重要来源。随着这些地区经济的发展，周边城市规模不断扩大和人口数量持续增加，导致水资源需求量也大大增加，此时，流经本地区的国际河流通常就成为缓解该地区水资源压力的重要水源。

中国在关切下游国家利益的基础上，开始对某些国际河流的境内部分进行适度开发，修建了一定数量的水坝、水道等基础设施，主要用于生产用水、蓄水发电等。中国的这些开发行为引发了一些周边国家的担忧，即中国对国际河流的开发和利用可能不仅会造成生态环境破坏，而且会加重水资源天然分配不公的事实，严重威胁到他国的水资源安全，甚至国家安全。这一类问题是中国与周边国家之间有关跨国界河流问题中的主要问题，涉及到中国与七个周边国家关系的互动，其中最有代表性的是在额尔齐斯河、

① 苏玮玮："澜沧江中上游流域矿区水和土壤主要重金属污染及其人体健康效应的研究"，云南大理学院，硕士学位论文，2010 年，第 18—19 页。

伊犁河、雅鲁藏布江和澜沧江—湄公河等流域所引发的水资源分配问题。

一、额尔齐斯河和伊犁河：中国与哈萨克斯坦、俄罗斯之间的水分配问题

额尔齐斯河（以下简称“额河”）是中国唯一北冰洋水系的外流河，流经蒙古国、中国、哈萨克斯坦共和国和俄罗斯四国。额尔齐斯河对于中、哈、俄三国来说，都具有重要的经济价值，在哈国境内，额河是其北部水量、水能的主要来源，而且其航运条件最好。额河是俄罗斯境内鄂毕河的重要支流，一路北上穿过哈萨克斯坦和俄罗斯边界后，抵达俄罗斯西伯利亚地区的重要城市欧姆斯克。额河的水是欧姆斯克市的主要生活用水和工业用水。可以说，额河在中、哈、俄三国的经济社会发展中扮演重要角色。

伊犁河，流经中国和哈萨克斯坦，是中国新疆境内径流量最丰富的河流，被称作新疆第一大河。与额尔齐斯河一样，伊犁河凭借丰富的水资源，在中国西部经济发展中发挥重要作用。

为了促进新疆地区经济的发展，中国适度加大了对新疆境内的额河和伊犁河的水资源开发。但是自1996年中国国务院正式批准《新疆引水工程项目建议书》，并开始实施从额河引水进入克拉玛依油田的工程建设开始，哈国与中国之间的水资源争端便浮出水面。

新疆本来处于干旱少雨的中国西北地区，每年的降雨量较少，加上经济快速发展，缺水问题非常严重，很多地区的地下水位大幅下降，天然荒漠植被严重退化，沙漠化现象严重。作为新疆最大的两条河流，伊犁河与额尔齐斯河是该地区重要的社会基础资源，据资料显示，在新疆每年流出国境的水资源约232亿立方米中，额尔齐斯河占约112亿立方米，伊犁河占约120亿立方米。伊犁河和额尔齐斯河的多年平均地表径流量占全疆地表径流总量的1/3，出、入境河川径流量分别占全疆国际河流总出、入境量的91.3%

和27.2%。[1]

长期以来，中国对西北地区的国际河流开发利用程度还很低，据统计，新疆国际河流水资源利用还不到地表径流量的1/4。20世纪90年代，中国提出了“西部大开发”战略，为了加快西部新疆地区的发展，需要大力发展工农业，大规模的开发利用该地区的国际河流成为必然，其中主要是加大了对两大河流——伊犁河与额尔齐斯河水资源的开发利用。

作为中国石油的主要供应地之一的克拉玛依市，因油田开发、机械设备、灌溉等对水资源的需求，其水资源严重缺乏，为保证国家的能源供应和当地居民的正常工作生活，从外流域调水就成为解决经济发展与保护环境的必然选择。

引水工程对外公开称“635引水工程”，“635”是“引额济克、济乌”的拦河大坝所在的海拔高程。该工程于1997年7月动工建设。“635工程”是中国目前引水工程中唯一的北水南调工程，共包括890公里渠道、五个水库、三个电站，总投入144亿元，国家、地方和石油部门各出1/3。工程分“三期四步”完成。“引额济克”（从额尔齐斯河调水到克拉玛依市）是一期工程，年引水量可达4.5亿立方米，二期工程是“引额济乌”（从额尔齐斯河调水到乌鲁木齐市），两项相加可达到引水8.5亿立方米。二期分两步来完成：第一步是调水到乌鲁木齐；第二步是在额尔齐斯河上游再修一个调节水库（库容可达21亿立方米）。第三期是西水东调，把布尔津的水从下游调到额尔齐斯河，以弥补其下游的生态和农牧业用水，[2] 预计至2020年可全部竣工。2000年8月18日，额尔齐斯河调水到克拉玛依市的工程已经顺利完工通水。

伊犁河流域行政区域共包括八县一市，为了满足区域内的农业灌溉，改善生态脆弱的荒漠地，在伊犁河上，中国实施了总体布局

---

① 张建荣：“由新疆国际河流水利开发引发的思考”，《社会观察》，2007年第11期，第17页。

② 张建荣：“由新疆国际河流水利开发引发的思考”，《社会观察》，2007年第11期，第17页。

为“一枢两渠”的拦河引水枢纽工程建设，即修建伊犁河拦河枢纽、伊犁河北岸干渠、伊犁河南岸察渠总干渠，力图从根本上提高伊犁河的水资源开发利用程度。同时还对伊犁河西水东调。一是从其支流喀什河向东自流调水10亿立方米，其中5亿立方米配济艾比湖的生态用水，5亿立方米调入奎屯地区，用于生活和工业用水。二是从伊犁河的最大支流特克斯河向东自流调水进入南疆的渭干河流域；一部分用于塔河干流的生态用水，一部分用于天山南麓、轮台、库车、新和一线的生活和石化工业用水。[①]

中国在额尔齐斯河与伊犁河的开发利用行为，引发了哈萨克斯坦与俄罗斯两国的担忧与不满。俄罗斯和哈萨克斯坦方面认为，中国对额尔齐斯河的取水量正在越来越大，这会减少额尔齐斯河进入哈萨克斯坦以及欧姆斯克的水流量，会使哈萨克斯坦境内的卡尔干达市以及俄罗斯的欧姆斯克市水源供应受到严重影响，同时威胁欧姆斯克市的航运。另外，由于哈萨克斯坦境内的巴尔科什湖80%的水源来自于伊犁河，中国对伊犁河吸水量的增加会导致流入巴尔科什湖的水量减少，不但直接威胁湖内丰富的鱼类资源，造成生态灾难，而且会影响哈萨克斯坦南部地区电力供应、灌溉和其他一些基础设施，严重影响该地区经济发展与生活对此湖的依赖。

俄罗斯科学院院士、俄罗斯生态政策中心主任亚博拉克夫表示，卡尔干达是哈萨克斯坦最大的工业化城市之一，该市的用水供给完全来源于额尔齐斯河，现在额尔齐斯河的流量变小了。亚博拉克夫认为，正是因为俄罗斯政府对边界河流的生态问题关注不够，对中国政府没有施加足够的压力，才导致中国“我行我素”。[②] 另外，俄罗斯方面对中国的做法也表示不满。欧姆斯克的市长曾特别就水源供应和航运受到影响表达了关切。

---

① 张建荣：“由新疆国际河流水利开发引发的思考”，《社会观察》，2007年第11期，第17页。

② “俄哈人士：中国过度使用跨境河流”，360doc个人图书馆网，http://www.360doc.com/content/06/0725/00/7579_163733.shtml。（上网时间：2014年10月20日）

哈萨克斯坦自然运动领导人以及前总统候选人叶列乌西佐夫认为，中国过度抽取伊犁河水将会给哈萨克斯坦造成生态灾难，巴尔科什湖地区未来可能会变成沙漠。[①] 首任驻华大使穆拉特·熬艾佐夫对外公开宣称，“所有的水都被中国的农民们拿走了……他们大量使用水，除此之外，还特别喜欢使用除草剂。结果这样剩下的那些流到我们这里的水，已经都是被污染过的了。中国在黑额尔齐斯河上修建了庞大的水库，现在任何时候都能停止向哈萨克斯坦供水，或者只是供给他们认为合适的数量。”[②]

中亚地区的水资源总量比较丰富。据统计，其淡水资源总蕴藏量在1万亿立方米以上，但多以高山冰川和深层地下水的形式存在，其人均7342立方米的世界平均水平，低于3000立方米的缺水上限，属于轻度缺水地区。中亚五国的水资源需求主要由四条国际河流来满足：阿姆河、锡尔河、额尔齐斯河、伊犁河。阿姆河和锡尔河是中亚南部最主要的水源保障，而中亚北部水源则主要由额尔齐斯河与伊犁河来保障。苏联时期，中央政府对水资源实行集中管理，推行水配额和损失补偿制。苏联解体后，由于缺乏统一的水资源管理体制，水损失补偿问题和水利资源利用问题日益尖锐化，导致哈萨克斯坦和吉尔吉斯斯坦爆发水争端。目前，吉尔吉斯斯坦与塔吉克斯坦形成的“能源联盟”与乌兹别克斯坦、土库曼斯坦和哈萨克斯坦结成的“水联盟”针锋相对，围绕着水坝建设问题互不相让。

中国和哈萨克斯坦的水资源纷争，从根本上讲是与水资源的稀缺性密切相关的。从先天的地理位置和气候特征上讲，哈国地处亚欧大陆的中部，属于严重干旱的大陆性气候，虽然河流数量众多，但大部分是内陆河和季节性溪流，水量相对较少，且水源分布不均衡，加上蒸发和渗透等因素，即使在丰水年，哈萨克斯坦

---

① “俄哈人士：中国过度使用跨境河流”，360doc 个人图书馆网，http://www.360doc.com/content/06/0725/00/7579_163733.shtml。（上网时间：2014年10月20日）

② “俄罗斯对中国中亚的看法”，《共青团真理报》，2009年12月31日，http://www.docin.com/p-128952533.html。（上网时间：2014年10月20日）

可利用的水量只有46立方千米；如果遇到旱年，其可利用的水量就仅有正常年份水量的一半。哈萨克斯坦的经济发展迅速，据2010年修订的未来五年经济发展预测，哈萨克斯坦将继续保持3%—4%左右的年GDP增长率，人口数量在2003—2007年间的平均增长率为8.48%，按此速度计算，今后每年增加人口将超过13万人，[①] 所以，哈萨克斯坦的水资源需求压力逐年上升。

哈萨克斯坦是一个严重贫水国，地表水资源约有101.2立方千米，其中44.9立方千米的水流量来自于流经中哈、俄哈、乌哈、吉哈的国际河流，比例高达44.4%。哈萨克斯坦地表水中有23.6立方千米的水量来自中国，1/3地表水量会跨境流往邻国。同时，哈萨克斯坦的水资源和水电资源在其领土内分布很不均匀，大部分分布在三个区域：东部地区，分布在额尔齐斯河流域及其主要支流布赫塔勒姆河、屋巴河、库勒丘姆河、乌勒巴河、卡勒德如勒河；东南部地区，伊犁河流域及其流经阿尔泰山区的支流，还有东哈尔巴什湖流域；南部地区，分布在锡尔河、塔拉河和丘河。哈萨克斯坦的水电资源总蕴藏量（理论上）为1700亿千瓦·小时/年，技术上可以开发利用的水电蕴藏量620亿千瓦·小时/年，适宜开发利用的水电资源蕴藏量300亿千瓦·小时/年。[②]

哈萨克斯坦在极度的缺水和需水的现实面前，在《2003—2015年国家工业创新发展战略》中，已经把提高水资源利用率确定为一项重要的国策，同时加大对适宜开发的水电资源的开发，其中额尔齐斯河流域（布赫塔勒姆河及其支流，以及其他河流）、伊犁河—巴尔哈什湖流域（以及其他河流）和阿拉科勒湖流域（以及其他河流）仍然是其主要的开发对象。据统计，哈萨克斯坦正在使用的水电站有24座，总装机容量为2244兆瓦，年平均发电量为71亿—73

① 王俊峰、胡烨："中哈跨界水资源争端：缘起、进展与中国对策"，《国际论坛》，2011年第4期，第40页。

② 瓦西里耶夫 Я. А.、维勒卡维斯基 И. Я.："哈萨克斯坦的水电资源：现状和开发前景"，水利信息网，http://www.icec.org.cn/gjjl/fyyd/201008/t20100812_233189.html。（上网时间：2014年10月21日）

亿千瓦·小时，发电量的95%来自五座大型水电站——额尔齐斯河上的布赫塔勒夫斯克水电站、乌斯齐—卡威诺果勒斯克水电站和舒勒毕斯克水电站，伊犁河上的卡布查加依斯克水电站，锡尔河上的查勒达里斯克水电站。①

因此，在“水比油贵”的中亚地区，先天的自然缺陷和后天的实际需求，使水资源纠纷已经发展成为阻碍中亚各国和睦相处的最棘手的一个问题。在这种情况下，中国在额尔齐斯河与伊犁河上稍微有任何举动，都会刺激其他中亚相关国家敏感的“水神经”。哈萨克斯坦前总理托卡耶夫曾指出，“额尔齐斯河流域水资源和生态资源形势非常令人不安。今天额尔齐斯河的经济意义正在迅速上升，在额尔齐斯河流域的哈萨克斯坦一方有250万人口，这里有大型工业中心……地区能源、工业和农业的持续发展与对这条河的资源使用直接相关。因此，从哈萨克斯坦未来经济与生态安全角度来讲，与中国解决水资源问题是非常重要的。”②

事实上，中国从额尔齐斯河、伊犁河的取水量不到其总水资源量的1/10。据统计，额尔齐斯河每年从中国的外径流量到110亿立方米，而让哈萨克斯坦与俄罗斯异常紧张的“635工程”每年调水的水量极限大概仅仅为30亿立方米，而额尔齐斯河进入哈萨克斯坦斋桑湖的水量约300多亿立方米，进入北冰洋水量约1000亿立方米。所以，即便是引水到极限状态的30亿立方米，也不会对下游国家的用水产生太大影响。同样，伊犁河东调水的水量约30亿—40亿立方米，只占该河出境水量的1/4—1/3，同样不会对下游国家的用水构成大的影响。③

---

① 瓦西里耶夫 Я. А.、维勒卡维斯基 И. Я.：“哈萨克斯坦的水电资源：现状和开发前景”，水利信息网，http://www.icec.org.cn/gjjl/fyyd/201008/t20100812_233189.html。（上网时间：2014年10月21日）

② ［哈］卡·托卡耶夫著，赛力克·纳雷索夫译：《中亚之鹰的外交战略》，新华出版社2002年版，第74页。

③ 张建荣：“由新疆国际河流水利开发引发的思考”，《社会观察》，2007年第11期，第18页。

相比较于中国的“内敛”，哈萨克斯坦在额河上已经修建了布赫塔尔玛、乌斯季卡缅诺戈尔斯克和舒尔宾斯克共三座大型水电站，其中布赫塔尔玛水库设计总库容530亿立方米，可以说完全控制了从中国流入的水量。在伊犁河上，哈萨克斯坦同样发扬了“先下手为强”的风格，在20世纪70年代就建成了总库容约280亿立方米的克普恰克水库，几乎把中国流入其境内的水量全部“囊括其中”，大大地减少了流入巴尔喀什湖的水量。相比来看，虽然近些年中国从河中的取水量有所增加，但是并没有限制流出中国的径流量，每年大约75%的水量会从中国顺势流入哈萨克斯坦境内。

中国和哈萨克斯坦同为上海合作组织成员国，在2008年的上海合作组织峰会上，哈萨克斯坦总统纳扎尔巴耶夫公开表示了对中国加大在额尔齐斯河与伊犁河取水量的不满。现在，俄罗斯等国的专家已经就上海合作组织能否作为未来的中亚地区解决跨境水资源利用问题的重要平台等问题展开讨论。

二、澜沧江：中国和湄公河五国的水资源分配问题

全世界流经五国以上的跨国界河流共有19条，澜沧江—湄公河是世界第六大河，亚洲第三长河，东南亚第一大河，流经六个国家，总长约4880公里，流域总面积达81.1万平方公里。[①] 澜沧江—湄公河流域包括了中国的云南省、缅甸、泰国、柬埔寨、越南和老挝等六国，其中上游位于中国，通常被称之为澜沧江，进入中南半岛的下游，就被称为湄公河，最后在越南胡志明市的南面注入南海。

澜沧江—湄公河流域是全世界最复杂的国际流域之一。整个澜沧江—湄公河流域滋养了6000多万的人口，包括数百个族群，流经地区的经济发展差别巨大，水资源依赖程度和使用途径各有不同。因此，澜沧江—湄公河的管理涉及水资源利用、跨国环境污染防治、

---

① “澜沧江—湄公河”，世界江河数据库，http：//www. chinawater. net. cn/riverdata/Search. asp？CWSNewsID = 17970。（上网时间：2014年4月23日）

水坝建设、移民等多个议题，管理难度非常大。

中国虽然处于上游的重要位置，但对整个水系的水量贡献度只有16%，而老挝对湄公河的依赖程度最深。流域内水资源利用主要集中于发电用水、农业灌溉和航运用水。由于地理位置、国内经济发展水平和生活习惯的差异，澜沧江—湄公河流域各国对河流的开发利用侧重点不同，具有结构性的差异和矛盾。

表3—1 湄公河的跨国界之分布①

国家	国家面积（平方公里）	占有流域面积（平方公里）	流域面积占该国面积比例（%）	该国占流域面积的比例（%）	该国占湄公河的流量（%）	河流水资源利用重点
中国	9596960	167000	1.78	21.79	16	水电开发、航运
缅甸	678500	27600	4.07	3.51	2	航运
泰国	514000	193900	37.72	24.62	18	农业灌溉
老挝	236800	198000	83.61	25.14	35	水电开发
柬埔寨	181040	158400	87.49	20.10	18	渔业发展
越南	329560	38200	11.59	4.84	11	农业灌溉

中国对河流水资源的利用主要集中于水能和航运两方面，目前，中国准备在澜沧江干流分15级开发，总装机容量为2600万千瓦，

① 资料来源：WWAP, water: A Shared Responsibility, N. Y.: Berghahn Book, 2006, P. 307. NantanaGajaseni, Oliver William Heal and Gareth Edwards-Jones, "The Mekong River Basin: Comprehensive Water Governance," in Matthias Finger, LudivineTamiotti and Jeremy Allouche (eds), The Multi-Governance of Water-Four Case Studies, Albany: State University of New York Press, 2006, p. 46. 吕星、王科："澜沧江—湄公河次区域水资源合作开发的现状、问题及对策"，《澜沧江—湄公河次区域合作发展报告（2011—2012）》，社会科学文献出版社2012年版，第109—111页；世界江河数据库，中国水利国际合作与科技网，http://www.cws.net.cn/riverdata/。

其中中下游的功果桥至中缅边界南阿河口河段，已经确定了两库八级开发方案，总装机容量1590万千瓦，年发电量721.76亿千瓦时，[①] 其中漫湾，大朝山和景洪水电站已经竣工，小湾和糯扎渡水电站正在建设过程中，功果桥、橄榄坝和勐松水电站正在进行前期准备，预计到2020年，澜沧江的年发电量将达到1000亿千瓦时。在航运方面，从中国云南的功果桥到河流出海口的航线，全长3464公里，途径澜沧江—湄公河沿岸20个城市和100多个城镇，素有“黄金水道”之称。中国与缅甸、老挝和泰国签订了《中老缅泰澜沧江—湄公河商船通航协定》，四国商船可以在思茅港到琅勃拉邦886公里的航道上自由航行。通过发展航运，可以使流域国之间资源互补，实现经济、旅游、贸易方面大发展。

缅甸只有4%的领土处于流域范围之内，它对湄公河水资源的利用主要集中在航道建设和区域合作上。除了参与2002年6月开通的四国水运贸易通道项目外，还积极参加湄公河委员会的相关会议，参与区域合作。

泰国对湄公河水资源的利用主要是农业灌溉。泰国是东南亚地区最大的稻米出口国之一，为解决850万公顷的缺水可耕地，泰国一直致力于向东北部和北部地区引水。2003年泰国提出了“解决泰国水短缺，灌溉可耕种土地”的计划，该计划包含两个方案：一个是在东北部实行的“湄公河—栖河—穆恩河（Kong-Chi-Moon）”分水方案，另一个是北部实行的“谷河—因河—永河—南河（Kok-Ing-Yom-Nan）”分水方案。[②]

老挝有83%的土地位于湄公河流域内，水能发展潜力最大，因此，其高度重视对湄公河的水电开发，希望使之成为出口创汇的重要手段，使老挝成为“东南亚电池”。老挝目前大力招商引资开发境

---

① “澜沧江上的水电开发”，三亿文库，http：//3y.vv456. com/bp－3d1600086c8sec3a87c2cs3s－1. html。（上网时间：2013－11－31）

② 吕星、王科：“澜沧江—湄公河次区域水资源合作开发的现状、问题及对策”，《澜沧江—湄公河次区域合作发展报告（2011—2012）》，社会科学文献出版社2012年版，第110页。

内水电资源，迄今为止，已投入运营的水电站有 12 座，总装机容量有 187 万千瓦，仅占其全国技术可开发量的 8%。现在在建项目有 7 个，总装机容量有 282 万千瓦；有 15 个项目已签署开发协议，装机容量有 583.5 万千瓦；有 47 个项目已签署合作备忘录，装机容量 1270 万千瓦。未来 5 年还将有 7 座总装机 344 万千瓦的水电站投入运营，届时老挝全国建成水电站总装机容量将达到 502 万千瓦。[①]

柬埔寨对河流的水资源利用集中在渔业发展上。柬埔寨 86% 的土地在湄公河流域，由于柬埔寨经济落后，流域内居民基本还过着“靠天吃饭”的生活，其中超过 100 万的人口依赖渔业为生。[②] 为此，柬埔寨需要保证一定的洪峰流量，形成泛洪区来发展农业和渔业。境内的洞里萨湖是湄公河水量的天然调节区，每当雨季来临，大量河水流入洞里萨湖使湖水面积从 2500 多平方公里拓展到 10000 平方公里。[③] 季节性的泛洪区对于柬埔寨的农业和渔业生产至关重要。

越南对于湄公河水资源的利用主要集中于农业灌溉。湄公河三角洲是越南著名的粮仓，承担着越南 90% 的稻米出口任务。[④] 近些年，湄公河下游水量下降，导致海水倒灌侵入三角洲，威胁到农业生产和经济发展，因此，越南更注重从湄公河中取水，保证一定的河流净流量，防止海水入侵造成的三角洲地区盐碱化。

通过以上的分析可以看出，澜沧江—湄公河是六个流域国家赖以生存与发展经济的主要手段，其水资源为当地提供了农业灌溉、

---

① 吕星、王科：“澜沧江—湄公河次区域水资源合作开发的现状、问题及对策”，《澜沧江—湄公河次区域合作发展报告（2011—2012）》，社会科学文献出版社 2012 年版，第 110 页。

② “东照视点：举足轻重的柬埔寨淡水渔业”，广西新闻网，http：//www.gxnews.com.cn/staticpages/20070802/newgx46b/050c－1174117.shtm。（上网时间：2013 年 10 月 20 日）

③ 张敬然：“穿越洞里萨湖　探访吴哥古迹”，《世界文化》，2010 年第 10 期，第 43 页。

④ “降雨增加越南大米产量或上千”，新浪网，http：//finance.sina.com.cn/money/future/20110815/110010316906.shtml。（上网时间：2015 年 6 月 19 日）

渔业、交通运输、旅游业等产业发展的机会。但由于流域国之间在水资源的开发利用上存在结构性差异和矛盾，导致了流域国之间不可避免地会产生结构性水问题。

表 3—2 中国与湄公河国家之间的水争端“焦点”

争议点 国家	中国在澜沧江段建坝是否会影响下游湄公河的河流生态平衡?	中国在澜沧江段建坝是否会使湄公河流段的水量减少?	中国在澜沧江段建坝运行后的水文资料信息是否共享?
湄公河国家	修建水坝加速了湄公河水量的减少和水质、水流的改变，越南湄公河三角洲受到侵蚀，泰国、缅甸和老挝的渔业和农业受到影响，当地经济和生活受到冲击①	会。修建大坝会改变河水流量的规律性跌涨，下游国家会受制于上游国家的水流需求调控。中国的澜沧江段大坝，在旱季拦截河水，导致河流枯竭，饮水困难，雨季到来后，水坝蓄足水后开始大规模泄洪，导致洪涝灾害。中国大坝与湄公河干旱有着不可分割的联系，是“中国大坝扼杀了湄公河”②	虽然负责湄公河开发和管理的有湄公河委员会和以亚洲开发银行为主体的“大湄公河次区域经济合作”（GMS）等机构，但“由于中国对国内水坝的情况秘而不宣”，因此区域内各国无法采取统一的协调行动。③ 中国应公布水坝落成后的水位资料和流量信息

① “中国与湄公河水战搬上峰会”，《亚洲周刊》，2010 年 4 月 18 日，第 34 页。

② “澜沧江考验中国河流外交”，南方周末网，http://www.infzm.com/content/43354。（上网时间：2015 年 6 月 20 日）

③ “外国媒体热炒中国水威胁 称我国用水牵制亚洲”，新浪网，http://news.sina.com.cn/c/2006-09-21/000110067730s.shtml。（上网时间：2014 年 10 月 22 日）

续表

争议点 国家	中国在澜沧江段建坝是否会影响下游湄公河的河流生态平衡?	中国在澜沧江段建坝是否会使湄公河流段的水量减少?	中国在澜沧江段建坝运行后的水文资料信息是否共享?
中国	大坝使流往下游的沉积物聚集在水库里，从而使湄公河上的灌溉和航行更加便利；大坝的生态环境影响是小局部的，从长远角度看有利于保护全球生态环境	不会。澜沧江出境处年平均径流量仅占湄公河出海口年平均径流量的13.5%，湄公河水量主要来自中国境外的湄公河流域。中国只是进行了蓄水发电，尚无从澜沧江取水、调水的行动和计划，不会对下游水量产生任何的不利影响。澜沧江—湄公河流域持续干旱是降雨量减少所致，从根本上说是全球气候变化的结果	中国在云南省内有自己的检测体系，中国将提供云南景洪水电厂大坝和漫湾水电站的水位资料。但中国政府提供的数据只对境内水坝的评估负责

就中国和湄公河五国的水纷争来说，主要集中于中国在澜沧江流域段修建水电站是否会引起水资源分配的变化，是否会引发下游的可持续发展问题。一些湄公河国家担心中国筑坝会造成水质污染，严重破坏河流生态平衡，尤其是随着气候变暖和雨季周期的变化，中国可能会从澜沧江形成的人工湖中大量汲水用于灌溉，严重影响下游国的用水安全，如果中国的开发持续扩大的话，更将有可能威胁到其他流域国的国家安全。2010 年 4 月，湄公河下游四国泰国、

老挝、柬埔寨和越南发生了严重旱情，湄公河水位下降到近20年来的最低水平，部分地区的水位仅33厘米。这些国家农业、旅游、航运和渔业的产业发展受到严重冲击。泰国、越南等国家的一些非政府组织、媒体和学者，纷纷将矛头指向中国，声称正是因为中国在上游修建水坝断流截水，才造成湄公河流域的河水干涸，引发了中国与湄公河流域四国的“水战”。[①]

梳理2010年国际社会对中国建大坝影响湄公河水域的“指责”言论，发现其“论据”主要集中于三个方面。第一，湄公河下游出现的异常降雨和干旱已经对粮食安全、政治稳定和区域各国间的关系产生了“重大负面影响”。第二，中国在湄公河上游建坝能够调节水流量。虽然负责湄公河开发和管理的有湄公河委员会和以亚洲开发银行为主体的“大湄公河次区域经济合作”（GMS）等机构，但“由于中国对国内水坝的情况秘而不宣”，因此区域内各国无法采取统一的协调行动。[②] 第三，水可以被作为实现国家利益的强有力工具，中国通过在上游修建水坝调节水流量，从而“控制”其他国家的经济和政治。中国将把对跨国界水资源的利用和“对水资源利用形成的威胁”作为一个有效工具，来牵制南亚、东南亚等亚洲国家。[③]

湄公河五国对中国的水批判，可谓“上纲上线”，涉及生态安全、经济安全和政治安全三个层面。

在生态安全和经济安全方面，由于水利开发大多数是通过天然河道上修建水利工程而利用开发河流水资源，最直接的后果就是改变河流的自然形态，引起局部河段水流的水深、含沙量的变化，继而影响到河流的水温、水质、地质环境和气候的变化。水质水温的改变会对下游鱼类的繁殖不利，导致鱼类产卵期推迟。另外，水利

---

① “中国与湄公河水战搬上峰会”，《亚洲周刊》，2010年4月18日，第34页。

② “外国媒体热炒中国水威胁 称我国用水牵制亚洲”，新浪网，http：//news. sina. com. cn/c/2006－09－21/000110067730s. shtml。（上网时间：2014年10月2日）

③ “River Runs Through it”，http：//timesofindia. indiatimes. com/home/opinion/edit-page/River-Runs-Through-It/articleshow/6320762. cms.（上网时间：2012年12月20日）。

工程会影响河流的水速，应水、气界面交换速率和污染物的迁移扩散能力。所以，基于这些水利工程与生态环境关系的常识，虽然中国非常关切下游国家的利益需求，在水利工程设计和建设中注重下游生态保护，但一些下游国家还是非常担忧中国在上游修坝会严重破坏“原生态”环境。湄公河国家担心中国在上游澜沧江段修建梯级水坝会拦截了下游的泥沙，会加大防洪负担，减少湖中鱼类的营养来源，同时影响鱼类洄游，威胁湄公河鱼类的多样性，对渔业的可持续发展产生威胁。

在政治安全方面，下游国家认为中国正利用“水”来建造“霸权”，试图通过控制水流量来“控制”下游国家，与中国一贯宣传的和平发展理念“相悖”。

对于湄公河水位降低遭遇到的争议，中国外交部郑重表示：澜沧江出境处年均径流量仅占湄公河出海口年均径流量的13.5%，湄公河水量主要来自中国境外的湄公河流域（占86.5%）。中国在澜沧江水电开发过程中充分照顾到下游国家关切；水电站水库蒸发水量很少，水电站运行不消耗水量；而且，中国在澜沧江流域无跨流域调水计划，沿江工农业用水量很少，对水资源需求有限；澜沧江水电开发对下游水量几乎无影响。①

澜沧江—湄公河流域持续干旱是降雨量减少所致，从根本上说是全球气候变化的结果。湄公河委员会秘书处首席执行官杰里·伯德（Jeremy Bird）曾发表声明说，“根据目前的水量记录，没有证据表明上游的这些水坝导致了河流水量减少。事实上，如果没有这些水坝，湄公河很可能在2010年1月就会出现缺水问题。”② 对于湄公河流域国家的指责，中国在技术、经济、外交层面都给予了积极而正面的回应，声明中国作为负责任的地区大国，在澜沧江的开发过程中严重关切下游国家和人民的切实利益，但是湄公河下游国家对

---

① “外交部回应湄公河水位降低争议”，《南京日报》，2010年3月27日。

② 湄公河委员首席执行官杰里·伯德先生2010年11月5日在北京大学举办的“澜沧江—湄公河水资源的开发利用学术研讨会”上的发言。

中国的批评之声一直没有停歇，可以预测，随着中国在澜沧江段水利开发的继续，湄公河下游国家与中国之间的水纠纷会持续下去。

三、雅鲁藏布江：中国与印度的水资源分配问题

中国和印度是亚洲地区的两个快速崛起的大国，两国毗邻而居，彼此之间共享的主要国际河流大约有 16 条，近些年，水争端成为影响中印关系发展的又一个棘手问题。

中印都属于缺水国家。中国人均水资源拥有量仅占世界水平的 1/4，缺水人口已经占到全国人口的 45% 。水资源短缺已经成为制约中国可持续发展的重要问题。同样，印度的水资源短缺情况也非常严重。据联合国人口基金会 2010 年 10 月发布的《2010 年世界人口状况报告》统计，印度国内的总人口数量已经达到 12. 15 亿，位居世界第二，[①] 其人均可用水资源量为每年 1729 立方米，按照 2000—2010 年的人口增长速度，到 2050 年，印度的人口数量将达到 16 亿，人均可用水量为每年 1403 立方米。[②] 人口数量的增长，气候条件和水资源天然的分配不均，使得数亿印度人面临水资源短缺的威胁。据世界水资源发展报告显示，在可用水方面印度在 180 个国家排名中位列第 133 位，水质方面在 122 个国家中位列第 120 位。此外，印度河流多属自然河流，雨水为其天然水源，雨季河流泛滥成灾，旱季则河水干涸，缺乏灌溉和航运能力。[③]

印度全国人口的 70% 属于农业人口，农业灌溉事关国计民生，从 20 世纪 70 年代开始，印度就利用其国内河流遍布的优势，思考如何最大化地开发利用水资源，实现综合效益最大化。1977 年，印度的民间人士提出了“北水南调”和“北水东调”的设想，希望通

---

① UNFPA State of World Population 2010，UNFPA，October，20，2010.

② Nationa Institute of Hydrology Water Resourcesof India. http：//www. nih. emet. in/water. htm.（上网时间：2014 报 10 月 26 日）

③ 蓝建学：“水资源安全和中印关系”，《南亚研究》，2008 年第 2 期，第 22—23 页。

过修建水坝、水库、水渠，来将北部水量充沛的恒河和布拉马普特拉河的水资源远程调往南部和东部缺水地区，实现国内水资源的灵活调配，解决南部和东部旱季缺水、雨季洪涝等问题。

经过长时间的讨论和研究，1980 年，印度水利部提出了跨流域调水的水资源开发国家远景规划，该计划将境内的数十条河流联成网络进行统一调配，其特点是通过河流自流进行跨流域调水，提水高程不超过 120 米。该计划有两大板块：一个是位于印度南部的半岛水系的开发，这一水系的特点是多为季节性河流，洪旱频发；另一个是位于印度北部的喜马拉雅水系的开发，这一水系的特点是多为常年流的河流，水量和水能资源十分丰富，这一板块的主要开发思路是在恒河、马哈纳迪河和布拉马普特拉河上修建一系列水库和连结渠系，连结各河，将“富余”的水调往印度缺水地区。喜马拉雅水系的开发方案实际上是印度的“北水南调”工程。①

1987 年，印度国家水资源理事会发布国家水政策，正式提出“河流联网计划”（National River Linking Project，NRLP），该工程是一个大规模的跨流域调水工程，计划将全国各主要河流连城网络进行水量统一调配，共修建 37 条引水主干渠道，总长约 900 公里，配套水渠总长 12500 公里，修建 32 座拦河大坝，数百个蓄水库。工程竣工后，通过流域内调水可以补充缺水地区水量 12000 亿—14000 亿立方米。②

印度境内的印度河、恒河、布拉马普特拉河等三条主要大河都发源于中国的青藏高原，水量和水能十分丰富。其中恒河、布拉马普特拉河属于喜马拉雅水系。恒河的源头位于喜马拉雅山区的甘戈特里冰川，在中国境内的行程短暂，匆匆流出中国之后即进入印度和孟加拉境内。布拉马普特拉河在进入印度之前，发源于西藏西南部喜马拉雅山北麓的杰马央宗冰川，在中国境内称为雅鲁藏布江。

---

① 李香云：“从印度水政策看中印边界线中的水问题”，《水利发展研究》，2010 年第 3 期，第 68 页。

② 周海炜、唐晟佶：“印度内河联网计划及其面临的问题”，《南水北调与水利科技》，2013 年第 5 期，第 121 页。

雅鲁藏布江，在藏语中意为“高山流下的雪水”，被藏族人民视为“摇篮”和“母亲河”。它的源流称杰马央宗曲，过桑木张后称马泉河，过萨嘎始称雅鲁藏布江。沿途接纳多雄藏布、年楚河、拉萨河、尼洋曲、帕隆藏布等支流，穿过世界第一大峡谷，绕过喜马拉雅山最东端的南迦巴瓦峰，形成奇特的“U”形拐弯，经墨脱县的巴昔卡流出中国国境，进入印度境内。南流进入印度先称迪汉河，在萨地亚以西折向西流后始称布拉马普特拉河，穿过印度东北部阿萨姆邦转向南进入孟加拉国，在戈阿隆多（Goelundo）与恒河汇合。汇口以上的240公里的河段，称贾木纳（Jamuna）河。布拉马普特拉河与恒河汇合后的105公里河段称博多（Padma）河，在坚德布尔（Chandpur）又与来自左岸的梅克纳（Meghna）河汇合，汇合后的河段也称梅克纳河，然后通过三个河口注入孟加拉湾。[①]

在印度的河流联网计划中，喜马拉雅水系的开发利用是主体，布拉马普特拉河凭借丰富的水系和水量，以及较大的落差而在喜马拉雅水系的开发板块中占据极其重要的地位。布拉马普特拉河是印度最大的河流，按照印度官方的统计，其年径流量为5856亿立方米，占印度总地表径流量的31.13%。这一水量除了包括中国雅鲁藏布江的入境水量，还包括了流淌在中国藏南地区的多条河流水量。按照喜马拉雅水系开发规划，这条河流的水量，一是调入印度东部的加尔各答市，二是调入印度中部的马哈纳迪河，补充缺水严重的南部河流和地区。[②]

对于中国来说，雅鲁藏布江的水能资源同样重要。因20世纪50年代开始规划的“南水北调”水利工程，西藏地区的水资源开始进入人们关注的视野。

西藏的河流，按其流向可分为外流入海和内流入湖两大水系区；按河流的最终归宿可以划分为太平洋水系、印度洋水系、藏北内流

---

① “雅鲁藏布江—布拉马普特拉河”，世界江河数据库，http：//www. chinawater. net. cn/riverdata/Search. asp？CWSNewsID = 17986。（上网时间：2014年10月26日）

② 李香云：“从印度水政策看中印边界线中的水问题”，《水利发展研究》，2010年第3期，第69页。

水系和藏南内流水系。在外流水系区，注入太平洋的有金沙江和澜沧江，总流域面积约为6.1万平方公里；注入印度洋的有怒江、雅鲁藏布江、西巴霞曲、朋曲等，总流域面积约为53万平方公里，占中国注入印度洋河流总流域面积的90.5%。[①] 根据2003年全国水力资源复查数据显示，理论上西藏全区水能资源蕴含量达2.0133亿千瓦，年发电量为17636亿千瓦时，占全国水能资源理论蕴藏量的近1/3，居全国首位；技术可开发装机容量为1.1亿千瓦，年发电量为5760亿千瓦时，约占全国的20%，仅次于四川省，居全国第二位。[②]

中国的南水北调工程分为西、中、东三线，[③] 拟从长江上、中、下游调水输往西北、华北各地，工程建成后将与长江、淮河、黄河、海河相互连接，形成"四横三纵、南北调配、东西互济"的水资源总体格局。现在，东、中线已经开工建设，西线调水工程正在进一步的论证过程中。为了从根本上解决中国面临的水资源日益短缺的问题，中国有学者和专家提出了要建设"南水北调大西线"的设想，即从雅鲁藏布江调水入黄河的"大西线"。最初的"大西线"概念在蒋本兴（水利部原副部长）、郭开、于招英合著的《朔天运河大西线南水北调》一文中提出。"朔天运河"的工程设想是从雅鲁藏布江中游的"朔玛滩"筑坝开始调水（水位高程3588米），全程由南向北串联雅鲁藏布江、怒江、澜沧江、金沙江、雅砻江、大渡河"五江一河"，穿越舒伯拉岭、他念他翁山、达马拉山、沙鲁里山、工卡拉山，途落差230米，共筑玲大坝座，年引水2006亿立方米至

---

① "西藏自治区内广为分布的水资源"，http：//tibet. news. cn/misc/2008 - 11/06/content_ 14848299. htm。（上网时间：2014年10月26日）

② 胡向阳、何子杰："西藏水能资源开发前景浅析"，《人民长江》，第40卷第16期，第3页。

③ 东线工程从长江下游引水，基本沿京杭运河逐级提水北送，向黄淮海平原东部供水，终点为天津；中线工程从长江支流汉江上的丹江口水库引水，沿伏牛山和太行山山前平原开渠输水，终点为北京；远景考虑从长江三峡水库或以下长江干流引水增加北调水量；西线工程则计划从长江上游的通天河、雅砻江、大渡河三条支流引水。中国国务院南水北调工程建设委员会办公室网站，http：//www. nsbd. gov. cn。（上网时间：2014年10月26日）

青海黄河，经兰州分流，向东流向银川、北京，西至新疆乌鲁木齐、伊犁。[①]

随后，在1994年“大西线”概念的基础上，水利专家经过实地考证、完善，提出了两条引水线路，即第一梯级引水线路和第二梯级引水线路。第一梯级引水线路是从雅鲁藏布江上游的朔马滩起，沿3588—3966米的高程，串怒江、澜沧江、金沙江、雅砻江、大渡河，至阿坝由贾曲入黄河，可调水2006亿—3800亿立方米。第二梯级引水线路是在雅鲁藏布江大拐弯东则引水，沿2000—960米海拔线，串察隅江、独龙江、怒江、澜沧江、元江、南盘江、金沙江、大渡河、岷江、涪江、白水江、白龙江，过秦岭，从天水和宝鸡入渭水，在陕西潼关和甘肃定远两处入黄河，可调水1880亿立方米。第二梯级调水工程的实施可进一步利用雅鲁藏布江水系和横断山脉水系下游的丰富的出境水和四川的长江洪水，从而大幅度地增加“大西线”南水北调工程的调水量。[②] 所以，从理论上讲，“大西线”南水北调工程的实施，可以解决干旱的北部中国的水资源问题。

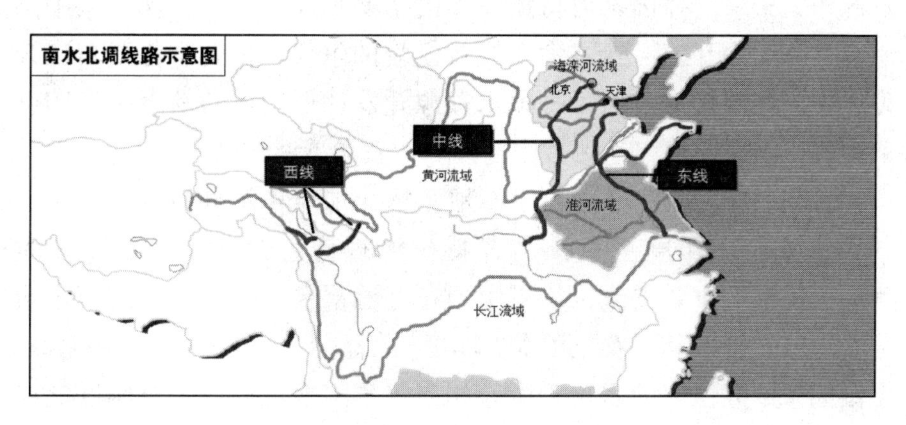

图3—1　中国南水北调工程示意图（引自：中国南水北调网）

① 鲁家果：“朔少运河——大西线南水北调构想质疑”，《社会科学研究》，2001年第2期，第38页。

② 中国黄河文化经济发展研究会、大西线南水北调论坛委员会：“大西线南水北调工程建议书”，《当代思潮》，1999年第2期，第7页。

尽管国内对于“南水北调大西线”的设想还处于争议阶段，但是国内对于西藏水问题在未来中国可持续发展中的重要位置的肯定已经成为印度担忧的重要缘由之一。现在对于西藏水资源的开发已经在雅鲁藏布江上开启。中国已经在雅鲁藏布江的干流上和支流上建成装机容量1000—10000千瓦的水电站7座，其中藏布水电站是目前西藏地区开发的最大的水电项目。2010年11月，中国宣布雅鲁藏布江在11月12日首次被截流，标志着西藏的藏木水电站进入主体工程施工阶段。藏木水电站是集发电、防洪、灌溉等功能的综合性水电站，位于雅鲁藏布江干流中游，工程总投资近79亿元，总装机容量51万千瓦，第一台机组2014年投产发电。

地理位置的毗邻、传统互信的缺失、历史积怨与领土争端的掺杂，印度对于中国在西藏水利工程的规划和修建可谓是高度警惕与敏感。中印之间的水资源争端主要集中在藏西诸河和藏南诸河[①]上，其中藏南河中的雅鲁藏布江—布拉马普特拉河的水资源开发是两国目前争论的焦点。中印两国都将雅鲁藏布江—布拉马普特拉河的水资源作为未来支撑国家可持续发展的重要水能来源，因此，从中国南水北调工程开工，到“大西线”规划的争议，再到雅鲁藏布江开发，中国在西藏地区的每一项水资源开发计划和行动都会引发印度的担忧，引发印度舆论热炒中国的“水资源威胁论”。

首先，印度担忧中国在上游地区修建水坝和发电站会影响印度的用水安全。印度将布拉马普特拉河视为生命之河，是印度圣河——恒河的主要支流，如果中国在上游蓄水，印度境内的流水量势必大减，影响其工农业用水。印度的工农业产值集中于恒河流域，中国如果掌握恒河的水量分配，相当于牢牢地把握住了对印度的经济影响力。[②]

① 喜马拉雅及青藏高原水系主要包括四个部分：东向是，发源于喜马拉雅山脉及青藏高原以东，流往中国云南地区的中国西南诸河；南向是，流经中国西藏藏南地区的藏南诸河；西向是，流经中国西藏西部及新疆的藏西诸河，发源于喜马拉雅山山脉南麓的南亚诸河。

② “中国给印度准备水炸弹”，香港《太阳报》，2010年11月21日。

其次，印度认为，中国在上游修建水坝可以成为制约印度的政治武器和打击印度的军事武器。当中国宣布成功截流雅鲁藏布江中段之后，印度国内就掀起了中国水电站“威胁”印度国家安全的讨论。印度很多媒体、学者和民众认为，中国在雅鲁藏布江筑坝蓄水，如果开闸放水，浩浩荡荡的江水从3000多米的高度直扑而下，倾泻到印度平原，印度必将成为“沼泽之国”，所以，中国的藏木水电站就像悬在印度头上的一颗“水炸弹”。[①] 此外，印度还担忧中国会充分发挥控制西藏水资源的战略优势，在雅鲁藏布江流域上再建五个类似项目，将把在旱季截水、在雨季放水作为向印度施压的潜在手段，一旦与中国爆发冲突，中国会出于军事目的人为地让雅鲁藏布江涨水，以切断通讯线路或水淹印度。所以，中国修建水坝给印度带来的“安全威胁”不可小视。

最后，中国西藏地区是雅鲁藏布江—布拉马普特拉河、巴吉拉提河—恒河、澜沧江—湄公河、怒江—萨尔温江、森格藏布河—印度河、独龙江—伊洛瓦底江等亚洲多条国际河流的发源地和流经地。随着全球气候变暖，西藏地区积雪和冰川数量的减少，西藏的战略地位日渐凸显。印度认为，中国可以通过主权宣示来控制世界上除极地外世界上最大的淡水资源，这会很轻易地威胁到严重依赖这些河流的下游国家的安全。

对于印度国内对中国水资源利用的攻击，中国的态度非常理性和淡定。中国对于开发利用境内水资源具有独立性和自主性，印度无权置喙。中国承认中印之间所存在的水资源争议，对于其进一步升级存在可能性，可能爆发水资源争端，但并未上升到政治和军事安全的高度。对于印度在国际社会广造舆论，希望形成国际压力，其目的是阻止中国开发西藏的水资源，中国对此给予坚决的抵制。中国对于中印之间的水资源纷争，一向本着和平协商与合作的原则，给予积极的解决与应对。

---

① “River Runs Throughit”, http://timesofindia. indiatimes. com/home/opinion/edit-page/River-Runs-Through-It/articleshow/6320762. cms.（上网时间：2014年10月26日）

中印之间的水纷争从表面上看来是由西藏地区水资源的开发利用以及未来如何管理的相关问题引起的，但是在深层次上，反映了中国和印度两个不断崛起的亚洲大国在崛起的过程中所体现出的理念差异，中国讲究“和平崛起”，发展自己，兼顾别人关切，但坚决维护自主权益；印度则体现出很强的排他性和掠夺性，在同一条河流上，自己可以使用，并不顾及下游孟加拉等国的利益需求，但对于上游的中国“吹毛求疵”，中国稍微有所动作，就开始“声嘶力竭的大喊大叫”，一边抗议中国，一边努力博取国际社会同情与支持。

因此，从本质上说，中印之间的水资源问题主要包括三类：第一类是，两国针对跨国界河流水资源开发利用引发的关于水资源分配的争议问题；第二类是，从水资源分配问题衍生到印度认为中国“威胁”其国家安全的相关问题，炒作和渲染“中国水威胁论”；第三类是，印度将水资源争端与中印领土争端结合起来，企图借助水资源项目博取国际社会支持，以取得对中印之间争议领土“实际控制区”的国际承认，并通过开发该地区中的水资源达到对争端领土实际控制的目的。

第三节　流域环境保护问题与国家间纷争

在中国跨国界河流流经的边境地区中，相当一部分由于地理位置偏僻、地缘形势险峻而处于原始未开发状态，这些地区在拥有原始自然风貌的同时，还存在着经济不发达、居民生活贫困等问题。近些年，为更快推动地方贫困山区的经济发展和缓解中国电力短缺现象，边境地区的政府部门希望对流经本地区的跨国界河流资源进行开发和充分利用，以加快本地经济发展步伐。但地方政府的这些规划却引发了国内外对跨国界河流开发和水域周边环境保护的争论，这类问题在国际河流问题中比较少，但在怒江水域针对是否应该开发的争论非常激烈。

怒江，落差大，径流丰沛，水能资源丰富，全江水能资源理论蕴藏量为4600万千瓦，干流蕴藏量为3641万千瓦，占全江水能总量的79.2%，平均单位河长出力为1.8万千瓦/公里，支流蕴藏量959万千瓦，占全江水能总量的20.8%。[①]

怒江所流经的傈僳族自治州，位于云南省西北边陲，是集边疆、山区、民族、宗教、贫困为一体的全国最贫困、不发达的地区之一。该州所辖的20个州县市区中，3/4属于国家或省级扶持的贫困地区，全州大约有2/3的人处于贫困状态，有句俗语曾这样形容怒江人民的生存环境，“看天一条缝、看地一道沟、出门过溜索、种地像攀岩……”为了推进怒江的经济发展，改善民众的生存和生活条件，就地开发怒江丰沛的水资源就成为当地政府思考的重要议题。

另外，怒江进入云南，西有高黎贡山，东有碧罗雪山，整个中游几乎均处于大峡谷中，山高河窄，为“V”形河谷，两岸山头高出水面1000米以上，备选坝址河床的宽高比多在2.5—3.3之间，此种地形非常适宜修建水坝。两岸及河床岩石多裸露，大部分是坚硬的火成岩和变质岩。左右岸虽有区域性断层通过，但距各备选坝址都有一定距离。怒江中、上游岩体构造稳定性好，地震烈度不高（仅7度），具备修建高坝、大电站的条件。[②]

据水利专家考证，怒江干流水能资源可开发总量，相当于三峡电站的发电量。20世纪90年代初，来自怒江州和云南省的全国人大代表就曾提议，要求国家早日开启怒江水资源开发的历程。从1994年到1995年，短短五年的时间里，国家就安排了3000多万元的专项资金，用于怒江水电开发的前期调研和规划。在1999年的中共怒江州委四届四次全会上，怒江州委明确了怒江水电开发的必要性和急迫性，认为怒江水电开发具有“七大优越性”和“五大需要”。七大优越性是：地质条件好，产水量大，搬迁人口少，淹没土地少，

---

① “怒江—萨尔温江”，世界江河数据库，http://www.chinawater.net.cn/riverdata/Search.asp?CWSNewsID=17981。（上网时间：2014年6月22日）

② “要加快开发怒江流域水资源”，《中国电力报》，2001年8月14日，第2版。

环境影响小，开发成本低，开发成效好。五大需要是：国家现代化建设能源支撑的需要；西部大开发统筹东西部协调发展的需要；恢复和保护怒江流域生态环境的需要；怒江人民脱贫致富奔小康的需要；体现党的民族政策，实现边疆团结稳定的需要。①

1999年，国家发展改革委员会“根据我国的能源现状，根据有关人大代表的呼吁，决定用合乎程序的办法对怒江进行开发”。于是拨出资金，由水利水电规划总院牵头，用招标的方式确定了两家设计单位——北京勘测设计研究院、华东勘测设计研究院，由这两家设计院对怒江中下游云南境内的水电开发进行规划。②

2000年8月，国家发展改革委员会通过了《怒江中下流域水电规划报告》的评选评审。2003年8月14日，国家发展改革委员会主持评审了水电勘测设计单位完成的《怒江中下游流域水电规划报告》。该规划以松塔和马吉为龙头水库，丙中洛、鹿马登、福贡、碧江、亚碧罗、泸水、六库、石头寨、赛格、岩桑树和光坡等组成两库十三级开发方案，全梯级总装机容量达2132万千瓦，年发电量1029.6亿千瓦时，装机容量为中国目前水电总装机容量的20%左右，成为中国又一个西电东送重要基地。规划报告指出，怒江的技术可开发容量居第二位。建成后经济效益显而易见，比三峡工程1820万千瓦的规模还要大，是三峡水电站年发电量（846.8亿千瓦时）的1.2倍，而工程静态投资仅8.46亿元。规划中的电站大部分位于怒江傈僳族自治州，对于贫困程度深、贫困面积大的怒江流域来说，电站开发无疑是全州经济社会发展的一次巨大机遇。电站全部建成后，每年可创造产值300多亿元，创造税收80多亿元，按每度电创造国民生产总值5元计算，可增创国民生产总值5000多亿元。③

---

① 段斌：“关于怒江开发与保护问题的研究”，《中共云南省委党校学报》，2007年第5期，第76页。

② 李自良：“怒江‘争’坝”，《瞭望》，2004年12月6日第49期，第25页。

③ 贺恭：“关于推进怒江流域水能资源开发的思考”，《水利开发》，2007年第5期，第2页。

除直接经济效益外，水电开发将以发电为主，还带来灌溉、供水、防洪、旅游等综合效益。怒江下游耕地资源丰富，经济作物种植条件优越，但气候炎热干旱，石头寨、赛格梯级建成后，可使潞江坝的农田实现自流和提水灌溉。怒江流域支流上规划了骨干引水渠152条，新建水库及塘坝7处，加上现有的渠道加固及“五小工程”（小水塘、小水池、小塘坝、小水利和小水库），将使供水问题得到很好解决。针对怒江流域中游洪灾频繁发生，堤防建设能够有效调节洪峰流量，减轻中下游洪灾损失。实施水电开发，在高山峡谷之间，出现串珠似的水库群，气势磅礴的大电站群与秀丽的自然风光交相辉映，少数民族风情加上优美独特的自然景色，营造出独具特色的旅游资源，怒江梯级开发必将促进旅游事业的更大发展。所以，基于对怒江水电开发的巨大经济效益，当地政府将开发怒江水电资源作为彻底改变地方落后面貌的重要举措。①

《怒江中下游流域水电规划报告》审查通过之后，针对怒江开发的反对之声变得越来越大了，并在非政府组织的推动下，针对怒江的“反坝”和“建坝”的争议逐渐发展成为一个区域性事件。

最先掀起“反坝”浪潮的是媒体、环保部门和相关领域的专家学者。2003年9月3日，国家环保总局主持召开了关于怒江流域水电开发活动生态环境保护问题的专家座谈会，会议形成的最后意见是，“三江并流”属于世界自然遗产，怒江水坝建设应停止，应保留原生态，保护当地生物多样性与文化传统。10月20日，涉及生物、动物、经济、环保、景观、社会学等学科的专家在云南昆明召开了关于“怒江流域水电开发与生态环境保护问题”的座谈会，就生态保护和水利开发的问题与当地官员进行辩论。同月25日，在中国环境文化促进会第二届会员代表大会上，多数学者认为怒江建坝会付出巨大的生态和社会成本，以汪永晨为代表的环保民间人士联合签

---

① “环保运动与政府决策”，NGO发展交流网，http：//blog. ngocn. net/viewnews－806。（上网时间：2014年4月23日）

名，呼吁保留怒江原生态环境。

将“反坝”浪潮推向高潮、推向“国际”的是非政府组织（NGO）。“绿家园”、“自然之友”等中国国内著名的环保非政府组织，在社会上组织了一系列“保护怒江”的活动，并在2003年的“两会”期间，向全国政协和全国人大提交了“保护天然大河怒江，停止水电梯级开发”和“关于分类规划江河流域，协调生态保护与经济开发”的提案。与此同时，一些NGO还利用怒江是一条国际河流的特点，联合其他国家的NGO来制造国际反对舆论，力图来施压中国政府叫停怒江建坝。

2003年11月，在北京举办的第三届中美环境论坛上，由于“绿家园”等NGO的努力，论坛最后的议题转为如何保护中国最后的生态江——怒江。12月，“世界河流与人民反坝”会议在泰国举行，“绿家园”、“绿岛”、“大众流域”、“自然之友”、“地球村”等NGO联合参会的来自60多个国家的80个NGO以大会的名义联合为保护怒江签名。联合签名书随后递交给联合国教科文组织，联合国教科文组织回信，称要“关注怒江”。此后，泰国的NGO就怒江问题联名写信，并递交中国驻泰国大使馆。泰国总理他信回信道：“相信中国是一个负责任的大国，不会因发展自己的经济而牺牲小国的利益。”①

现在，国内外反对怒江上修建水坝的理由主要集中于水电开发会破坏生态环境上。他们认为：怒江州峡谷是世界上著名的峡谷，有“东方第一大峡谷”之称，在峡谷内修建水坝会破坏它的完整性和独特性；怒江作为“三江并流”的组成部分，如果修建13级水电站，那必然将会改变河流的自然状态、水文、生态系统等，影响和降低生物的多样性，破坏原始生态环境系统，威胁整条江的生态安全；怒江的开发并不一定会带动当地农民脱贫致富，反而会因为移民丧失地力较好的耕地资源，或者造成水土流失，农民的收入降低，

---

① 童志峰：“动员结构与自然保育运动的发展：以怒江反坝运动为例”，《开放时代》，2009年第9期。

加剧贫困。

2004 年 4 月，温家宝总理在国家发改委上报国务院的《怒江中下游水电规划报告》上批示，“对这类引起社会高度关注，且有环保方面不同意见的大型水电工程，应慎重研究、科学决策。”怒江水电开发工作因此暂时搁置。

之后，怒江水电开发进入了重新论证和调研的阶段。2005 年中国工程院院士陆佑楣和中国科学院院士何祚庥参加了由中国水力发电工程学会等部门组织的怒江考察之后，向国家有关部门做了详细的汇报。根据这一情况，包括总理在内的多名国家领导人再次指示，要求有关部门加紧研究怒江水电开发工作。随后，有关部门又多次开展了深入细致的调查研究和论证工作，按照客观、公正、科学、合理的态度通过“谨慎研究”，最终做出了“在现有的基础上先开发 13 级电站中的六库等四级电站，尽快结束怒江地区生态环境不断恶化的局面”的科学决策。[①] 2008 年，云南省委书记白恩培在“两会”期间接受媒体采访时公开表示，云南省正积极推动包括怒江流域在内的水电站建设。

2009 年，云南省遭遇持续大旱，提升水利保障能力成为云南省的当务之急，随之出台了《云南省政府关于进一步加快水利建设的决定》，计划在“十二五”和“十三五”期间修建 26 座大中型水电站。2010 年 3 月，怒江州政府再次向国家发展改革委员会提交《关于怒江发展问题研究工作情况报告》，申请在怒江中下游进行“一库四级”的水电开发。2013 年 1 月 23 日，国务院办公厅公布《能源发展“十二五”规划》称，中国在“十二五”将积极发展水电，怒江水电基地建设赫然在列，其中重点开工建设怒江松塔水电站，深入论证、有序启动怒江干流六库、马吉、亚碧罗、赛格等项目。[②]

---

① “评论：怒江水电开发‘操之过急’了吗?”，人民网，http：//scitech. people. com. cn/GB/7081590. html。（上网时间：2014 年 10 月 30 日）

② “怒江水电开发争议中重启”，中国电力网，http：//www. chinapower. com. cn/article/1227/art1227471. asp。（上网时间：2014 年 10 月 30 日）

政府在怒江问题的重新论证、调研与规划，一直处于最先掀起“反坝”浪潮的NGO的关注之下。2006年6月，北京的环保人士就曾起诉国家环保总局，要求其撤销对怒江中下游水电站规划环境影响的审查意见，并制止有关单位的前期勘探行为。而在中国的周边国家，NGO因怒江的开发问题而结成信息联盟，宣传怒江开发的不利影响。据报道，泰国、缅甸、中国等国家的NGO常围绕是否应该被开发、应该如何开发等问题召开各种研讨会，及时地分享各自掌握的最新消息，并尽快传递出去。现在在怒江的下游地区，泰国和缅甸的NGO经常就地宣传，通过宣传建坝造成的“危害”，呼吁当地民众反对水电站的建设。

目前，围绕着怒江的开发问题，在NGO穿针引线的作用下，很多国际组织已经聚合在一起，并随着政治、经济和文化等国际化关系交流的日益加深，“反坝效应”不断扩散。如何维持健康河流生态，如何保护当地丰富的生物多样性，如何保存多民族丰富的文化传统，以及如何避免水电开发刺激当地高耗能、高污染产业的膨胀，[①] 都是摆在中国政府面前的挑战。

结语

水能资源是人类社会主要的能源形式之一，水力发电既不会排放任何的污染物，又可以循环再生、可持续利用。在发达国家，水电开发的程度普遍都在70%—80%，日本、加拿大等国甚至达到了90%以上。而在中国，虽然水能资源天然蕴藏量十分丰富，高达6.76亿千瓦，但开发程度仅仅35%左右，远远落后于发达国家的利用水平，更不能满足日益增长的人口需要和经济发展的需求。

中国是一个有着14亿人口的大国，正处在工业化阶段的中期，能源需求的保证和增长是国家安全、军事安全和经济安全的基础。中国目前面临着自然资源禀赋和节能减排的双重制约，因此大力发

① “怒江开发争议大”，《香港商报》，2008年3月7日。

展可再生能源，调整优化能源结构，实属当务之急。水力发电是当前唯一能够大规模、工业化、低成本开发利用并且永不枯竭的能源开发方式，所以，大力发展水电是能源发展的客观需要和必由之路。[①]

由于中国78%的水电资源多集中于社会经济发展相对滞后的西南西北边疆地区，近些年来，为拉动地方经济发展，推动民众脱贫解困，中国加大了对这些地区水能资源的开发利用。由于这些水资源多属于跨境水资源，跨境水资源从本质上来说属于公共产品，是相关流域国之间的共享水资源，各流域国拥有享用它领土内的河流开发和利用的权利，但水资源的流动特性使之会产生跨境影响。跨境水资源的开发涉及沿岸权、航行权、水资源占有权、优先使用等资源权属问题，涉及国际法、生物多样性保护、环境保护等多个领域，所以，任何一个流域国对共享水资源的开发利用，都不可避免地会对其他流域国产生影响。

随着中国与邻国经济的不断发展和人民需求的不断增多，开发利用国际河流跨境水资源是未来的必然趋势，但由于目前流域国之间还缺乏涉及流域跨境水利资源合理利用、国际分配、协调管理以及流域综合开发和保护的国际协议，也没有建立正式的合作管理国际机构或机制。[②] 所以，可以预见，未来相当长一段时期内，中国与周边国家之间围绕水资源开发所引发的争议还会持续存在。

---

① 张建新："以怒江水电开发为例：论中国水电建设的热点问题"，《中国三峡》，第15页。

② 陈宜瑜、王毅、李利峰等：《中国流域综合管理战略研究》，科学出版社2007年版，第254—265页。

第四章　水问题与中国的周边安全

早在1995年，世界银行副行长伊斯梅尔·萨拉杰丁（Isamel Serageldin）就预言："下一个世纪（21世纪）的战争将因为水而引发。"[①] 水资源虽然从来不是唯一的和主要的引发冲突的原因，但是它却能恶化局势，[②] 尤其是与国家之间固有的一些民族矛盾、宗教冲突、领土纠纷等因素媾和在一起时，就可能成为影响国际关系、引发国家冲突与地区安全的重要因素。中国与周边国家之间存在的跨国界河流问题再次证明了"水资源正在成为一种具有战略性的稀缺资源"，随着经济发展以及全球温室效益加剧造成的水资源日益短缺，这些国际河流问题的持续存在或发酵将极有可能成为"亚洲引发新的纷争的火种"。

第一节　水问题与"中国威胁论"

冷战结束后，"中国威胁论"一直在中国周边地区大有市场，随着国际河流水资源利用问题的接连出现，"中国威胁论"再次推陈出新，衍生出"中国水威胁论"、"中国大坝威胁论"等论调。这些"威胁论"制造者和宣扬者将固化的历史认知与战略猜疑"附着"在自然原因之上，继而"升华"为中国水利开发会威胁他国国家安

---

① Barbara Crosette, "Severe Water Crisis Ahead for Poorest Nations in the Next Two Decades," The New York Time, 10 August 1995, Section 1, p. 13.

② Aaron T. Wolf, Annika Kramer, Alexander Carius, and Geoffrey D. Dabelko, "Chapter 5: Managing Water Conflict and Cooperation", *In State of the World 2005: Redefining Global Security.* the World Watch Institute. Washington, D. C. 2005.

全的“高度”。

“中国水威胁论”最早可以追溯到1998年。美国生态经济学家莱斯特·布朗（Lester R. Brown）和布莱恩·霍韦尔（Brian Holwell）在美国《世界观察》发表了一篇名为《中国缺水将动摇世界粮食安全》的文章，认为：中国对农业用水供给的急剧减少将对世界粮食安全构成越来越大的威胁，中国依靠水浇地生产12亿人口所需粮食的70%，但同时又日益抽取更多的农业用水来满足迅速发展的城市和工业用水的需要。随着河流的干涸和地下蓄水层的枯竭，日趋严重的缺水将急剧增加中国的粮食进口，从而导致世界粮食总进口超过可供给的总出口。如果不采取新的强有力的措施加以解决，有可能会推动世界粮食价格的上涨，导致第三世界国家的社会和政治动荡。[①]

此后，随着水问题的安全化，以及“中国威胁论”的持续发酵，“中国水威胁论”开始在中国周边地区不断炒作、升华，成为周边国家攻击中国的又一口实。

一、水资源问题的“安全化”

水是生命和环境赖以维系的根本，是人类生活不可或缺的基本元素。随着人口的增长和气候的变化，水资源短缺问题已经成为一个世界性问题。

据统计，地球上的水资源总量大约为14亿千立方米，其中97.5%为不适合饮用和灌溉的碱水，剩下的2.5%是淡水资源，约为3500万千立方米。在所有的淡水资源中，大约70%的水量，约2400万千立方米被锁在南极和格陵兰的冰山地区中。因此，可供人类使用的总淡水资源量只有所有淡水资源的0.3%，为10.5万千立方米。淡水资源在全球的分配也是非常不均匀的，例如亚马逊流域的水量

① 姜文来：“‘中国水威胁论’的缘起与化解之策”，《科技潮》，2007年第1期，第18页。

占了全世界水量的20%，欧洲占了7%，澳洲占了1%。[①] 淡水资源分布不平均致使有些地区常年面临干旱威胁，有些地区时常发生洪水等灾害。近些年全球性干旱有日益严重之势，这给全世界一些干旱、半干旱国家和地区带来了严重的缺水危机。[②]

随着全球人口的持续增加、全球气候变化影响力的不确定性，全球水资源的供应情况非常严峻。联合国教科文组织在2009年发布的《世界水资源报告》中指出，人类对水的需求正以每年640亿立方米的速度增长，到2030年，全球将有47%的人口居住在用水高度紧张的地区。同样，2010年的“世界水日”发布的数据显示，全球目前已有近9亿人口无法获得安全饮用水，水质恶化已经严重影响到地区生态环境和人类健康，每年全球死于水污染的人数多于战争等各种暴力冲突死亡的人数的总和。[③] 据联合国有关机构统计，到2025年，全球大约48个国家的28亿人口将面临水资源压力或缺水状况，其中40个国家在西亚、北非，而到了2050年，受到水资源短缺威胁的国家将会增加到54个国家，受波及的人口数量将会占到全球人口的40%，达40亿人。到2025年，缺水或中度缺水地区的面积将大大增多，尤其是中国和中国周边地区，缺水程度会逐渐加重。

全球的水压力是不断增大的，受水稀缺威胁的地区也在不断扩大，未来如何获取足够的生存用水将是人类面临的巨大挑战。水资源的稀缺性不仅将严重危及社会和经济的发展，并且还会成为国家之间或国家内部冲突的诱因，从而逐步实现“安全化”，演变成一个影响未来国际社会和平与发展的安全性问题。在2012年世界经济论坛发布的《2011年全球风险评估报告》中，水资源安全问题已经被列为近些年极其可能发生的、需要给予高度关注的高风险问题

---

① Peter H. Gleick, “An Introduction to global fresh water issues,” Water in Crisis: a guide to the world’s fresh water resource, New York: Oxford University Press, 1993, pp. 3 – 12.

② 冀文海：“人类将爆发水战争”，《中国经济时报》，2000年10月21日。

③ “美欲把解决缺水问题视为其外交重点”，《光明日报》，2010年4月6日。

之一。

从国际关系发展史上看，由水稀缺引发的国家间矛盾和冲突等安全问题比比皆是。联合国世界水资源报告曾指出，在最近50多年的时间里，由于水资源争端问题引发的1831起个案中，有507起具有冲突性质，37起具有暴力性质，而在这37件中有21件演变成为军事冲突。[1] 美国国家太平洋研究所彼特·克莱克在其编著的《水危机：认识全球新鲜水资源》一书中阐释道，当水资源稀缺时，各国获取水源的竞争更容易使国家将水资源与国家安全联系在一起，水资源冲突发生的原因涉及水资源短缺、水资源管理不善、水资源分配不均，尤其是当两个或两个以上的国家同时依赖同一水源时，水资源冲突更容易发生。[2]

克莱克还指出，自公元1500年到1997年的497年间，全球共发生水冲突事件37起，频率为0.074。而在20世纪的不到100年的时间里，全球发生了34起水冲突，频率为0.0351，相比较前400年的频率，增加了3.7倍之多。尤其是在二战之后，因水发生的国家冲突已有30多起，频率升值0.06，比20世纪的前50年保持的0.008的频率增加了7.5倍。[3] 因此，早在1995年，世界银行副行长伊斯梅尔·萨拉杰丁就预言："下一个世纪（21世纪）的战争将因为水而引发。"[4] 另外，水资源虽然从来不是唯一的和主要的引发冲突的原因，但是它却能恶化局势，[5] 尤其是与国家之间固有的一些民族矛盾、宗教冲突、领土纠纷等因素媾和在一起时，水资源与国际关系、

---

① "联合国报告认为：世界面临水危机"，《中外房地产导报》，2003年第6期。

② Peter. H. Gleick, ed., Water in Crisis: A Guide to the World's Fresh Water Resources, New York: Oxford University Press, 1993.

③ Peter. H. Gleick, ed., Water in Crisis: A Guide to the World's Fresh Water Resources, New York: Oxford University Press, 1993.

④ Barbara Crosette, "Severe Water Crisis Ahead for Poorest Nations in the Next Two Decades," *The New York Time*, 10 August 1995, Section 1, p. 13.

⑤ Aaron T. Wolf, Annika Kramer, Alexander Carius, and Geoffrey D. Dabelko, "Chapter 5: Managing Water Conflict and Cooperation", *In State of the World 2005: Redefining Global Security.* the World Watch Institute. Washington, D. C. 2005.

国家安全之间的关系就更加紧密。

另外一个因水资源稀缺而引发的安全性问题是环境难民问题。国际基督教援助组织（Christian Aid）的一份战略报告中指出，在全球将有超过10亿人因气候变化、资源日益减少及其可能引发冲突而被迫逃离家园，成为“环境难民”，这只难民队伍将远超过目前因冲突、自然灾害以及大型基础设施项目建设而被迁移的5500万人的数量。[①] 环境难民的产生不仅会为邻国造成巨大的社会压力，更会成为区域动荡的潜在因子。

在21世纪，水资源需求的日益增长和水资源可用总量的日益衰退使得水资源的供需矛盾已经成为一个全球性的普遍现象，水资源正在成为一种具有战略性的稀缺资源，水资源问题已经成为人类所面临的最重要的非传统性安全问题之一。

在中国的周边地区，水资源形势同样不容乐观。联合国亚洲及太平洋经济社会委员会（简称“亚太经济会”，V. N. Economic and Social Commission for Asia and the Pacific，ESCAP）最近的一项研究表明，水资源短缺已经成为经济快速增长的亚太地区所面临的一项严峻挑战，是实现可持续增长所需要克服的主要障碍之一。在1950年，亚太地区没有任何一个次区域的人均水资源占有量低于国际公认的重度缺水（人均低于1000立方米）或中度缺水（人均低于2000立方米）标准。但是到1995年，局势已经发生了根本性转变。已经有几个次区域的人均水资源占有量低于重度缺水标准，而这些次区域集中了亚洲58%的人口。研究指出，如果水资源管理得不到改善的话，到2025年局势会进一步恶化，届时将有2/3的人口处于重度缺水区域，一半的人口处于极度缺水区域（人均低于500立方米）。[②] 在2007年，中国及周边的大部分地区的水资源可使用率就

---

① John Davison，“Human Tide：The Real Migration Crisis”，commissioned by Christian Aid，May 2007.

② “亚太经社会：水资源短缺是亚太地区可持续发展的障碍”，联合国网，http：//www. un. org/chinese/News/fullstorynews. asp？newsID = 7457。（上网时间：2014年11月2日）

比较低，亚非地区的淡水资源可使用压力远远高于世界的其他地区。中国的周边地区，尤其是南亚、北亚的水压力指数处于严重和极度严重的程度。

亚洲的绝大多数国家都属于发展中国家，随着人口数量不断增长和经济快速发展，水资源供应危机日益显著。在亚洲地区，生产和生活用水主要依靠地表水资源，随着气候的变化，地下水资源也成为重要的生产和生活用水，但采用比例低于欧洲的75%和美国的51%，仅占到了32%，有限的水资源供养的人口数量却远远超越于其他地区，达到了10亿—12亿之间。以印度为例，印度水资源只占全球的4%，但却需要养活占全球17%的人口，到2050年，印度常年的总耗水量预计将猛增，从目前的6340亿立方米增加到1.18万亿立方米；40年后，印度可供应饮用的人均水量将不到2001年的一半。水资源供应危机正在一步步逼近印度。[①] 而泰国的情况同样严峻，泰国水利厅用水形势研究中心公布的数据显示，泰国国内大型水库蓄水量只有水库容量的60%，全国水库用水至目前为207.2亿立方米，已经使用了82%的额度，只剩下18%的份额，如果雨季来临时降雨较少，泰国也将出现用水危机。[②] 从表4—1中可以看出，亚洲相比较于欧洲、美国等其他大洲或地区来说，地下水的可利用比例相对较低，其供养的人口数量却相对较大，人均地下水可使用量非常有限，所以，亚洲的水压力是很大的。

---

① “亚非国家积极应对水资源危机”，中华人民共和国环境保护部网，http://www.zhb.gov.cn/zhxx/hjyw/201003/t20100323-287204.htm。（上网时间：2015年6月20日）

② “亚非国家积极应对水资源危机”，中华人民共和国环境保护部网，http://www.zhb.gov.cn/zhxx/hjyw/201003/t20100323-287204.htm。（上网时间：2015年6月20日）

表 4—1　部分大洲和地区（国家）的地下水利用比例与供养人口量

地区（国家）	地下水利用比例（%）	供养人口数（百万）
亚太	32	1000—1200
欧洲	75	200—500
拉美	29	150
美国	51	135
澳大利亚	15	3
非洲	无	无

来源：www. worldwater. org。

另外，人口数量的增长是另一个加重亚洲水压力的重要因素。有数据统计显示，人口增长最快的国家，其国际河流在该国所占的比重也较大，人口增长不仅使这些国家的水压力越来越大，而且将加速与邻国的跨境水资源竞争利用。弗莱克·马克的水压力指数是国际社会比较权威的水紧缺衡量标准。根据该标准，在国际人口行动提出的《可持续利用水》报告中，根据全世界 149 个国家的水资源资料和联合国出版的 1955 年、1990 年人口统计资料和 2025 年、2050 年人口预测数据，可以得出：1990 年有 28 个国家经受用水紧张或缺水，涉及人口 3. 35 亿；到 2025 年，根据不同国家的人口增长率预测，将有 46—52 个国家进入缺水国家的行列，涉及人口 27. 8 亿—32. 9 亿。印度由于人口增长较快，人均占有水资源由 1990 年的 2451 立方米降至 2025 年的 1389—1498 立方米，步入用水紧张的国家，中南部地区会出现严重持续性缺水。中国在 2025 年人均占有水资源仍将降至 1680—1835 立方米，处于用水紧张国家的边缘，但北部平原仍属于严重缺水地区。预测结果表明，21 世纪中叶，非洲、中东、中国北部、印度中南部、墨西哥、美国西部、巴西东北部、独联体中亚许多国家将发生持续性缺水。

表 4—2 部分周边国家的淡水使用基本状况

国别	淡水资源用量	人均生产总值用量	家庭用水（%）	工业用水（%）	农业用水（%）	人口数量（2010，百万）
中国	578.9	425	12	23	63	1361.76
阿富汗	23.26799	2	0	98	29.12	—
孟加拉	35.87	253	10	2	88	141.82
不丹	0.43	607	5	1	94	0.71
柬埔寨	4.08	271	1	0	98	15.05
印度	761	627	7	2	90	1214.46
朝鲜	9.02	376	20	25	55	23.99
老挝	3	466	4	6	90	5.55
缅甸	33.23	658	1	1	98	50.5
尼泊尔	10.18	341	3	1	96	29.85
巴基斯坦	183.5	993	5 1	94	—	184.75
菲律宾	78.9	843	7	9	83	93.62
泰国	57.31	841	5	5	90	68.14
越南	71.39	802	8	24	68	89.03

来源：www.worldwater.org。

表4—2 的数据显示，中国和大部分的周边国家的人均生产总值用水量普遍较高。由于多属于发展中国家，农业是主要的经济命脉，水资源的消耗主要是农业用水，每生产 1 吨的粮食，大约需要消耗 1000 吨的淡水。数据显示，东南亚国家的农业用水比例平均达 88%，而南亚国家的农业用水比例平均达 93%。中国和周边国家的用水结构和用水需求的增长态势之间存在着必然的联系。

正如本书第二章所述，中国的水资源总量虽然高达 2.8 万亿立方米，但由于人口数量众多，人均占有量只是世界人均占有量的 1/4，位居世界第 110 位，被联合国列为世界 13 个贫水国家之一。在全球气候变化和大规模经济开发双重因素交织作用下，中国1/4的国土面临缺水，全国每年的缺水量高达400亿立方米。中国目前有400个城市已经出现供水不足的状况，其中110个城市属于严重缺水的范围，年缺水量达100亿立方米，严重阻碍了经济的发展。

普遍性的水资源供需紧张问题致使亚洲国家日益重视国内水资源的供应问题。为解决国内经济发展和人民生活日益增多的水资源需求，中国加大了对国内水资源的开发力度，开发利用率达到19%，接近世界平均水平的三倍。由于中国地处多条跨国界河流的上游地区，中国境内的水资源开发不可避免地引发了下游国家在用水问题上的紧张，担心中国的水资源利用方式会“威胁”到自己的用水安全。所以，可以说，水资源问题的“安全化”为中国“水资源威胁论”产生和发展埋下了“因果”。

二、“中国水威胁论”的产生与本质

“中国水威胁论”是“中国威胁论”的“推陈出新”，其产生、内在逻辑和本质与20多年前被西方社会炮制出来的“中国威胁论”是“一脉相承”的。

1992年9月，美国传统基金会发布了《正在觉醒的巨龙：亚洲的真正威胁来自中国》一文，掀起了第一轮的“中国威胁论”浪潮。这篇文章认为，中国已经走上了一条经济飞速发展、军事锋芒日渐突出的道路，中国龙的觉醒将引发亚洲和全世界的强烈反响，对美国的经济与安全利益产生重要影响；中美未来的军事冲突将“不可避免”。无独有偶，哈佛大学的亨廷顿教授也几乎在同一时期出版了《文明的冲突与世界秩序的重建》一书，亨廷顿断言儒教文明与伊斯兰教文明的结合将是西方文明的天敌。由此，在西方媒体的推动下，“中国威胁论”掀起了第一次炒作高潮。

第二次“中国威胁论”的炒作高潮是1995—1996年间，诱因是台湾海峡局势紧张，中国宣布举行一系列军事演习之后，美国国内掀起了对华政策的大辩论，“中国对台湾海峡的和平与稳定构成威胁”等等言论，贯穿于第二次高潮的全过程。

第三次是1998—1999年间，此次“中国威胁论”的载体是《考克斯报告》、“李文和案件”等，理论就是“中国窃取美国核机密”、“利用华人科学家和学生在美国广泛收集情报”、“企图收买美国政府”等等。

先后三次“中国威胁论”的炒作高峰过后，“中国威胁论”已经造成很大影响，其核心内容为“中国对美国国家安全构成重大威胁”这一矛头直指中国的问题。“中国威胁论”是美国首先臆造并大肆渲染出来的，波荡起伏之后，在中国的周边地区就开始渐渐有了“市场”，尤其是在东南亚和南亚地区，由于固化的历史观念、敏感的地缘政治等因素，“中国威胁论”在这些地区尤为盛行。

在中国周边地区“久唱不衰”而且种类和内容不断“丰富化”的“中国威胁论”主要有三大类型。

第一种是“中国经济威胁论”。中国的经济发展速度飞快，进出口贸易和内外投资发展迅猛，已经跃为世界第二大经济体，并且成为海外投资的主要目标国，以2010年为例，吸引外资额达到1057亿美元，连续18年在发展中国家中位居首位。而在东南亚地区，外资流入的数量远远低于中国，尤其是中国加入WTO之后，中国将要“抢占”东盟国家国际市场和外资的论调就一直甚嚣尘上。

第二种是“中国军事威胁论”。这类论调认为，中国随着经济的腾飞，必然会扩张军事，对周边国家构成威胁，他们指责中国的军费开支“缺乏透明度”，而且通常高估中国军费，统计数据比中国国防白皮书公布的数据要高出几倍以上。斯德哥尔摩国际和平研究所(SIPRI)[①] 估算的军费远远高于中国实际的军费开支，通过与中国发

---

① 目前，瑞典斯德哥尔摩国际和平研究所（SIPRI）、伦敦国际战略研究所（IISS）和美国国务院军备核查与信守局（BVA），是国际上评估和测算世界军费支出的三大主要机构，但SIPRI通常以北约的军费定义为“基准”口径，得到了国际社会多数的认同。

布的《中国的国防》中军费开支的历年数据进行对比发现，2000年，两者的统计数据相差约622亿元人民币；2005年，差距相差约1285亿元人民币；到了2009年，两者的差距拉大为约2568亿元人民币，相差的数额称直线增长态势。

表4—3　中外军费开支数额差异表

年度	2000	2001	2002	2003	2004	2005	2006	2007	2008	2009
中国	1207.54	1442.04	1707.78	1907.87	2200.01	2474.96	2979.38	3354.91	4178.76	4951.10
和平研究所	1830	2270	2620	2880	3310	3790	4520	5460	6380	7520
差额	622.46	827.96	912.22	972.13	1109.99	1285.04	1165.09	2105.91	2201.24	2568.9

来源：中国国务院新闻办公室：《2008年中国的国防》和《2010年中国的国防》，http：//www.gov.cn；瑞典斯德哥尔摩国际和平研究所，http：//milexdata.sipri.org/。（上网时间2014年3月26日）

对中国军费开支持有高估态度的绝不止SIPRI一家，美欧等研究机构对中国的军费支出估算也远远高于中国公布的数据。但即便是按照它们的统计，中国的军费开支占国民生产总值的比例也一直低于美国、俄罗斯、印度以及韩国等周边国家，基本保持在1%—2%之间的水平。虽然中国一直强调："不论现在还是将来，不论发展到什么程度，中国都永远不称霸，永远不搞军事扩张。"[①] 但周边国家因为中国军费的不断上涨产生了极大的"不安全感"、"不信任感"和对中国军事实力提升的"恐惧"。东南亚国家非常警惕中国军力的增强，尤其是与中国存在领土主权纷争的国家。大部分东南亚国家认为，中国是一个"攻击性的挑战现状者"，正在大力通过

① 参见2010年《中国的国防》白皮书，http：//milexdata.sipri.org/。（上网时间2014年3月26日）

“外交表达”的方式拓展在东南亚地区的影响，[1] 快速成为东南亚地区的主导国，使美国在东南亚地区的角色和传统关系受到质疑。东南亚国家缺乏能够“平衡”中国的国家，尤其是与中国存在历史、领土纷争和政治分歧的国家。[2] 所以，这些东南亚国家一方面通过不断增大军费开支，增强军事装备，另一方面强化与美国的同盟关系，拉紧美国，与之开展“合作防御”。尤其是随着南海问题的久拖不结，“中国因素”就不仅成为推动东南亚“重新安排”与美国关系的重要因素，也成为美国深化与越南合作的三个地缘战略考虑之一。[3]

周边国家在经济上、在军事上日积月累起来的“被中国威胁的感觉”，随着中国经济的持续快速发展而持续发酵，“中国生态环境威胁论”随之产生。此“威胁论”是近些年中国周边国家热炒的一个威胁论调，它发端于1994年，美国世界观察研究所所长莱斯特·布朗发表的一篇《谁来养活中国——来自一个小行星的醒世报告》。报告中称，中国为了养活10多亿人口，将会从国外进口大量粮食，引起世界粮价上涨和粮食危机，而且中国的生态环境问题，如土地、水资源、大气等问题已经“危及”邻国。此后，“中国生态环境威胁论”就开始“久唱不衰”，他们肆意夸大中国的生态环境问题，宣扬中国在21世纪中期的资源消耗量将大于目前全世界的提供总量。世界观察研究所的《2006年世界状况报告》指出，“不让追求第一世界的消费水平，显然中国不会接受，但世界无力支持中国和

① James A. Kelly, “An Overview of U. S. - East Asia Policy,” testimony before the House InternationalRelations Committee, Washington, D. C., 108th Cong., 2d sess., June 2, 2004, http://www.state.gov/p/eap/rls/rm/2004/33064.htm.（上网时间：2013年10月19日）

② Goh, Evelyn, “Great Powers and Hierarchical Order in Southeast Asia Analyzing Regional Security Strategies”, International Security, Volume 32, Number 3, Winter 8. 2007, p. 116.

③ SATU P. LIMAYE, “Introduction: America's Bilateral Relations withSoutheast Asia—Constraintsand Promise”, Contemporary Southeast Asia, Volumn. 32, Number. 3 2010, p. 313.

其他发展中国家按第一世界国家目前的消费水平生存，如果中国、印度2030年是日本今天的人均生态足迹水平，届时整个地球资源就只能满足他们两个国家需要。[①]

“中国生态威胁论”的根本就是宣扬中国作为人口大国和经济飞速发展的发展中国家，对资源和能源的消耗将会破坏生态环境，同时耗费有限的生态资源，导致其他国家能源和资源短缺危机，形成对全球资源和能源的“潜在威胁”。近些年，随着对国际水资源的开发利用力度的加强，周边国家的一些媒体或学者就针对中国对国际水资源境内部分的开发所产生的负面效应进行渲染，借助全球“绿色政治”和“生态政治”的潮流，从“生态威胁论”中衍化出了“水威胁论”。

2005年9月，俄罗斯《消息报》发表文章称，中国将夺取西伯利亚水资源，可能导致俄罗斯有100多万人缺水，几十家企业停产。2006年9月，俄罗斯《独立报》再次制造“中国水威胁论”的噱头，称到2015年中国本身及其南亚和东南亚的周边国家将急剧增加对水的需求，中国是这一地区的水源国，中国未来将利用这些跨境水资源作为有效工具“制约”亚洲。[②] 在东南亚地区，一些国家的民众、社会组织和媒体也“执著”地坚持认为，在国际河流上修建水坝，将给下游国家制造生态灾难，湄公河地区的森林覆盖、生物多样性、渔业、土壤等将遭受破坏并且在短期内难以恢复。

在印度，“中国水威胁论”更有市场。印度一向紧张中国对于西藏地区水资源的开发，印度认为，中国的南水北调工程以及在西藏地区修建水利枢纽工程，导致了流向印度的河流水量骤减，影响印度的民众生活和农业灌溉，像多家印度媒体发表评论称，“印度的旱灾洪灾甚至生活用水都在中国的控制之下。”印度新德里政策研究中心分析家布拉马·切兰尼（Brahma Chellaney）表示，不论中国是否

---

① 曾正德：“‘中国生态环境威胁论’的缘起、特征与对策研究”，《扬州大学学报（人文社会科学版）》，2010年第2期，第16—17页。

② 姜文来：“我们该如何应对‘中国水威胁论’？”人民网，http：//env. people. com. cn/GB/5052729. html。（上网时间：2014年11月2日）

打算把水当“政治武器”，它具备切断水源的能力，中国可以把这当作筹码，迫使沿河邻国就范，一旦中国这么做，无异于是向印度“宣战”。[①] 在印度媒体的催动下，印度很多人都认为印度一旦发洪水，将是中国“有意而为之”，水可以是“中国的生态武器”。[②]

对“中国水威胁论”添油加火的还有美国和英国。《美国之音》网络版曾刊登文章指责过度开发跨境河流，认为中国对其新疆的伊犁河以及额尔齐斯河水资源的过度使用正在给位于下游的哈萨克斯坦和俄罗斯带来十分不利的影响，其后果可能会导致“生态灾难”。[③] 2011 年 8 月 31 日，英国《金融时报》发表了印度“鹰派”学者切兰尼《水是中国的新武器》一文，其在文中明确指出中国将把跨国界河流作为“新武器”，“威胁”下游国家的安全。2012 年，切兰尼撰写的《亚洲水战争》一书中在美国华盛顿举行首发仪式，并被美国媒体和图书界“隆重推荐”。切兰尼在该书中系统地阐述了中国对青藏高原水资源的拥有、使用和开发将不可避免地“威胁”到印度等下游国家的用水安全和国家安全，并呼吁下游国家联合起来形成统一的谈判联盟，共同抵制中国在上游的开发行为。[④]

归纳“中国水威胁论”的观点，无外乎两点。第一，中国在跨国界河流上游修建的水电站会在旱季拦截河水，导致河流枯竭，下游民众饮水困难；雨季到来后，水坝蓄足水后开始大规模泄洪，导致下游国家洪涝灾害。中国大坝正在“扼杀”这些国际河流，“侵犯”其他国家正常的水资源需求，导致生态灾难的发生。第二，水可以被作为实现国家利益的强有力工具，中国通过在上游修建水坝调节水流量，从而“控制”其他国家的经济和政治，中国将把对跨

---

① 丹尼斯：“邻国忧中国‘打水仗’印专家称断水源等于宣战”，《环球时报》，2011 年 4 月 21 日。

② “外国媒体热炒中国水威胁 称中国用水牵制亚洲”，《环球时报》，2006 年 9 月 21 日。

③ 姜文来：“我们该如何应对‘中国水威胁论’?”人民网，http://env.people.com.cn/GB/5052729.html。(上网时间：2014 年 11 月 2 日)

④ Brahma Chellaney, “Water: Asia’s New Battle ground”, Washington, D. C: Georgetown University Press. 2011.

境水资源的利用和“对水资源利用形成的威胁”作为一件有效工具，来牵制南亚、东南亚等亚洲国家。①

从本质上说，“中国水威胁论”和最初的“中国经济威胁论”、“中国军事威胁论”等是相同的，它反映了随着中国在地区和国际经济、政治、外交方面的影响力不断扩展，综合国力不断提升，逐步打破了国际间或地区间原有的势力平衡，引发地区效应，乃至国际反应。这些效应和反应反映了一些国家对于中国富强和崛起所带来的不确定性的疑虑和担忧，反映了国际上一些国家企图联合起来牵制和防范中国的意图和目的。“中国威胁论”是以美国为首的西方国家，后来波及到中国周边地区的一种诋毁中国的思潮，其根本目的就是夸大中国和平发展的威胁，制造敌意和矛盾，玷污中国的国际形象，从而遏制中国的和平崛起。

“中国水威胁论”在很大程度上是“中国经济威胁论”和“中国军事威胁论”的折射，都是对中国未来综合实力增长所带来的地缘政治格局变化的担忧，反映出的是水资源和对中国政治互信的双重缺位。中国外交部一再郑重声明：中方对跨境河流开发利用一贯持负责任态度，实行开发与保护并举的政策，会充分考虑对下游地区的影响。规划中的有关电站不会影响下游地区的防洪和生态。② 但喧嚣于中国周边地区的“中国水威胁”和“中国大坝威胁”论调一方面会严重误导周边国家的民众对中国的认识与态度，继而影响政府对中国的行为判断和政策选择，影响周边关系的正常发展；另一方面会严重破坏中国的国际和地区形象，给中国的国际舆论环境带来消极影响，使中国面对更多的国际社会压力。

与世界其他国家不同，中国是一个有着5000年辉煌历史，在世界发展史上曾占据领先地位的文明古国，经历了19世纪中期以来的殖民入侵、民族抗争和长期探索，而今作为世界上最大的社会主义

① “River Runs Through it”，http：//timesofindia. indiatimes. com/home/opinion/edit-page/River-Runs-Through-It/articleshow/6320762. cms。（上网时间：2014年11月3日）

② “外交部就跨境河流开发等答问”，中央政府门户网站，www. gov. cn/xinwen/2014－11/24/content_ 2782859. htm。（上网时间：2015年6月10日）

国家，终于找到了民族复兴的道路，并不断加快国家崛起的步伐。[①]中国是一个爱好和平的国度，中国发展是和平发展，“中国实力的增强不仅对世界不构成威胁，还为世界带来实在的利益和好处”，[②] 13亿多人的中国发展起来给这个世界带来的是实实在在的好处。当前，中国人民正在为实现中华民族伟大复兴的中国梦而奋斗。中国梦是追求幸福的梦，中国梦是奉献世界的梦。[③]

第二节 水问题与领土纷争

历史上出现的水纷争事件中，有相当一部分是和领土争端交织在一起的，尤其是随着水资源日渐成为一种战略性的国家资源时，为有效控制或者占有更多实际水源，国家之间往往就会借助各种手段来实际占有水源的所在地，造成领土争端或使本已存在的领土纷争的复杂化。在中印关系史上，领土争端一直是考验两个亚洲大国的重要问题，近些年，随着两国国内水资源形势的紧张，水资源纷争不断，并且和领土争端纠合在一起，成为横亘在中印之间的一个复合型难题。

一、中印领土争端概况

中国和印度是世界上两个最大的人口大国，也是世界著名的文明古国。虽然身为近邻，却因为中间横亘着雄伟浑壮的喜玛拉雅山和喀喇昆仑山，两国之间鲜有往来。在19世纪以前，中国与印度之间基本上没有真正有效的边界线，大部分交界处只有传统的势力范围界线，两国和平共处的状态一直维持着。但印度在成为英帝国的

---

① “从容淡定应对‘中国威胁论’”，《中国青年报》，2012年4月6日。

② “前驻法大使：习近平‘狮子论’是巧妙反驳中国威胁论”，《新民报》，2014年3月29日。

③ “习近平回应‘中国威胁论’：中国积贫积弱才是世界的麻烦”，凤凰卫视，2013年3月23日。

殖民地之后，一手炮制出了约翰逊线和麦克马洪线，从此搅乱了中印之间默契的边界划分格局。

基于种种原因，中印边界全线从未正式划定，各段都存在着不同程度的争议。两国边界全长约1700公里，分西、中、东三段。西段长600公里，中段长450公里，东段长650公里。双方争议领土总面积约为12.5万平方公里。其中，东段争议最大，面积约为9万多平方公里。①

1993年9月，为平息不断发生的边界摩擦，中印两国签署了《关于在中印边境实际控制线地区保持和平与安宁的协定》。虽然两国围绕领土争端的外交努力不断，但一直没有取得实质性的进展。印度一直坚持“承认现状”、“固化实际占有”的思路，不断在东段领土争议地区采取实际行动，制造“领土化、行政化、人口化、军事化”的既成事实，企图迫使中国政府承认其对争议区的“实际管辖”。但事实上，中国对于印度提出的思路和做法的意图和目的一直给予坚决的否定和反对，中国维护领土主权完整的决心不会因为印度所谓的“实际占有”而有丝毫改变或动摇。近些年，随着中印两国水资源需求量的不断攀升，对水资源开发利用的程度也在不断加深，藏南地区的水资源成为了中印两国争议的新因素。

二、中印藏南争议地区的水资源分布

中印东段的争议领土地区是中国的藏南地区（印度在此成立了非法的“阿鲁那恰尔邦”）。藏南地区位于喜马拉雅山脉南侧，中华人民共和国西藏自治区东南部的山南地区、林芝地区，包括了西藏自治区的错那、隆子、墨脱、察隅四县的大部分及郎县、米林两县少许领土。藏南地区在夏季由于迎着从印度洋上吹送来的带着大量水分和热量的西南季风，气候温暖而多雨，年平均降水在9000毫米

---

① “中印边界真相”，光明网，http：//www.gmw.cn/01gmrb/1998－06/09/GB/17718%5EGM3－0904.HTM。（上网时间：2014年11月3日）

以上，是世界上降水量最大的地区之一。[1]

虽然中国自始至终抗议印度对藏南地区的占有，但印度仍盯上了藏南地区丰富的水力资源，打算“花大力气”开发这里的水资源。

藏南地区的主要河流有雅鲁藏布江—布拉马普特拉河、卡门河、西巴霞曲（苏班西里河）、丹巴曲、察隅河等，是中国水力资源最丰富的地区之一。雅鲁藏布江—布拉马普特拉河是藏南地区最大的河流，占印度总地表径流量的31.3%，这一水量除包括中国雅鲁藏布江的入境水量外，还包括中国藏南地区的多条河流水量。[2]

统计数据显示，印度境内的布拉马普特拉河的水电蕴藏量为66065兆瓦，占印度境内所有河流水电蕴含总量的44.42%，藏南地区河段水电蕴含量为50328兆瓦，分别占印度境内布拉马普特拉河水电总量和印度全国河流可开发水电资源总量的76.1%和33.8%。[3]对于印度来说，藏南地区的水电开发潜力是印度全国可开发水力资源的40%，可开发的水电量达60000兆瓦，目前已经确定修建项目总发电量大约42000兆瓦，其余的10000兆瓦将很快确定开发地点。[4] 对印度政府来说，藏南地区是印度未来的发电站，国家应该“克服一切挑战”去发展这里的水电资源。[5] 印度商工部负责工业的部长塔邦·塔劳宣称，“‘阿鲁那恰尔邦’具有发展众多水电项目的巨大潜力，如果把这些潜力都挖掘出来，将彻底改变该邦的经济面貌，

---

① “藏南地区”，http：//baike. baidu. com/view/1815103. htm。（上网时间：2014年11月3日）

② 李香云：“从印度水政策看中印边界线中的水问题”，《水利发展研究》，2010年3期，第69页。

③ 根据印度电力部中央电力局所公布的数据计算得知，参见www. cea. nic. in。

④ “Hydropower project facing problem of clearances”，The Shillong Times，2012. 9. 10. http：//www. theshillongtimes. com/2012/09/10/hydropower-projects-facing-problem-of-clearances/.（上网时间：2014年11月3日）

⑤ “Arunachal moots dam policy”，The Telegraph，http：//www. telegraphindia. com/1120802/jsp/northeast/story_ 15792767. jsp#. UldSMTWS0dV.（上网时间：2014年11月3日）

成为全国最富有的邦之一。”①

三、印度的水政策与争议领土的水资源开发

印度属于缺水国家。据联合国人口机构2010年10月发布的《2010年世界人口状况报告》统计，印度国内的总人口数量已经达到12.15亿，位居世界第二，② 其人均可用水资源量为每年1729立方米，按照2000—2010年的人口增长速度，到2050年，印度的人口数量将达到16亿，人均可用水量为每年1403立方米。③ 人口数量的增长，气候条件和水资源的天然分配不均，使得数亿印度人面临水资源短缺的威胁。据世界水资源发展报告显示，在可用水方面，印度在180个国家排名中位列第133位，水质方面在122个国家中位列第120位。此外，印度河流多属自然河流，雨水为其天然水源，雨季河流泛滥成灾，旱季则河水干涸，缺乏灌溉和航运能力。④ 因此，如何更好地利用起国内遍布的河流，充分地利用水资源，实现综合效益的最大化，是印度国内一直热衷探讨的议题。

在20世纪70年代，印度的民间人士提出了“北水南调”和“北水东调”的设想，意即通过修建一系列的水渠、水库、水坝等水利设施，将北部恒河和布拉马普特拉河的丰沛水资源部分地调配到南部和东部地区，解决当地的旱季缺水和雨季洪涝的问题。1980年，印度水利部提出“水资源开发的国家远景规划”，该规划就是通过将境内的几十条河流连成网络，实现流域之间的水资源调配。该计划有两大板块：一个是位于印度南部的半岛水系的开发，这一水系的

① Hydro-power projects will change the face of Arunachal，http：//www. sentinelassam. com/arunachal/story. php？ sec = 2&subsec = 7&id = 113556&dtP = 2012 - 04 - 12&ppr = 1#113556.（上网时间：2014年11月3日）

② UNFPA State of World Population 2010，UNFPA，October 20，2010.

③ National Institute of Hydrology Water Resources of India. http：//www. nih. emet. in/water. htm.（上网时间：2014年11月5日）

④ 蓝建学：“水资源安全和中印关系”，《南亚研究》，2008年第2期，第22—23页。

特点是多为季节性河流，洪旱频发；另一个是位于印度北部的喜马拉雅水系的开发，这一水系的特点是多为常年流的河流，水量和水能资源十分丰富，这一板块的主要开发思路是在恒河、马哈纳迪河和布拉马普特拉河上修建一系列水库和连结渠系，连结各河将“富余”的水调往印度缺水地区。喜马拉雅水系的开发方案实际上是印度的“北水南调”工程。[①]

1987年，印度国家水资源理事会发布国家水政策，正式提出“河流联网计划”（National River Linking Project），该工程计划预计花费1200亿美元，计划连接37条喜马拉雅和半岛河流，修建12500公里的新水渠，在全国范围内调配水量1780亿立方米，可产生34千兆瓦的电力，可灌溉3500万公顷的土地，同时扩大了航行网络。[②] 该计划如果付诸实施的话，可以解决印度首都新德里等部分城市的引水短缺问题，缓解印度南部、东部598个县的旱情和83个县的涝灾。

最大化地开发水电资源已经成为满足印度国内能源需求的最佳选择，在第十二个五年计划中，加快建设水电站是印度确保国家能源安全的重要手段。在2007—2011年的第十一个五年发展计划中，印度共建设了4750兆瓦装机容量的水电站，而在2012—2017年的第二个发展计划中，印度要建设装机容量超过30000兆瓦的水电站。[③] 为了确保印度经济年增长9%的发展目标，就需要保证150000—200000兆瓦的发电量。[④]

印度的水电开发之中，开发利用喜马拉雅水系是重中之重。印

---

① 李香云：“从印度水政策看中印边界线中的水问题”，《水利发展研究》，2010年第3期，第68页。

② Brahma Chellaney, “Water: Asia's New Battleground”, Washington, D. C: Georgetown University Press, 2011, p. 210.

③ “Hydro Development Plan for 12th Five Year Plan (2012 - 2017)”，参见www. cea. nic. in。

④ “Hedel projects to thwart Chinese designs”, The Assam tribune, http://www. assamtribune. com/scripts/detailsnew. asp? id = feb0111/at05.（上网时间：2014年11月4日）

度河、恒河、布拉马普特拉河等三条水量和水能资源丰富的河流，是印度境内的主要大河，它们均发源于中国境内的青藏高原，其中恒河、布拉马普特拉河属于喜马拉雅水系。布拉马普特拉河凭借丰富的水系和水量，以及较大的落差而在喜马拉雅水系的开发板块中占据极其重要的地位。

表4—4　藏南地区的水电开发情况

地点	可开发总量（兆瓦）	装机容量25兆瓦以上的水电项目（个）	已修建项目装机容量（兆瓦）	占总数之比（%）	修建之中的项目装机容量（兆瓦）	占总数之比（%）	边使用边建设的项目装机容量（兆瓦）	占总数之比（%）	计划开发的项目装机容量（兆瓦）	占总数之比（%）
藏南地区	50328	50064	405.0	0.81	2710.0	5.41	3115.0	6.22	46949.0	93.78

来源：印度电力部中央电力局公布的数据，参见 www. cea. nic. in。

布拉马普特拉河是印度最大的河流，按照印度官方的统计，其年径流量为5856亿立方米，占印度总地表径流量的31.3%。[①] 这一水量除了包括中国雅鲁藏布江的入境水量，还包括了流淌在中国藏南地区的多条河流水量。印度在20世纪七八十年代就开始评估国内河流的水利开发潜力，其中布拉马普特拉河上预计可以修建226座水电站，印度正努力推动在布拉马普特拉河上修建200个大中小型大坝，[②] 其中相当一部分是处于藏南地区。2003年时，印度总理曾提出一份水电开发方案，计划在全国建设装机容量达50000兆瓦的水电项目，总计162个项目，分布于16个邦，其中42个项目位于

① 数据来源于印度水利部，参见 http：//wrmin. nic. in/index3. asp? sslid = 331&subsublinkid = 820&langid = 1。(上网时间：2014年11月4日)

② "India speeds up work on 200 dams"，Asian Age，2013. 2. 12.

"阿鲁那恰尔邦"，装机容量达27293兆瓦。[①] 可以说，开发布拉马普特拉河，尤其是其位于藏南地区的部分是印度开发的重中之重。

目前印度官方媒体公布的数据显示，它们计划在藏南地区修建132座水电站，其中23座是发电量超过500兆瓦的大型水电站，据估计，23座水电站的总发电量将达到31580兆瓦。[②] 在2012—2017年间，26座水电站将投入使用，产生实际效益，总装机容量达9579兆瓦。按照印度的官方资料，这一区域的水能资源开发潜力为50328兆瓦，已建项目的装机容量405兆瓦，占可开发潜力的8.1%，而将来计划开发的装机容量分别为46949兆瓦，占可开发潜力的93.78%（见表4—5）。可以说，藏南地区逐渐发展成印度水电开发与大坝建设的核心，计划修建的上泗昂水电站，装机容量达9750兆瓦，其规模仅次于中国三峡大坝。

表4—5　印度"阿鲁那恰尔邦"修建或计划修建的部分水电站

水电站名称	装机容量（MW）	水电站名称	装机容量（MW）
然甘纳迪（Ranganadi）	685	卡门（Kameng）	600
达旺（Tangwang）－I	750	意大林（Etalin）	4000
达旺（Tangwang）－II	800	胡同（Hutong）	3000
狄邦（Dibang）	3000	卡莱（Kalai）	2600
泗昂（Siang）上游	9750	滕卡（Tenga）	600
泗昂（Siang）中游	1000	纳比（Nabe）	1000
泗昂（Siang）下游	1120	纳迎（Naying）	1000
德姆威（Demwe）	3000	卡门（Kameng）－I	1620

来源：印度水利部中央电力局，参见 http://www.cea.nic.in。

① "Status of 50000 MW Hydro Electric Initiative"，参见 www.cea.nic.in。

② R DuttaChoudury, "Arunachal mounts pressure on Centre for dams", http://www.assamtribune.com/scripts/detailsnew.asp? id = oct2510/at05.（上网时间：2014年11月4日）

四、印度开发行为对中国周边安全的影响

印度“肆无忌惮”地在与中国存在主权争议的领土上开发水资源，导致水资源从经济问题转变为政治问题。[①] 印度在中印争议地区的水资源开发举措对中国的周边安全形成了巨大的消极性影响。

（一）争取国际河流水资源开发的优先权，对抗中国

印度在藏南地区的水资源开发相当一部分集中于布拉马普特拉河上，由于中印之间没有相关的针对两国共享国际河流的开发协议，印度就打算“先下手为强”，力图在中国尚未大规模开发上游的雅鲁藏布江水资源之际“抢先一步”，争得国际河流水资源的开发权和使用权。

印度一直“担忧”中国在上游雅鲁藏布江段的水电开发进程，尤其是2010年11月12日，中国宣布雅鲁藏布江被截流，藏木水电站进入主体工程施工阶段，印度国内再次掀起“中国水威胁论”的高潮。相当一部分印度学者和官员认为，中国在上游的开发，不仅会减少流入印度的水流量，影响恒河流域的工农业用水，从而控制对印度的经济影响力，[②] 而且，水电站可以使中国掌握控制西藏水资源的战略优势，将旱季截水、在雨季放水作为向印度施压的新手段，一旦和中国关系紧张或发生冲突，中国可以开闸放水，切断印度的通讯线路，甚至将印度变成“沼泽之国”[③]，所以印度需要“警惕”中国上游的水资源开发行为对印度的巨大安全威胁。

所以，正如印度很多媒体评论称，印度急迫地在布卡马普特拉河上快速修建一系列大坝，是为了争取所谓的“下游国家开发权”，

---

① 谢尔盖·马努科夫：“新德里与北京的政治目标正从领土转向水资源”，俄罗斯《专家》周刊网站，2013年8月29日。

② “中国给印度准备水炸弹”，香港《太阳报》，2010年11月21日。

③ “River Runs Through it”，http：//timesofindia. indiatimes. com/home/opinion/edit-page/River-Runs-Through-It/articleshow/6320762. cms.（上网时间：2014年4月7日）

赢得与上游国家中国进行谈判的有利地位。同时，印度通过修建水利设施来治理布拉马普特拉河可以阻止中国在墨脱地区实施“新三峡水坝”的计划①，实现“先占先得”②。印度的官员称，中国的藏木水电站将在3—4年的时间里竣工，印度需要推进在布拉马普特拉河上的水电站修建，以在与中国的对抗中握有更大的筹码。③

（二）强化对争议领土的“实际占有能力”

对于印度来说，藏南地区的水资源对其未来的经济发展具有重要意义，从目前的发展趋势看，印度会努力通过各种途径来强化对这一争议地区水权的占有和利用。按照印度第十二个五年计划，预计到2017年计划完成之时，藏南地区将近一半的水能资源将被开发完毕，并且随着河流联网计划的实施和布拉马普特拉河流域水利基础设施的完善，印度完全有能力实现将水调往缺水地区的计划。总体上说，印度基本上已形成争议地区水资源开发利用的现实基础。④

印度这种实际占有水资源的行为，会加强其对藏南地区争议领土的“实际占有”，并且与其在藏南地区不断提升的军事武装能力相呼应，共同强化对争议地区的“实际控制能力”。有评论认为，印度的目的主要是出于威慑战略的需要，原因是印度认为中国在雅鲁藏

① 印度国内所担忧的所谓“新三峡水坝”计划是指中国学者和专家提出的“南水北调大西线”设想（具体介绍请参见本书第二章第二节相关内容），印度国内担忧一旦中国实施“大西线”构想，将大大减少雅鲁藏布江流入印度的水量，威胁其用水安全。

② AniSasi，“Eye on China，Centre to fast-track Arunachal Hydro Projects”，http：//www. indianexpress. com/news/eye-on-china-centre-to-fasttrack-arunachal-hydro-projects/1179360/.（上网时间：2014年4月23日）

③ “India Clears Hydropower Project on Brahmaputra to Counter China?” http：//www. sentinelassam. com/mainnews/story. php? sec = 1&subsec = 0&id = 149078&dtP = 2013 - 02 - 11&ppr = 1#149078. Urmi A Goswami，“Dam for dam in Arunachal”，http：//epaper. timesofindia. com/Default/Scripting/ArticleWin. asp? From = Archive&Source = Page&Skin = ETNEW&BaseHref = ETD/2010/08/06&PageLabel = 3&EntityId = Ar00303&ViewMode = GIF&GZ = T.（上网时间：2014年4月23日）

④ 李香云：“从印度水政策看中印边界线中的水问题”，《水利发展研究》，2010年3期，第70页。

布江修建水电站，会威胁到其在藏南地区的水源供应，为了更加强有力地与中国进行水源之争，印度陆军要提升对中国内陆的攻击能力。[①] 所以，印度这种在中印边界争议地区实行“软”“硬”兼施的占有行动，潜在威胁着中国的周边安全。

（三）争取国际承认，加剧中印领土谈判的复杂性和不确定性

印度在藏南地区水电资源的开发主体呈现多元化分布，既包括印度国家水电公司、东北电力公司、GMR 能源公司等国有企业，也包括“阿鲁那恰尔邦”水电公司等地方企业，甚至还让一些私有公司参与开发。由于国家和地方的建设资金有限，印度还拉拢亚洲开发银行等国际机构的资金参与。

2010 年 6 月，亚洲开发银行通过了《印度国别伙伴计划(2009—2012)》的文件，该文件同意亚行向印度贷款 27 亿美元，其中的 6000 万美元用于藏南地区的水务治理和卫生改造项目。《印度快报》等印度媒体称之为“印度重大的外交胜利”。由于该文件涉及中印之间关于藏南地区争议领土的主权问题，遭到了中国政府的坚决反对，最终未能实施。

按照国际法的规定，国际组织无权涉足或干预主权国家之间的领土争议，即使是领土争议中的一国想把涉及争议领土的提案提交至国际法庭仲裁，也必须事先征得另一国的同意，否则国际组织无权涉足两国领土争议。印度拉拢国际机构开发投资其与中国争议领土地区的水电开发项目，目的一方面是加快对这一地区水权的占有和利用，另一方面是将水资源争端与中印领土争议结合起来，借助水资源项目扩大国际影响，博取国际社会的“认同”，取得对中印之间争议领土实际控制区的“国际承认”，并通过开发该争议区的水资源达到加强对争议领土“实际控制”的目的。印度的做法既造成中国水权的潜在丧失，又使领土争议问题更加复杂化，加剧了中国对

① “汉和称印度向边境增派重兵强化对中国的军事部署”，新华网，http://news.xinhuanet.com/mil/2010-05/27/content_13568530.htm。（上网时间：2014 年 11 月 3 日）

领土主权维护的难度。

（四）借助“气象战”制约中国

从地理学和大气物理学的角度讲，雅鲁藏布江大峡谷是由印度板块和欧亚板块碰撞而形成的，大峡谷的形成相当于为印度洋暖湿气流北上开辟了一条通道，北上可到达青藏高原的腹地，当副热带西风槽前的西南气流覆盖到青藏高原的东南部和南部地区之后，这些地方就会迎来丰富的降水。所以，雅鲁藏布江大峡谷在很大程度上是西藏水源的生命线，青藏高原特殊的气候与生态环境与大峡谷的存在密切相关。

但是，目前印度在藏南地区大力开发水电资源的趋势，向中国提出预警，即如果印度在雅鲁藏布江大峡谷修建水库大坝的话，就可能将印度洋暖湿气流北上的通道封住，尤其是大坝建在大峡谷最狭窄的地方，就相当于在水汽通道的咽喉位置筑上一道铁门，阻挡住水汽的通过，严重影响印度洋水汽向内地的输送，从而一定程度上影响到西藏乃至西北地区的气候和生态环境。所以，印度如果利用藏南地区谷地特殊的地形地貌，控制了这条水汽通道，那么未来一旦与印度发生摩擦或者冲突，印度就可能会利用现代工程技术打“气象战”，使其成为打击和制约中国的新武器和新手段。

总之，印度对藏南地区水资源的开发利用，不仅可以实现将水调往国内缺水地区的计划，缓解国内的水资源短缺危机，还可以利用水资源的开发来客观上加强该地区与印度内地的联系和紧密度，增强中印领土谈判的复杂性和不确定性。印度在对中印争议领土上“无可畏惧”的水资源开发“精神”暴露了其迈向亚洲大国的过程中所体现的进攻性、排他性和掠夺性的发展理念。现在，中印关系在互动与构筑之中，水资源纷争和领土争议已经越来越紧密地联系在一起，并且互相作用，导致两个问题的解决日益复杂，成为中印睦邻互信关系构建和中国周边安全环境构建的巨大挑战性因素。

第三节　水问题与域外国家介入

中国与周边国家之间存在的水资源纷争也为区域外国家插手中国周边事务提供了时机，它们利用周边国家对中国的“不满”，趁机拉拢这些国家，提升影响力，此种态势最为凸显的是在湄公河流域，美日等域外国家正在牢牢抓住“水”这个软议题，因势利导地开展“前位外交”，“紧密呼应”地扩展在这一地区的政治、经济影响力，挤压中国在东南亚地区的战略空间。

一、美国：借水问题拉拢东南亚国家，联合阻击中国

美国2009年高调提出“重返亚洲”战略，介入湄公河地区事务成为美实现“重返”的一个重要突破点。对于泰国、越南等国一些非政府组织和媒体发出的“中国水坝威胁”论调，美国一些媒体和智库给出“及时回应”，不断“论证”中国在澜沧江段修建小湾、漫湾、大朝山、糯扎渡和景洪等水坝对东南亚国家的“消极影响”，认为中国的水坝会使湄公河段的河水流量发生变化、水质恶化、生物多样性降低，会“影响地区生态和粮食安全”，未来“下游国家只能依赖于中国大坝释放出来的水”，湄公河很快就变成一条“中国河”。所以，“美国应重视中国在湄公河流域的举动并做出反应”。[①]

与这些舆论相对应的是美国政府对湄公河地区“前位外交”的大力开展和地区内部事务的大肆介入。奥巴马执政以来，美国对湄公河地区的影响力拓展方面主要呈现出三大特点。

（一）提出“美湄合作”新框架，寻求“重返亚太”新切入点

美国“重返亚洲”的重点在东南亚地区，奥巴马登台伊始就传递出美国将重新重视东南亚的信号。先是2009年7月，希拉里·克

① “美国插手湄公河政治”，香港《亚洲时报》在线，2010年8月4日。

林顿（Hillary Cliton）高调出席在泰国普吉岛举行的东盟地区论坛会议，期间宣布"美国正在'重返'东南亚，将完全致力于在东南亚的伙伴关系"，并与东盟签署《东南亚友好合作条约》。随后与柬埔寨、泰国、老挝、越南等四个湄公河下游国家磋商并提出建立"美湄合作"新框架的设想，启动"湄公河下游行动计划"（Lower Mekong Initiative，LMI），以促进包括环境在内的重要地区问题的合作，协助更好地管理湄公河系统宝贵的自然资源。[①]

相比较此前的"湄公河流域开发计划"等其他合作框架都包括中国和缅甸，此次美国将中国和缅甸排除在磋商对象之外。2010年7月，美国再次提出"援助方案"，具体推进"湄公河下游行动计划"，向湄公河沿岸的柬埔寨、泰国、老挝、越南提供1.87亿美元支持[②]，用于加强在湄公河流域的环境、卫生、教育和基础设施等议题上的合作。美国国务卿希拉里·克林顿在2010年10月28日提出美国要在亚太地区采取"前位外交"，保持和加强美国在亚太地区的领导能力。美国将在湄公河地区的援助称为美国在采取"小多边"的方式来牢固与东南亚国家的联系，同时发挥在此地区的领导作用。

2011年3月，美国负责东亚和太平洋事务的助理国务卿坎贝尔在国会听证会上提出，美国应将"湄公河下游行动计划"视为介入东南亚事务的优先选项。2011年7月，美国—湄公河下游国家框架合作外长会议在巴厘岛召开，会议通过了《美国—湄公河下游国家合作框架》，美国与柬埔寨、越南、老挝和泰国等国的"湄公河下游之友"（Friends of Lower Mekong Group）关系更上一层楼。

2012年4月，缅甸加入"湄公河下游行动计划"。2012年7月，在第45届东盟外长与各对话伙伴外长会议和系列会议期间，第五届湄公河下游四国—美国外长会议暨第二届湄公河下游之友外长会议

---

① Bureau of Public Affairs of the U. S. Department of State："The U. S. and the Lower Mekong：Building Capacity to Manage Natural Resources"，http：//www. america. gov/mgck，Jan，6th，2010.（上网时间：2014年1月4日）

② Simon Roughneen，US dips into Mekong politics，http：//www. atimes. com/atimes/Southeast_ Asia/LH14Ae01. html.（上网时间：2014年1月4日）

在柬埔寨首都金边举行，美国国务卿希拉里宣布，美国在今后两年内“将准备投资5000万美元用于展开到2020年的《湄公河下游倡议》。这笔投资额是我们已对该地区各国提供援助款项以外的”。同时，希拉里表示，湄公河是本地区各国宝贵的共同财产，是数千万人的生活饮用水源和生计。因此，可持续和有效利用湄公河水源是本地区各国所面临的一大挑战。为此，美国将向湄公河委员会提供100万美元的援助，专门用于研究湄公河上游水电站项目对湄公河生态环境的影响。①

2013年7月，第六届“湄公河下游行动计划”国家部长级会议在文莱首都斯里巴加湾市举行，参加此会的美国国务卿约翰·克里（John Forbes Kerry）表示，美国要深化与湄公河国家在基础设施、卫生、粮食安全和可持续发展等方面的合作，并支持湄公河下游国家反对中国在上游建坝。

美国所提出的“美湄合作”新框架是美国“重返”东南亚地区的一个精心的战略设计，从其积极的行动态势来看，“湄公河下游行动计划”的实行非常富有连贯性和持续性，这说明，美国正利用水议题等这些软性议题作为实现“重返亚太”的新切入点，潜移默化地拉拢湄公河国家，借此实现自身在该地区的战略目的。

（二）介入湄公河河流管理事宜，以“巧实力”介入湄公河地区内部发展事务

“为了改进湄公河下游地区的跨界水问题和支持湄公河委员会”，美国还积极推动湄公河委员会与美国第一大河密西西比河管理部门——密西西比河委员会建立伙伴关系。美国国家公共事务局称，密西西比河委员会和湄公河委员会均在各自所在地区的最关键性的水道管理中发挥主要作用。两个机构在2010年5月正式启动“姊妹河伙伴关系计划”，将在洪泛区综合管理、适应气候变化及流域地区

① “湄公河下游国家与美国加强合作”，新文网，http：//news-com. cn/news/a/20121209/00547130. shtml。（上网时间：2014年11月5日）

可持续发展等方面促进合作，交流最佳经验。[①] 所有湄公河下游国家都是1995年成立的湄公河委员会成员国，该委员会的宗旨是促进地区合作和可持续的水资源管理。密西西比河委员会成立于1879年，其宗旨为促进商务、防洪和改善美国最大河流的状况。[②] 2010年9月，美国和湄公河流域国家展开了下游管理的协作工作，“由美国陆军工程兵团牵头的密西西比河委员会正在努力与东南亚的同行分享他们从美国学到的最佳实践以及汲取的教训”，美国先后邀请泰国、老挝、柬埔寨和越南的专业科技人员和政府官员访问美国，收集有关密西西比河如何管理的信息，参观美国政府监督水资源管理的机构，演示评估拟议的湄公河大坝对环境的影响。[③] 美国这种以河流治理为载体，以知识交流和范本学习为形式，以实现影响湄公河河流管理和开发为目的的“姊妹河伙伴关系计划”，凸显了美国以“巧实力”和“软形式”积极介入湄公河区域国家发展事务的态势与政策特点。同时，美国此番将湄公河委员会与密西西比河委员会看作同等平台的举措，表明了美国对湄公河委员会在湄公河上的管理地位的极力凸显，也恰与新“美湄合作”框架中对中国和缅甸极力排挤的呼应。

（三）“软硬兼施”积极发展新合作伙伴

美国“重返亚太”有两个维度，一是“硬”维度，在政治、经济、军事上“重返”，如高调和强硬地进行军事部署，提出并积极推进“跨太平洋伙伴关系”（TPP）的实行；一是“软”维度，即借助水问题等“软”议题来和亚太国家开展互动，通过呼应某些国家在

---

① Bureau of Public Affairs of the U. S. Department of State：“The U. S. and the Lower Mekong：Building Capacity to Manage Natural Resources”，http：//www. america. gov/mgck，Jan，6th，2010.（上网时间：2014年11月4日）

② “美国和湄公河流域国家致力于缓解气候变化对该流域的影响”，美国国务院国家信息局《美国参考》，2009年7月，http：//www. america. gov/st/env-chinese/2009/July/20090731133937kjleinad0. 7190363. html。（上网时间：2014年11月4日）

③ “美国与东南亚国家就湄公河下游管理工作展开协作”，《参考消息》，2010年9月17日。

水问题上的某些观点，体现立场和观点的一致，表达支持性的态度，继而带动“硬”领域的互动，推动整体关系的发展。

奥巴马（Barack Hussein Obama）执政后，开始不断强化同东盟组织的合作，提升美国与东盟的整体关系及东南亚在美国外交中的地位，同时全面平衡地发展与东南亚国家的双边关系，依托传统盟国，拓展新的双边关系。美国在湄公河水域争端中，从美国智库到政府官员，基本上一致支持泰国、越南等国内某些民间组织的观点，认为中国对湄公河的干旱负有主要责任，美国应关注中国在湄公河上游，即澜沧江段的开发举措，并做出适当回应。美国紧紧抓住水域争端引发的对中国的“不满”和“猜疑”，积极以泰国为中心，稳步推进与老挝和柬埔寨的关系，同时大力发展新合作伙伴关系。

最有代表性的是美国积极发展美越关系。2010 年在越南举行的东盟外长会议上，美国高调介入南海争端，明确支持越南对有主权争议的南沙和西沙群岛的主张，对中国南海权益制造新挑战。2010 年 3 月，美越签署核能合作协议，美国公司将参与越南核能领域的合作，4 月 21 日，越南总理阮晋勇出席了在华盛顿召开的核安全峰会。2010 年 8 月，美国国务院发言人菲利普·克劳利（Philip Crowley）证实，美国正与越南进行民用核能合作的谈判，美国“鼓励”但不强求越南放弃自行进行铀浓缩的权利，根据美方提出的建议，美越两国核能合作将使越南具备自行生产浓缩铀的能力。[①] 在美国的“鼓励”和技术援助下，越南一旦具备生产浓缩铀的能力，那么越南也将会具备制造核武器的能力，从而为未来中国周边安全埋下更多隐患。

另外，奥巴马政府对缅甸军政府的态度也出现了新的变化，从制裁为唯一选项到制裁与谨慎接触并举。2009 年 2 月，希拉里国务卿访问日本时表示，美国政府正在审视对缅甸的政策，准备努力寻求更有效的方法，更好地帮助缅甸人民并促进缅甸在政治、经济领域的变革。2009 年 8 月，希拉里表示，奥巴马政府将对缅甸政策做出调整，在继续实施制裁的同时，与缅甸军人政权进行接触。同月，

---

① 李永明：“美国协助越南发展核技术”，《联合早报》，2010 年 8 月 18 日。

美参议院外交关系委员会东亚和太平洋事务小组委员会主席韦布访问缅甸，与军政府领导人丹瑞会面，并获准会见昂山素季，美缅关系出现回暖。2009 年 9 月，美对缅“软化”政策再次凸显，美国解除了对缅高官的签证禁令，缅甸外交部长被允许到华盛顿，缅甸总理登盛赴纽约出席联合国大会。2009 年 11 月，奥巴马在日本发表亚洲政策演讲中提出对缅甸政策的新思维，随后新加坡出席亚太经合组织领导人非正式会议期间，美缅领导人首次进行历史性对话。

总之，美国紧急抓住湄公河水域争端中，湄公河区域国家对中国管理和开发澜沧江段能力与行为的怀疑，高调介入湄公河地区事务的动机主要有两个：一是美国深知仅通过显示军事实力来赢得东南亚国家的信赖是不够的，还需要重视在“软”议题上合作来拉近与东南亚距离。美国对湄公河流域国家的丰厚援助将提醒东南亚政治精英和普通民众，美国依然在乎东南亚，美国仍然是维护东南亚稳定发展的关键力量。二是美国认为，随着中国的崛起，中国已成为美国最大的竞争对手，中国—东盟自贸区建立以后，中国在东南亚地区的影响力迅速上升，美国如果想要成为主导亚洲事务的国家，就必须“平衡”中国在这一地区的影响力，趁中国还未建立牢固的东南亚影响力时，插足分化东南亚，制止继续出现倾斜中国的趋势。因此，若华盛顿愿介入湄公河水资源争端，可在这个数千万人仰赖该河流维系生存的地区，对中国的战略构成近乎无懈可击的牵制。

二、日本：提出“绿色湄公河”计划，扩大湄公河流域影响力

日本从 20 世纪 90 年代以来，就视湄公河地区为“充满希望和发展的流域”，“是日本亚洲外交中最重要的区域”[①]。日本与湄公河地区五国一直保持密切的政治与经济联系，运用贸易、投资和援助“三位一体”的经济合作战略，逐渐成为湄公河地区最大的援助国和

① 高村正彦外務大臣スピーチ 於・国際交流会議「アジアの未来」2008，《メコンの成長はASEANの利益、ASEANの成長は日本の利益》，http://www.mofa.go.jp/mofaj/press/enzetsu/20/ekmr_0523.html。（上网时间：2013 年 5 月 6 日）

投资国，建构起了巨大的政治影响力，越来越多的湄公河国家希望日本持续发挥在湄公河地区的影响力和在国际政治与安全方面扮演重要角色。对于一直把推动湄公河次区域合作作为促进西南地区发展重要动力的中国，日本从2001年就开始思考"怎样对待增强影响力的中国，并掌握湄公河开发的主动权"，[①] 所以，抗衡中国在湄公河地区影响力，对中国发展与这一地区的良好关系设置障碍，就成为其抓住各种时机加强在湄公河地区影响力的重要动力。

日本政府2003年12月公布了表明日本对湄公河地区政策的《湄公河地区开发的新观念》，并于2006年11月出台了《日本—湄公河地区伙伴关系计划》，全力推进将中国排除在外的所谓的"大湄公河流域开发项目"。2008年1月，日本与湄公河五国举行了首次外长会议，明确提出提供2000万美元的无偿资金，援助该地区建立"东西经济走廊"物流网建设[②]，以抗衡中国参与的"南北经济走廊"建设，并将2009年定为"日本—湄公河交流年"，其口号是"共同建造湄公河和日本的未来"。2009年11月，首次"日本—湄公河地区国家首脑会议"在东京举行，日本明确将湄公河地区列为政府开发援助的重点地区，会后六国联合发表了《东京宣言》，将湄公河地区的综合发展，环境、气候变化（"走向充满绿色的湄公河的十年"），克服脆弱性、扩大合作和交流作为三个支柱，在建立"为创造共同繁荣未来的伙伴关系"上达成了共识。同时，明确提出援助完善交通网、促进人员交流等63个项目的行动计划，并承诺在今后三年内，将向上述五国提供5000亿日元（约合55.34亿美元）的开发援助。[③]

---

① 李光辉、裘叶艇："日本担心湄公河归中国经济圈，15亿美元争夺主导权"，《国际先驱导报》，2004年4月20日。

② 《メコン地域投資セミナー— ~物流インフラの整備が進むメコン地域でのビジネス展開について》，http://www.aibsc.jp/Portals/0/kn-atrd/files/n_pdf/mekon_seminar_siryou.pdf。（上网时间：2013年5月6日）

③ 《日本・メコン地域諸国首脳会議東京宣言—共通の繁栄する未来のための新たなパートナーシップの確立—》，http://www.mofa.go.jp/mofaj/area/j_mekong_k/s_kaigi/j_mekong09_ts_ka.html。（上网时间：2013年5月6日）

2010年湄公河水争端发生后，日本"坚定"地站在对中国"口诛笔伐"的非政府组织和代表一边，并在湄公河五国与中国计划讨论澜沧江段大坝建设与湄公河干旱关系的湄公河峰会召开前两天，"不失时机"地召集湄公河五国参加第五届"湄公河—日本高级官员会议"，在会上阐述日本向湄公河流域国家提供援助和技术以使当地实现可持续发展，同时介绍促进湄公河地区开发的倡议。在2010年7月召开的东盟地区论坛的会议间歇，日本与湄公河流域国举行了会议，讨论在下一个十年共同实施旨在应对自然灾害、砍伐森林等挑战的"绿色湄公河"计划。[①] 另外，日本还特别强调，将与越南等国加强在水资源的利用和管理方面的双边性合作。可以说，日本正在"充分利用"湄公河水资源争端中湄公河国家对中国经济发展的"恐惧"和"不信任"心理，加快在此地区影响力的扩展，抗衡中国优势和影响力。

2012年4月21日，日本与柬埔寨、老挝、缅甸、泰国、越南等湄公河流域五国之间的第二次首脑会议在日本东京举行。日本向五国承诺从2013年度开始的三年期间，日本政府将向五国提供大约6000亿日元（约合70亿美元）的政府开发援助，着力开发从南海穿越印度支那半岛到达印度洋的"东西经济回廊"和"南部经济回廊"。[②] 援助内容涉及发电站建设、卫星发射、经济特区建设等57个基础设施建设项目，项目总金额达2.3万亿日元（约合268亿美元），其中越南项目数量最多，达26个，其次是缅甸，共有12个项目。此外，日本还承诺免除其拖欠的3000亿日元（约合37亿美元）的债务，并重新启动暂停的援助方案，决定对缅甸提供1230万美元援助。此次日本对缅甸的债务减免是日本迄今为止所放弃的最大规模的债权。[③]

---

① "美国插手湄公河政治"，香港《亚洲时报》在线，2010年8月14日。

② "外媒称日本将向湄公河五国提供74亿美元援助"，新浪网，http：//news.sina.com.cn/w/2012-04-22/093024310734.shtml。（上网时间：2013年5月6日）

③ "日本重返湄公河取代中国?"，时报在线，http：//www.time-weekly.com/story/2012-05-03/123881.html。（上网时间：2013年5月6日）

此次峰会上还通过了《日本—湄公河合作2012年东京战略》草案。该战略草案指出，为了实现湄公河地区的均衡可持续发展，在日本和湄公河合作框架中，将加强湄公河地区的联系，纠正地区开发的差异，并就地区和国际形势进行讨论，同时还尽力避免援助努力的重复，通过“湄公河下游地区开发倡议”、日中湄公河政策对话以及伊洛瓦底江、湄南河及湄公河经济合作战略等，加强和促进各种地区框架和第三国的合作。[①]

2014年11月12日，日本和湄公河五国在缅甸首都内比都召开了第六届湄公河—日本峰会。在此次峰会上，六国达成了未来合作方向的一致意见，同意加强服务于2015年东盟共同体建设进程的湄公河地区互联互通，其中注重发展连接着大湄公河次区域与印度次大陆的新经济走廊和通道；制定“湄公河工业发展愿景”，旨在促进区域价值链的形成并为大湄公河次区域与日本的经营活动创造便利条件；同时，通过促进低碳增长，注重基础发展中环境和社会可持续性、培养气候变化应对和大湄公河区域自然条件保护能力等来进行大湄公河次区域可持续发展合作。[②]

在此区域框架组织内，日本与湄公河流域五国的合作，不仅仅停留在经贸、基建、环境以及能源等领域，还呈现出日益涉及地区安全与政治领域的趋势。例如，日本和五个湄公河流域国谴责了朝鲜导弹发射，要求采取具体行动以实现无核化；对于中国与部分东盟国家存在主权争端的南海问题，表示与会国已经认识到海洋作为国际公共财产的重要性，应根据1982年的《联合国海洋法公约》和其他与海洋有关的国际法普遍达成的航行自由、航行安全、不受妨碍的商业活动与和平解决冲突等原则，促进日本等地区外国家也参

---

① 蓝建中：“日本‘黄金微笑’抛向湄公河五国”，《国际先驱导报》，2012年5月10日。

② “阮晋勇总理出席湄公河—日本峰会”，越南人民报网，http：//cn. nhandan. org. vn/wobile/mobiie _ politicar/nwbile _ natioual _ relationship/item/2602801. html。（上网时间：2015年6月10日）

与的海上安全合作，期待最终签署关于南中国海的行为规范。[①]

湄公河地区位于地缘政治学上的“要冲”位置，是日本企业进驻国际市场的重要据点之一。为拉近与湄公河国家的距离与拓展在该区域的影响力，日本一直采取“援助战略”。日本看到，在东南亚国家中最有发展潜力的是湄公河流域的国家，而这些国家又都处在经济迅速发展的中国的周边。因此，日本将对东南亚国家的支持渐渐锁定在湄公河五国上，通过援助战略发展与湄公河五国的关系，由此，不仅可以利用低廉的劳动力成本、旺盛的市场需求和丰富的自然资源，来拓展日本在东南亚的市场和制造基地等，还可以加快日本在该区域的影响力拓展，抗衡中国优势和影响力。

日本的“援助”战略具有持续性，且援助数目大、领域广。迄今为止，日本通过无偿资金援助、政府贷款、开发调查和技术援助等双边合作以及亚洲开发银行（ADB）、联合国开发计划署（UNDP）等多边合作的渠道，在经湄公河流域国家具体实施了100多个援助项目，援助领域涉及基础设施建设、环境保护、经济制度改革等多个领域，截至2007年底，日本已经援助湄公河五国达199亿美元，是柬、老、缅、越四国的最大援助国，其中，泰国是重点援助对象国，受援助金额最高，达72.2亿美元，其次是越南，达68.7亿美元，缅甸29.9亿美元，柬埔寨14.4亿美元，老挝13.8亿美元。[②]

为改变日本在湄公河流域人民心目中的形象，日本通过人力资源培养来“收买人心”。一是注重对基础性教育设施建设和完善的援助，一是注重培养中高级管理人才和技术人才，发展专业技术教育。例如，在首次“日本—湄公河地区各国首脑会议”中将2009年确定为“日本进湄公河交流年”，计划此后五年内邀请1万名青少年访日，试图让受援国的民众从小就培养对日本的“亲近感”，进而为培

① 蒋丰：“‘日本·湄公河峰会’搅局南海问题”，《日本新华侨报》，2012年4月23日。

② 赵姝岚：“日本对大湄公河次区域GMS五国援助述评”，《东南亚纵横》，2012年第6期，第15页。

养“亲日”人员奠定基础。

日本2012年的湄公河新援助计划中，以重启向缅甸提供政府开发援助为主轴，展示出日本主导大湄公河次区域基础设施建设的姿态。在日本看来，缅甸不仅自然资源丰富，市场可挖掘潜力巨大，更重要的是地理位置毗邻印度洋，可以作为日本企业进入中东和非洲的踏板。所以，日本将日渐开放的缅甸作为其未来扩大外需的重要市场，支持缅甸基础设施的建设，加强与缅甸国内的开发合作。

日本在湄公河流域“不遗余力”地拓展影响力，抵制中国的态势，已经呈现出安全化、机制化的新态势和新特点。这些新趋势和新特点对中国的周边关系和周边安全环境构建的影响将会日渐凸显，对此，中国政府应引起重视和关注。

第一，当前，东盟部分国家出现与中国南海主权争议，而日本与中国也处于争夺东海主权的局势中，这些国家因有同感而拉近了距离，日本开启的新援助战略已经开始利用海上纷争等安全问题来进一步拉近关系。对此，中国应该思考如何发展与湄公河流域国的双边关系，如何尽可能地避免日本与这些湄公河国家在某些政治议题上联合一致夹击中国，如何应对日本的湄公河援助战略日益呈现出的政治性和安全化的趋势。

第二，日本在湄公河的援助战略已经机制化，从最容易在短期内见成效的基础设施的建设，到着眼于长远规划的人才培养，可谓近期效果和远景规划都有兼顾。面对日本有计划地扩大本国在GMS地区的影响力，中国应适度地借鉴日本在湄公河地区的某些援助方式，最大化地巩固自身在湄公河流域的影响力和经济利益。

第四节　水问题与“水坝政治”

与中国在多条国际河流上游开启开发水资源的步伐同步的是，众多邻国也开始兴起修建水电站的热潮，尤其是在澜沧江—湄公河流域。有专家分析，澜沧江—湄公河梯级水坝建设的考虑都基于各国的固有权力，而中国国内全局性的水利、经济、政治各方面综合发展战略，势必将推动澜沧江—湄公河下游干流区域水坝的建设。[①]周边邻国希望通过在下游干流地区修建大量大坝充分利用被改变的洪水水文环境，为当地创造可观的经济利益。与此同时，围绕着水坝建设投资、当地可持续发展等问题的争论，中国的国际水资源开发的跨国效应逐渐显现，水坝环境政治被卷入范围更广的地缘政治中，成为考验中国与邻国睦邻外交关系和影响地缘政治格局的新因素。

在20世纪90年代的水利工程建设项目，大多有湄公河地区国家的政府投资兴建，主要资金来源于世界银行与亚洲发展银行的贷款或援助。现在本地区的水利工程建设步伐大大加快（如图4—5），并且多数已经成为商业项目。中国在下游的水资源开发中，扮演着举足轻重的投资者与建设者的角色，中国的一些国有能源企业在最大型的项目中都持有股份。据统计，除中国外的其他成员国未来几年将要修建的干流支流水文工程，40%都由中国公司承包。[②] 现在，对外水电投资已经成为中国企业“走出去”战略的重要组成部分，成为中国经济国际化的一部分，从2008年到2012年，中国投资的海外水电站增长速度高达300%，中国的海外水电投资遍布全球70多个国家，投资了300多家水电站。根据国际河流网的统计，中国海外水电投资的地区分布为：东南亚，131座；非洲，85座；南亚，36座；拉丁美洲，23座；欧洲，12座；东亚和中亚，11座；太平洋，3座。[③]

---

① 菲利普·赫希：“澜沧江—湄公河大坝的梯级效应”，中外对话网，http：//www. chinadialogue. org. cn/article/show/single/ch/4093 – cascade-effect。（上网时间：2015年6月10日）

② 菲利普·赫希：“澜沧江—湄公河大坝的梯级效应”，中外对话网，http：//www. chinadialogue. org. cn/article/show/single/ch/4093 – cascade-effect。（上网时间：2015年6月10日）

③ International Rivers Network，The New Great Walls：A Guide to China's Overseas Dam Industry，Nov. 2012.

从统计的数据来看，中国在周边地区的海外水电投资项目主要集中于东南亚地区，其占到了整个海外水电投资的一半。缅甸是中国主要的水电投资国，同样在越南，从2001年到2010年，中国共在越南投资高达10亿美元的300个项目建设，其中水利工程居投资首位。[1]

在东南亚地区很多国家内，非政府组织数量众多，活动活跃，在当地社会中的影响力和号召力深入而广泛，这些组织的活动经费大多来自于欧美发达国家，以推动环保、农村基础设施建设、公民健康为宗旨。所以，虽然在当地的开发水资源，可以增加当地居民的就业机会和经济发展，但非政府组织却认为在湄公河干流上修建水电投资会导致环境问题等并以此为理由，带动当地民众反对水电工程建设，最明显的例子就是在非政府组织的反对下，越南暂缓湄公河沙耶武里水电站的修建工作。[2]

中国对周边国家的水利开发投资和城建也引发了当地非政府组织和民众的反对，他们认为中国的投资不是促进了当地的可持续发展，而是扮演了破坏者的角色，中国投资过分重视短期利益，不但破坏了生态平衡和民族文化遗产，还大量掠夺当地资源，把上百万当地人民推向贫困，因此，中国应从注重本国和邻国可持续发展的意愿出发，减少水坝的修建数量，否则，中国一贯树立的和平发展国际新形象将受到破坏，睦邻周边关系将受到考验。[3]

现在，中国与周边国家之间产生和存在的水问题使得中国水电海外投资难以避免地陷入到对象国的“水坝政治”的漩涡之中。

---

① 援引自：2011年5月12日，澳大利亚援助署官员 John Dore 在北京大学国际战略研究中心的主题演讲“澜沧江—湄公河跨界水资源的开发利用”。

② “遭多国家反对 老挝决定暂缓在湄公河修建水坝”，中国新闻网，http://www.chinanews.com/gj/2011/04－20/2984854.shtml。（上网时间：2015年6月10日）

③ 援引自：2011年6月14日，中国国家开发银行研究员举办的“东南亚国家社会转型与发展”研讨会中，菊基金会研究员 MyintZaw 所作的《湄公河地区的可持续发展》的主题发言。

"水坝政治"是指，投资目标国国内的各种利益相关体为实现自身政治利益而围绕着水坝建设进行的一系列互动与博弈。从本质上来说，中国在东南亚地区遭遇的"水坝政治"与中国与东南亚地区国家之间的水问题的产生是相通的，都是国内政治博弈与国外势力或明或暗的介入相结合的结果，而且两者之间相互影响，互为发酵。2012年缅甸密松水电站突然被停建事件，就是"水坝政治"作用的结果，本书将选取缅甸国内的"水坝政治"进行详细分析，以探究中国周边地区"水坝政治"的本质特点与运作模式。

一、中国在缅甸的水电投资

现在，中国华能集团公司、南方电网公司、中国电力投资集团、水利水电建设集团和大唐集团公司等20多家国内大中型企业已经在缅甸开展了资源合作开发的工作，签署了一系列合作开发协议，截至2012年1月，中国在缅甸参与投资的水电站项目大约有56个，其中，39个为大型项目，8个为中型项目，5个为小型项目，其余4个信息不详。[①]

作为中南半岛面积最大的国家，缅甸地处热带季风气候区，雨量充沛，河流众多，水能资源非常丰富。缅甸国内的河流大多发源于中国的青藏高原和缅北山区，其水能资源集中于伊洛瓦底江和萨尔温江两大江的干支流。据估计，缅甸全国水能资源可开发容量约6000万千瓦，经济可开发装机容量约4000万千瓦。缅甸内部的政治因素使政策缺乏连贯性与稳定性，加上自身的技术水平和经济实力还不具备独立开发大型水电项目的能力，短期内也没有完全消纳大型水电所生产电力的能力。所以，缅甸的电力发展缓慢，全国至今还没有形成统一的电力网，电力短缺问题严重，虽然国内水能资源丰富，但开发程度尚不足2%。

中国在缅甸投资的水电站主要集中在伊洛瓦底江和萨尔温江的

---

① International Rivers Network, Dams Building Overseas by Chinese Companies and Financiers, Jan. 23, 2012.

干支流上。伊洛瓦底江是缅甸最大的河流，干流全长2327公里，流域面积达41万平方公里，约占缅甸国土面积的60%，年平均径流量4860亿立方米，占缅甸河川径流量的40%。[①] 此流域干流段的水电合作开发方主要是中国电力投资集团，拟开发的水电站主要集中在伊洛瓦底江上游的恩梅开江和迈立开江，以及两江汇合后的上游干流段。其中，在东源的恩梅开江，共规划了5个梯级水电站：耶南大坝、广朗普大坝、区撒大坝、乌托大坝和其培大坝，总装机容量约1050万千瓦；在西源的迈立开江，共规划了按腊撒大坝和密松大坝，总装机容量约600万千瓦。而萨尔温江是缅甸最长的河流，全长约2400公里，中国的水利水电建设集团、南方电网等企业在萨尔温江上参与建设的水电站主要有：丹伦江上游大坝、塔桑大坝、达昆大坝、伟益大坝、哈希大坝等。[②]

二、“水坝政治”及对中国对缅水电投资的影响

2010年11月7日，缅甸举行了22年来的第一次全国多党民主制大选，联邦巩固和发展党（简称“巩发党”）赢得大选。2011年3月30日，缅甸新总统吴登盛宣誓就职，从此缅甸进入了“民主政治化”时期，由此带动了国内不同政治力量的日渐活跃，缅甸国内的政治博弈更加复杂。

进入21世纪后，随着缅甸国内水利开发力度不断加大，中国对缅甸的水电投资力度也逐渐加大。在国内政治体制酝酿新变革的时代背景下，缅甸国内的水电开发问题逐渐被政治化，中国水电投资成为“水坝政治”的牺牲品。

缅甸“水坝政治”的参与主体是国内的四种政治力量，即缅甸

---

① “缅甸的水电贸易”，中国电建西北勘测设计研究院有限公司网，http：//www. nwh，cn/hews_ ar/news_ articies. asp? Elas IN = 480101 = 5372。（上网时间：2015年6月10日）

② “健康的河流，幸福的邻居——对中国在缅甸开发水电评论”，缅甸国际河流网，www. burmarivrsntnwrk. nq. chiinese/images/stories/publications/chinese/healthy rivesrs. pdf。（上网时间：2015年6月10日）

中央政府、非政府组织、以昂山素季代表的政治反对力量和少数民族地方武装势力。“水坝政治”的内容可用“三维一体”来概括，其中的三个维度是指：中央政府与非政府组织的博弈，中央政府与政治反对力量的博弈、中央政府与少数民族地方武装势力的博弈。三个维度的博弈都是围绕着缅甸国内的水坝建设进行，表面上是争论缅甸的海外水电投资项目开工还是停建，以及如何建设才能推动缅甸人民利益最大化的实现，但从根本上来说，水坝问题在缅甸已经被政治化，各政治力量围绕着水坝问题展开了一系列的政治博弈，其参与博弈的背后渗透着各自的政治利益需求与目的。

缅甸中央政府对于缅甸境内的水资源进行开发利用非常支持。为满足国内经济发展，改善民生状况，缅甸根据未来的国家发展规划制定了电力中长期发展规划，将水电开发确定为能源开发的优先项目。由于美国、欧盟、加拿大、澳大利亚等西方国家或地区组织长期坚持对缅制裁，缅甸的水电开发合作伙伴选择余地较少，只能选择既具备经济和技术实力，又能消纳所生产出来的巨大电力的周边国家如中国、泰国等，来共同开发水电资源。①

对于缅甸中央政府来说，水电站建设不仅可以带来巨大的经济利益，而且还可以通过税收、免费电量和股份分利等方式，获取直接经济收益；同时，还有助于提升缅甸国内的电力装备水平，有效控制和削减洪峰，提高下游地区的防洪标准；水电站的配套设施建设有助于为当地招商引资，改善民生，提高当地就业机会。例如，2011 年的伊洛瓦底江项目建设现场，共有缅籍员工 2000 人参与作业，其中密松工地 1400 人，当地人通过参与项目建设和为参建人提供相关服务，显著改善了自身经济生活条件。②

另外，缅甸内部的很多水电站的位置多处于政府军与少数民族地方武装冲突的地区，在水电站修建的过程中，缅甸中央政府会以

---

① “水电开发利好缅甸经济发展”，《中国能源报》，2012 年 2 月 24 日。

② “中电投：中缅密松水电站合作项目互利双赢”，中国新闻网，http://www.chinanews.com/ny/2011/10-03/3368320.shtml。（上网时间：2015 年 6 月 10 日）

保护水电站项目安全的借口进驻库区，建立军营，设立军事基地，增加军事存在，以借此扩大自己的实际控制范围。从这个角度来说，缅甸中央政府可以借水电站修建获取政治和军事利益。

对于缅甸中央政府频频引入外资开发水利、修建水坝的做法，最先遭到了非政府组织的反对。非政府组织主要从水坝的环境影响、社会影响、安全风险等角度论证水电站的修建所造成的消极影响，呼吁停止水电建设。它们认为，水坝的修建会使河流完整的生态系统和生物多样性遭遇毁灭性的破坏，渔业产量将减少，大量本地居民被迫失去家园和土地，并改变生活方式，增加疾病发生的可能；而且可能会淹没具有重大文化遗产意义的区域，同时，水电站项目缺乏透明度与独立的监督、问责机制，还有一些水坝规划在克钦邦一个活跃的地震断层线附近，一旦因地震造成溃坝，洪水造成的损失不可预计。

非政府组织通常“扎根于”民间，接触社会大众，“善于”将民间的意见进行“归纳”、“升华”和“再利用”，其反坝态度和运动很能影响缅甸社会的民意，尤其是水坝所在社区群体的心理倾向，这给主导水电开发的缅甸政府造成了巨大的压力，其负面效应已经彰显并将因其获得能量的增强而持续发酵。[①] 在缅甸国内，非政府组织数量众多，仅国际性的就有53家之多，其中“缅甸河流网”对中国水电投资的反对声尤为响亮，它曾公开发布《健康的河流，幸福的邻居——对中国在缅甸开发水电的评论》，列举了中国对缅水电投资所造成的社会和环境消极性影响，呼吁中国政府寻找替代方案。该组织还在2013年伊始向中国驻缅甸大使递交公开信，要求中国停止重启密松水电站建设的努力。[②] 另一个著名的非政府组织“缅甸生物多样性与自然保护协会”则在密松水电站的停建上“功不可没”，其针对中国在伊洛瓦底江投资兴建一系列水电站而发布环境评估报

---

① 王冲：“缅甸非政府组织反坝运动刍议”，《东南亚研究》，2012年第4期，第76页。

② “China must stop pushing Irrawaddy-Myistone dam amidst Kachin conflict”，http：//www. burmariverswork. org.（上网时间：2014年5月26日）

告，认为这将导致伊洛瓦底江的“整体性分裂”，致使整个流域产生严重的社会与环境问题。报告因此建议取消密松水电站的建造计划，“反密松”情绪被推向新高潮。

缅甸非政府组织在列举大量的关于大坝会造成“严重”的社会和环境影响之时，通常掺杂着国家情感和少数民族意识因素，将更多的关注集中在水坝透明度和受益方以及军事化，反映出缅甸国内复杂难解的民族矛盾和武装冲突问题，也透露出其从根源上排斥国外深度参与水坝项目的思想。可以说，非政府组织倡行的不仅是单纯的环境运动，还带有很深的争取国内民族平等和政治民主权利的色彩。[①]

非政府组织在反坝运动中提出环境和社会影响等理由，也“深受”政治反对力量和地方武装势力的“认同”，并且也将其作为与中央政府展开博弈的“首要证据”。

缅甸正处于政治改革的变动时期，政治反对力量要求缅甸政府继续推行政治体制的深入改革，引进西方的政治体制，排除多年来军政府的统治。因此，利用缅甸民众对民主的诉求，积极创造各种“领导社会情绪”和“向政府施压”的机会，提升自己的话语权和号召力，就成为政治反对力量必然需求的一条道路，而缅甸国内的水坝建设也就成为了其与中央政府角力的一个舞台。

昂山素季领导的“缅甸全国民主联盟”和明哥奈、哥哥基等人领导的“88 世代学生组织”是缅甸国内著名的政治反对力量，他们在缅甸具有深厚的群众基础，在民众中的影响力巨大，其言行常常得到民众的支持。2011 年 8 月 11 日，昂山素季发表了一篇《关于拯救伊洛瓦底江的请愿书》，“请愿书”中强调了伊洛瓦底江对缅甸人民无可比拟的重要性，但表示其现在正面临“威胁”，中国在上游兴建的包括密松水电站在内的 7 座梯级水电站会产生负面作用，“临近水坝的断裂带和陡峭庞大的水库带来了灾难的隐患，一旦地震发生，

---

① 王冲：“缅甸非政府组织反坝运动刍议”，《东南亚研究》，2012 年第 4 期，第 78—79 页。

破坏程度将令人震惊”，“请愿书”在最后呼吁缅甸各界团结起来，“拯救”伊洛瓦底江。[①]

昂山素季“请愿书”中所列出的对伊洛瓦底江上游水电站的“质疑”和“讨伐”虽然从专业技术的角度看很多都有待商榷，但其涵盖“民生、环境、健康和安全”等事关当地居民切身利益的“种种担忧”，已经足以燃起民间社会的“反对火焰”。“请愿书”发出不久之后，缅甸全国各地就掀起了一股要求缅甸政府停止开发密松水坝的热潮。面对昂山素季的反对，中国公司曾邀请昂山素季赴密松水电站考察以解释项目带来的利益，希望通过让其明白该项目给百姓带来的恩惠，能够向缅甸人民讲解密松项目以及密松上游水电项目带来的利益。但昂山素季拒绝前往去了解真实情况。由此可以看出，昂山素季此时反对密松水电站的建设，在很大程度上是出于政治目的。

通过反坝运动，政治反对力量要达到增加在缅甸核心事务上的影响力的目的。在国内层面上，争取到更多地方和民意支持，形成向中央政府的巨大公共压力，并通过对现政府的行为进行监督和评论，来提升自身的话语权，拓展活动空间，为政治和解和改革意愿表达创造机会。在国际层面上，由于水电站投资涉及外国利益，政治反对派在敏感的争议问题上介入，可以在同国外官方接触中抬高对话筹码，增加对执政府的施压力度。

缅甸国内一直处于地方割据状态，民族矛盾突出。1988 年在缅甸执政 26 年的奈温政府下台，军队夺取政权成立了“国家和平与发展委员会”的军政府，此后陆续有 17 支武装与军政府签订了和平协议，其中 12 支武装的辖区被编为特区。由于缅甸军政府推行“大缅族主义”，各少数民族武装势力多“拥兵自重”。2008 年，缅甸举行公投通过了新宪法，确定了国内只保留六个民族地区享有自治。根

---

① Daw Aung San Suu Kyi，“Statement of DawAung San SuuKyi，Personal Appeal to Save the Irrawaddy River”，http：//www.burmapartnership.org/2011/08/daw-aung-san-suu-kyi-appeal-to-save-the-irrawaddy-river/.（上网时间：2014 年 5 月 31 日）

据宪法，从2009年开始，缅甸政府军开始对各少数民族地方武装势力施压，要求其加入缅甸边防警卫部队，接受整编和政府监管，但像“克钦独立军”、“佤邦联合军”、“缅甸民族民主同盟军”等一些独立的武装组织却拒绝接受。2010年后的民选政府也力争对地方武装势力进行改编，强化中央对地方的控制，但也遭到了抵制。

中国在缅甸投资建设的水坝多处于少数民族地方武装的势力范围内，例如在萨尔温江上建设的塔桑水坝、伟益水坝、达昆水坝、哈吉（哈希）水坝等就位于掸邦和克伦邦内，这些地区争战不断，局势动荡。伊洛瓦底江上游、恩梅开江、迈立开江建设的密松水坝、其培水坝、帕舍水坝、莱扎水坝等则位于克钦邦，而克钦邦约三分之二的面积属于“克钦独立军”管辖，按照其在1994年与军政府签署的停战协议，双方军队互不进入对方地盘。

在这种独立军和政府军犬牙交错的控制区域上，水利资源的开发尤为敏感。虽然中国与缅甸中央政府签订了相关的投资合同，但由于当地的社会治理和经济发展责任很多是由当地的武装势力实际承担的。他们认为，中方在缅甸的投资“没有很好地实行利益分配”，“没有惠及当地民众和包括地方实际管理者的内在利益”。所以，一旦与中央政府发生摩擦，这些中国投资的水坝就成为“出气筒”。2011年6月13日，缅甸政府军和克钦独立武装爆发军事冲突，中国公司投资的太平江水电站成为首先被波及的“受害者”，冲突发生之后就“停止发电”。另外，缅甸政府军还扣押了大约30名中国工程师和大坝工人，其后，中国政府和缅甸政府、克钦独立武装领导人进行了艰难的谈判，最后滞留在水电站的中国人才获准经过克钦独立武装控制的边境地区返回中国。在此次冲突前，太平江水电站停止发电，虽然与缅甸电力部门几经交涉，但迟迟没有明确结果。

“三维一体”的“水坝政治”暴露了处于政治变革进程中的缅甸国内正面临着复杂的民族矛盾和发生政治冲突的高风险。密松水电站突然被宣布停建，表明中国对缅的水电投资已经陷入了缅甸“水坝政治”的漩涡中。缅国内的各种政治势力为了影响中央政府的国内决策，施压中央政府做出有利于它们的政策，将中国投资的水坝作为制衡工具，而缅中央政府为了平息国内的政治压力和社会压力，便选择了通过牺牲中国企业的利益，将矛盾点转移到中国投资与民众利益冲突的问题上。非常明显的例证就是，吴登盛在宣布密松水电站停建时，理由是“须注意人民的意愿，有义务把重点放在解决人民的担忧和忧虑上”。[①] 所以，“水坝政治”真正的牺牲者是中国企业，中国海外投资权益和经济利益严重受损。

三、“水坝政治”的国际政治效应

缅甸自 1988 年 9 月军人政权上台之后，以美国为首的西方社会就对缅甸实施长期的经济、政治、外交、军事制裁，世界银行、国际货币基金组织、联合国开发计划署和世界粮农组织等国际组织向缅甸提供的贷款或援助也逐渐停止。西方社会希望通过制裁以及支持反对党来施压缅甸进行民主政治转型。长期遭遇制裁的缅甸，经济受到重创，民众生活贫困，社会矛盾不断增大，种族冲突加剧。2003 年 8 月 30 日，前缅甸总理钦纽提出“七步走民主路线图”，希望借此推动民族和解与推进民主进程。根据该计划，2004 年 5 月缅甸恢复举行国民大会，2008 年 5 月举行全民公决并通过了新宪法，2010 年 11 月根据新宪法举行多党制议会选举，军政府将国家权力移交给民选政府。缅甸“七步走民主路线图”第五步的实现以及随后对民盟领袖昂山素季的释放，让以美国为首的西方社会开始重新评估对缅甸的制裁，增多与缅甸的接触，力图进一步推动缅甸推进民主政治化进程。

缅甸“水坝政治”正是发生在其国内这样一个特殊的政治变革时期，不可避免地会受到以美国为首的西方国家的影响和干预，最明显的表现就是“水坝政治”国内参与体的利益诉求得到了西方国家的支持，而西方国家在缅甸国内努力谋求的政治利益则透过“水坝政治”来实现。

---

① “缅甸叫停中资水电工程　应重新衡量政治风险”，《第一财经日报》，2011 年 10 月 13 日。

以美国为代表的西方国家参与缅甸“水坝政治”的方式主要为：施压缅甸政府，声援政治反对力量，资助非政府组织。这三种方式并行不悖，互为支撑。西方国家首先积极肯定缅甸政府的民主改革，一方面不断向缅甸政府“施压”，将“解除经济制裁”和“推动民主化进程”结合起来，双管齐下推动缅甸政府主动推进国内政治经济改革；另一方面，积极打“昂山素季牌”，支持昂山素季代表和领导的政治力量，“鼓励”缅甸国内民主力量的发展，推动缅甸进行符合西方国家预期的政治变革。

对于正在争取与西方重建关系的缅甸政府来说，适度地给予政治反对力量一定的“活动空间”和话语权，以“实际行动”迎合西方要求政治变革的要求，不仅可以换来经济制裁的解除，改善国际形象，获得国际援助和发展支持，从而发展本国经济，改善民生，增强执政稳固性；还可以通过与西方大国的接触来减少对周边国家的依赖，抵消其日益增长的政治经济影响力。2011 年，缅甸总统吴登盛宣布停建密松水电站时，缅甸外长吴温纳貌伦正在率代表团拜访美国国会官员。美国国务院纽兰（Nuland）表示，“欢迎缅甸政府暂停密松水电站建设的决定”,[①] 而缅甸随即要求美国解除对缅的经济制裁。

西方国家还对缅甸国内非政府组织的反坝运动给予了或明或暗的支持。缅甸国内活跃的一些与水电开发相关的非政府组织，都或多或少地与西方国家存在联系，有些是某些国际性组织的合作方，例如“缅甸河流网”是国际上反坝运动最积极的“国际河流组织”的地区合作伙伴；有些是获得西方资金支持，例如最早公布密松水电站评估报告的“缅甸生物多样性与自然保护协会”，就接受了欧盟的资金支持。而根据维基解密网公布，美国驻缅甸大使馆曾资助了缅甸反对修建密松水电站的一些非政府组织。缅甸国内非政府组织的反坝运动和国际上对中国投资缅甸水电开发的“质疑”声音“默契”配合，既制造了国际影响和舆论压力，又加强了国内反坝运动

① “密松水电站缘何被叫停”,《中国能源报》, 2012 年 4 月 9 日。

的声势和力量。

以美国为首的西方国家之所以“不遗余力”地介入缅甸“水坝政治”的博弈之中，其根本原因是要遏制中国在缅甸的影响力扩展。数十年来，西方社会对缅甸实施制裁和孤立，而中国则对缅甸提供援助，两国经济往来频繁，双边贸易不断发展。近些年，中国大型企业大量进入缅甸进行投资开发。据缅甸投资与公司管理局透露，截至2011年7月底，共有31个国家在12个领域共投资逾360亿美元，其中中国投资就达160亿美元，占外国投资缅甸的44.11%。[①]中国在缅甸影响力的日益扩大令以美国为首的西方国家担忧不已，基于缅甸在中南半岛和印度洋之间极为重要的战略地理位置，西方的战略家们担心缅甸一旦完全“倒向”中国，那么将永久性的“失去”缅甸。

自奥巴马执政美国后，“重返亚太”就成为其重要的外交战略，其中确保在缅甸问题上的发言权是其“重返亚太”的重要突破点之一。2009年9月美国参议院外交事务委员会亚太小组主席韦布访问缅甸，“就如何在缅甸和东南亚地区更好地实现美国的利益进行调查研究”。[②] 2010年缅甸举行新大选并组建民选政府后，美缅关系开始加速“解冻”。美国鼓励缅甸继续推动实质性的政治改革，实行西方式的民主政治体制，努力减少中国在缅甸和中南半岛的影响力，提升美国对中南半岛的控制力。所以，美国对缅甸“水坝政治”的“推波助澜”从根本上说是其力图占领缅甸这块东南亚高地，“重塑”亚太地缘政治格局的举措之一。

此外，中国参与投资柬埔寨的“塞桑河下游2号”水电站项目也受到了柬国内环保组织和“国际河流”等国际组织的抨击和反对，声称“塞桑河下游2号”水电站将可能是湄公河网上“最具破坏性”的支流水电项目，将对下游渔业和河流生态系统造成严重破坏，

① “中国投资显著改善缅甸民生”，http://world.people.com.cn/GB/15815701.html。

② “解读奥巴马访问缅甸”，http://www.zaobao.com/forum/letter/us/story20121116-48492。（上网时间：2015年6月10日）

受大坝影响的居民的反坝立场则更是坚定。至今，该水电站涉及的土地所有权、移民搬迁和赔偿费用等问题仍悬而未决。

综上，中国未来如何应对来自周边地区，尤其是东南亚地区的“水坝政治”，不仅事关中国投资企业的切身经济利益，还关系到中国与投资目标国之间的睦邻关系发展，中国周边地区的负责任大国形象建设，以及中国的地区影响力构筑。了解“水坝政治”，洞察其内部的运作逻辑，并根据此提出相应的应对措施已经成为中国构筑良性发展的周边关系与稳定的周边安全环境的必要一环。

结语

因稀缺性引发的水资源危机已经使越来越多的国家开始产生“水战争”或“水冲突”的担忧和恐惧，如何避免或者至少控制有关水资源获取的日益凸显的紧张局势是摆在国际社会面前的一道难题。现在美国正在把水问题纳入其外交政策的重要议程，要把它提升为“一项独立的优先事务”。美国国防部早在2003年就在其发布的《气候突变的情景对美国国家安全的意义》报告中预测，淡水短缺势必会在未来数年内造成持续的冲突和不稳定。[①] 2005年，美国战略与国家战略研究中心和桑迪亚国家实验室发布白皮书强调，水资源问题应该成为美国外交政策中不可分割的要素之一，美国政府需要制定一个明确包括水资源问题的新型国家战略，未来应投入足够的资金，从而有效应对水资源问题，并确保各国政府在水资源问题上加强国际协调与合作。[②] 2012年美国国务卿希拉里公开表示，“不能孤立地看待世界所面临的缺水问题，而应利用每个区域性分水线或地下蓄水层作为加强国际间合作的机会。全世界有260条河流

---

① Peter Schwartz and Doug Randall，Anabrupt climate Change Scenario and Its Implications for United States National Security，October 2003. http：//www. s – e – i. org/pentagon_ Climate_ change. pdf.（上网时间：2015年4月21日）

② “Global Water Futures：Addressing Our Global Water Future”，Center for Strategic and International Corporation，December 2003.

流经两个或更多国家，如果处理的好，区域性水外交就有可能产生巨大的政治和经济利益。”[1]

近些年，水问题在中国周边地区密集爆发，“中国水威胁论”的盛行与周边国家对中国的指责，充分暴露出水问题已经成为中国周边外交的软肋，表明随着非传统性安全议题的增多，中国周边外交呈现出日渐复杂化的趋势。

水资源安全问题已经成为影响中国和平稳定的周边安全环境构建的重要因素，随着亚洲水资源危机的逐渐显现和中国实力的提升，中国有必要，也有能力在地区层面提供更多的区域性公共产品。随着美国将水资源问题列入外交政策，未来可以预测，亚洲的水问题领域将会成为美国介入亚洲事务的又一“重要借口”，尤其是近些年来中国与周边国家在跨国界河流水资源开发利用方面已经出现了一些争议，如果这些问题得不到及时的解决，将更会为美国提供利用水资源这种“软”问题来拉拢中国周边国家的借口和机会。因此，思考如何有效处理中国与周边国家之间的水资源安全问题，已经具有重要的现实性与急迫性。

---

① “美欲把解决缺水问题视为其外交重点”，《光明日报》，2010 年 4 月 6 日。

第五章　中国与周边国家之间的水合作

在中国国内，水问题是政府关注的重点问题，自1988年颁布第一部《水法》以来，中国逐渐加强了对水资源的战略管理，2010年中国国务院批准了第一个国家水资源战略规划，提出到2020年万元国内生产总值（GDP）用水量较2008年降低50%左右，然后在此基础上到2030年再降40%的中长期目标。中国在努力减少未来水资源短缺对国家的社会稳定、经济发展和环境可持续发展产生的消极影响。现在，对中国来说，水作为一种战略性的稀缺资源，水问题的解决不仅是国内亟需解决的重要问题，更已经成为了一个不断升温、对中国和平发展产生影响的地区和国际热点议题。因此，中国逐步开展了带有战略伙伴建设和公共外交性质的“水合作”。

第一节　水合作的职能定位与指导思想

从地理科学的角度讲，水合作的自然属性就是要更好地利用和保护水资源。水资源利用是指人类通过抽取、灌溉、航运、发电、养殖等途径，将特定质量和数量的水资源用作不同的用途，以满足人类饮用、工农业生产、生产系统的维护等不同的需求，实现水资源的经济、社会和生态价值。水资源保护是指人类活动应避免对水资源造成损害，防治水体水质污染和水量枯竭。水资源利用是致力于对水资源在不同地区、部门和用途之间的分配和使用，保护则是致力于维持和改善水质，努力增加可利用的水量。[1]

一、水合作的职能定位

从中国周边安全的角度讲，中国的水合作除了能够最大化地推动与周边国家之间的水资源利用和保护外，还发挥着冲突预防、危机管理与促进区域合作的职能，这些职能凸显了中国在和平与稳定的周边安全环境构建中对非传统安全角色的定位。

第一种职能：冲突预防。

水资源冲突根据激烈程度可以划分为语言象征性冲突、一般性（准对抗性）冲突、对抗性冲突、国际危机和国际战争等五种层次。[2] 亚洲各国现在对水资源的需求量与日俱增，对如何解决未来的水资源问题的重视程度不断加深。

中国一直专注于建立稳定、友好的周边关系，预防暴力冲突对于维护周边地区稳定与和平具有极为重要的价值，中国的水合作注重从消除冲突产生的根源着手。中国与周边国家发生水冲突的根本原因是国家区域经济发展需求与水资源利用方式的差异。因此，中国将冲突预防与对外发展和合作政策、周边政策以及对外援助政策紧密联系起来，将这些政策的实践作为预防冲突的手段。

第二种职能：危机管理。

危机管理是中国水资源安全合作的核心内容，主要是针对中国与周边国家因水资源安全问题引起的各种危机进行及时反映，快速介入与有效遏制，包括平息争端、开展协商与和平对话，重建友好关系等，这样不仅能维护中国的安全利益，而且能彰显作为国际负责任大国的治理能力。

比较典型的例子是2005年的中国吉化集团双苯厂发生爆炸导致

---

① 何艳梅：《国际水资源利用和保护领域的法律理论与实践》，法律出版社2007年版，第7—8页。

② 杨曼苏：《国际关系基本理论》，中国社会科学出版社2001年版，第137页。

松花江污染，使俄罗斯哈巴罗夫斯克（中国名为伯力）的应用水源受到污染，居民生活用水被迫切断。此次水污染事件之后，中国政府及时向俄罗斯政府知会，一方面与俄罗斯组成应急小组，及时通报污染状况，协商治理办法；另一方面，援助俄罗斯液体色谱仪和150 吨活性炭，帮助当地在短时间内迅速获得水样检测结果，并及时用物理办法来尽可能地清洁水源。此次水资源外交中中国负责任的态度与做法，不仅及时化解了威胁两国人民健康与安全的污染问题，消除了灾难性后果，还推动了两国的睦邻友好关系的发展，赢得了俄罗斯远东百姓对中国的认同。

第三种职能：推动区域合作。

自 2007 年胡锦涛总书记在党的十七大提出“继续贯彻与邻为善，与邻为伴的周边外交方针，加强同周边国家的睦邻友好和务实合作，积极开展区域合作，共同营造和平稳定，平等互信，合作共赢的地区环境”的周边战略之后，中国政府就日益注重通过区域合作来密切与周边国家关系，改善周边地区安全环境。中国与周边国家在发展程度、利益需求等方面都存在巨大差异，加上历史认知，领土纠纷、美日等域外国家介入等因素，建立一揽子区域合作机制的难度较大。但是水资源问题作为中国周边不断涌现的非传统安全问题，仅凭一国之力是很难解决的，需要涉及国之间的沟通与合作，因此，合作潜力巨大，达成合作协定的难度较小，中国可以将水合作作为突破口或合作起点，大力拓展双边或多边合作，推动中国与周边国家之间的区域合作水平。

二、水合作的指导思想

在 1996 年 7 月的东盟地区论坛上，中国政府提出了共同培育一种重在通过对话和协商增进信任、通过扩大交流与合作促进安全的新型安全观念。1997 年 3 月，中国政府在与菲律宾共同举办的东盟地区论坛信任措施会议上，首次正式地提出了“新安全观”的理念。在 1997 年 7 月的东盟外长后续会议上和同年庆祝东盟成立 30 周年的会议上，中国副总理和外长钱其琛对“新安全观”做了较为全面的阐述。在2002年7月31日的东盟地区论坛上，中国代表团向大会提交了《中国关于新安全观的立场文件》，全面系统地阐释了中国的“新安全观”的政策主张和理念，至此，中国在安全合作中的指导性理念正式定型。

“新安全观”的核心内涵主要包括四个方面，即“互信、互利、平等、协作”。互信，是指“超越意识形态和社会制度的不同，摒弃冷战思维和强权政治心态，互不猜忌，互不敌视。国家之间经常性的就各自的安全防务政策和重大的行动展开对话和交流”。互利，是指“顺应全球化时代社会发展的客观要求，互相尊重对方的安全利益，在实现自身安全利益的同时，为对方安全创造条件，实现共同安全”。[①] 平等，是指“国家之间无论大小强弱，都是国际社会的一员，应该相互尊重，平等相待，不干涉别国内政，推动国际关系的民主化”。[②] 协作，是指“以和平谈判的方式解决争端，并就共同关心的安全问题进行广泛深入的合作，消除隐患，防止战争和冲突的发生”。[③] 面对安全问题，“各国应该谋求以和平方式解决国家间的分歧和争端，这是确保和平与安全的现实途径。安全是相互的，安全对话和合作旨在促进信任，而非制造对抗，更不应该针对第三国，不能损害别国的安全利益”。[④]

中国提出的“互信、互利、平等、协作”的“新安全观”的四个方面是相互联系，互为一体的。互信是实现东亚安全合作的思想基础，互利是实现安全合作的利益基础，平等是开展安全合作的前提性条件，而协作则是在互利、互信、平等的基础上开展的安全合

---

① “中国向东盟地区论坛提交新安全观立场文件”，《人民日报》，2002年8月2日，第3版。

② “中国向东盟地区论坛提交新安全观立场文件”，《人民日报》，2002年8月2日，第3版。

③ “中国向东盟地区论坛提交新安全观立场文件”，《人民日报》，2002年8月2日，第3版。

④ “中国的国防”，《人民日报》，1998年7月28日。

作，有效地维持和平与安全。这四者相互作用，相互配合，构成了中国开展安全合作的指导思想。

在“新安全观”的指导下，中国在与周边国家的安全合作中，体现出综合安全、共同安全、协治安全的追求，合作的内容除了政治、军事等传统安全合作外，非传统安全合作的深度和广度在强化，合作的目的更多地强调与周边国家的互利共赢，同时强调各国家的安全是和地区共同安全乃至全球共同安全紧密联系在一起的，只有通过集体性、国际性的协作才能解决所面临的共同性的安全问题，才能实现地区和全球的和平稳定。作为一个负责任的大国，中国承诺不仅保证本国和平发展，还要有效地承担管理和解决地区冲突和危机的责任，携手周边国家将地区内冲突和危机降至最低程度，最大程度地保证推动地区和平。

中国与周边国家之间的水资源问题，已经成为影响彼此之间关系的重要安全性问题，而化解和避免水资源安全问题产生的必要条件就是中国与周边国家携手解决。中国在“新安全观”指导下，已经展开多层面的水合作。

第二节　水合作的整体格局

在“新安全观”的指导下，为了真正实现“水善利万物”的现实目标，在周边地区，中国政府已经搭建起了多层次的水合作格局。

一、双边性水合作

在中国与周边国家的双边水合作中，合作主要涉及监测防护、开发利用、信息共享等方面。在2005年的松花江污染事件后，中国和俄罗斯之间的环保合作进入实质性阶段。[①] 双方在2006年2月签

① “积极行动中的中俄环保合作　专访环保部官员刘宁”，中国网，http：//www.china.com.cn/news/env/2009－11/19/content_18919535.htm。（上网时间：2014年5月13日）

署了关于成立中俄总理定期会晤委员会环保分委会的议定书。2010年10月中俄发布的联合公报中，认为“环保合作已经成为中俄战略协作伙伴关系的重要组成部分”。在中国与哈萨克斯坦之间，中国在额尔齐斯河等跨界河流的问题上一直与对方进行有效沟通，双方在2001年签署了《关于利用和保护跨界河流的合作协定》，建立了利用和保护跨界河流联合委员会的合作机制，并于2008年纳入副总理级的中哈合作委员会。中国和印度、孟加拉国之间在水文信息方面展开了初步性的合作，在2008年分布与两国签署了《中方向印方提供雅鲁藏布江—布拉马普特拉河汛期水文资料的谅解备忘录》和《中方向孟加拉人民共和国提供雅鲁藏布江—布拉马普特拉河汛期水文资料的谅解备忘录》，根据备忘录中的约定，中国在汛期将向印度和孟加拉提供雅鲁藏布江上三个水文站的雨量、水位和流量等信息。

二、区域合作框架内的水外交

自进入21世纪之后，中国日益注重参与地区性组织的活动，合作内容不断丰富，许多非传统安全议题逐渐被纳入到讨论和合作日程上去。在中国周边地区，东盟和上海合作组织是中国主要的区域性合作组织。2001年11月，中国和东盟在“10+3”领导人会议上，正式把地区水合作纳入议事日程，提出推动澜沧江—湄公河流域水资源开发合作的建议和措施。2002年，中国和东盟签署《中国—东盟全面经济合作框架协议》，明确表示应将水环境合作列入双方未来合作的重要领域。在2003年的《中国—东盟面向和平与繁荣的战略伙伴关系的联合宣言》中，中国和东盟联合提出了水合作的基本原则、组织程序和运作方式，并明确强调要合作开发大湄公河流域。2004年，第三届东盟“10+3”环境部长会议召开，提议启动“10+1”机制框架内的环境信息交流网络，加强水资源开发和环境管理机构的能力建设。2005年，东盟“10+3”环境部长会议开始在水合作等十个优先领域开展对话，达成多项水合作意向。2007

年东亚峰会发表的《宿务宣言》中，中国和东盟国家再次强调要通过国家间联合来充分利用本地区的水力资源，推动可持续发展。[①] 在中国政府的推动下，中国与东盟国家之间的水合作愿望非常强烈，合作目标清晰，合作正日趋向制度化和规范化发展。

2001 年成立的上海合作组织（SCO）的基本宗旨之一就是鼓励各成员国在政治、经贸、科技、文化、教育、能源、交通、环保和其他领域的有效合作。近些年，上海合作组织的成员国之间在水资源利用上的问题已经日益凸显，尤其是在 2008 年的上海合作组织峰会上，哈萨克斯坦总统纳扎尔巴耶夫公开表示了对中国加大在额尔齐斯河与伊犁河取水量的不满。在上海合作组织框架内，中国积极开展与哈萨克斯坦的协商，寻求解决彼此之间的水资源利用问题。另外，在 2004 年，上海合作组织成员国共同发布的《塔什干峰会元首宣言》中强调，有效利用水资源问题要提到上海合作组织框架内的合作议程中，这客观上将推动上海合作组织成为中国和其他成员国协商解决国际水资源利用问题的重要平台。

三、国际多边框架下的水合作

中国的水合作最初是在联合国框架下进行的。2000 年 9 月的联合国首脑会议上，中国与其他 188 个国家共同签署《联合国千年宣言》，正式做出承诺：到 2015 年，将无法持续获得安全饮用水的人口比例减半。从水资源外交最初开展开始，中国就以勇于担当责任的身份和角色与其他国际社会行为体一起致力于水资源安全的建设。此后，在联合国的框架内，中国与联合国秘书长水与卫生顾问委员会、联合国儿童基金会、联合国开发计划署等机构在卫生与污水处理、水灾害、水管理、气候变化等议题领域开展了一系列的交流与合作。

世界水理事会（World Water Council）是中国与周边国家开展水

---

① 《东亚能源安全宿务宣言》，中国外交部网，http：//wcm. fmprc. gov. cn/pub/chn/pds/gjhdq/gjhdq22/dyfheas/zywj/t575770，htm。（上网时间：2015 年 6 月 16 日）

资源类战略性对话的又一多边框架组织。世界水理事会成立于1996年6月14日，是一个专门讨论全球水问题、协调全球水行动的非政府组织，在全球水资源领域影响力巨大。由世界水理事会发起的“世界水论坛”每三年举办一届，是目前规模最大、层次最高、影响最广的国际水事活动，2009年7月22日，中国和世界水理事会签署了《中华人民共和国水利部与世界水理事会合作谅解备忘录》，标志着中国将全面推动和深化与世界水理事会在重大国际会议和水事活动、政策研究和能力建设等方面的合作。

在2003年的京都第三届、2006年的墨西哥城第四届、2009年的伊斯坦布尔第五届、2012年的马赛第六届的世界水论坛上，中国积极参加部长级会议、区域日、议题分会、水展和水博览会等多种形式的活动，阐述中国在防范重大自然灾害、强化水资源管理、保障饮水安全和粮食安全、应对全球气候变化等方面的主张，介绍中国的治水思路和水利建设成就，与各国就水资源领域的热点问题进行广泛深入的交流探讨，表现出加强水资源领域国际合作以及共同为世界水问题的解决做出努力的诚意。中国在利用水资源论坛的“大多边”的同时，还积极在此框架内与周边国家开展“小多边”合作。在2009年的世界水论坛上，中日韩三国签署《中日韩可持续发展联合声明》，提出了“全面提高三国合作水平，在水资源领域建立合作机制”的要求，联合声明着手建立一年一次的中日韩三国水利部长定期会晤机制。在2012年的世界水论坛上，中日韩三国签署合作备忘录，将三国在水资源领域的合作推入一个新的阶段。此备忘录就建立中日韩三国水资源部长定期会晤机制达成了共识。通过该机制，选取重点领域开展联合研究，加强水利领域的交流协作，协力解决共同面临的水问题，促进共同发展。[①]

---

① “中日韩签署水合作备忘录”，新华网，http：//news. xinhuanet. com/2012－03/13/c_ 122830691. htm。（上网时间：2014年5月13日）

第三节 水合作的区域布局

水合作中的保护性合作主要包括污染治理、水环境保护；利用性合作主要包括水资源分配、水质和水量监测、水资源立法、水资源管理、水利技术应用等。下文在介绍中国与中亚、南亚、东南亚、东北亚等次区域层面的水合作现状与发展时，主要是按照这两大分类进行。

一、中国与中亚国家的水合作发展与现状

中亚地区主要包括五国，即乌兹别克斯坦共和国（以下简“乌国”）、吉尔吉斯斯坦共和国（以下简称“吉国”）、土库曼斯坦共和国（以下简称“土国”）、塔吉克斯坦共和国（以下简称“塔国”）及哈萨克斯坦共和国（以下简称“哈国”）。由于地处欧亚大陆腹地，远离海岸线，地理条件封闭，中亚大部分地区的气候干旱，一般年降水量在300毫米以下，而且蒸发强烈，水资源在这一地区显得弥足珍贵。

表5—1 中亚五国水资源

国家	平均降水量/毫米	地表水资源/亿立方米	地下水资源量/亿立方米	重复计算量/亿立方米	水资源量/亿立方米	出入境水量/亿立方米	可利用水量/亿立方米	人均水资源量/立方米
哈萨克斯坦	804	693	161	100	754	342	1096	7307
吉尔吉斯斯坦	1065	441	136	112	465	-259	206	4039
塔吉克斯坦	989	638	60	30	668	-508	160	2424

续表

国家	平均降水量/毫米	地表水资源/亿立方米	地下水资源量/亿立方米	重复计算量/亿立方米	水资源量/亿立方米	出入境水量/亿立方米	可利用水量/亿立方米	人均水资源量/立方米
土库曼斯坦	787	10	4	0	14	233	247	4333
乌兹别克斯坦	923	95	88	20	163	341	504	1937
总计	—	1877	449	262	2064	149	2213	3788

来源：邓铭江、龙爱华、章毅、李湘权、雷雨："中亚五国水资源及其开发利用评价"，《地球科学进展》，2010 年第 12 期，第 1350 页。

从表 5—1 中可以看出，中亚地区的水资源分布极不均衡，地处中亚东部的吉国和塔国，因冰川资源极为丰富，是中亚地区主要水源区，其中，哈国的水资源总量最多达 754 亿立方米，占中亚水资源总量的 36.5%，土国的水资源总量最少，水资源总量仅为 14 亿立方米，占中亚水资源总量的 0.7%。

中亚五国境内的主要河流多为国际河流，出入境水流量不平衡。哈国、土国和乌国的出入境水量合计以入境水量为主，哈国的净入境水量多达 342 亿立方米，其次是乌国，净入境水量达 341 亿立方米。吉国和塔国属于河流上游，出境水量总量大于入境水量，塔国的出境水量为 508 亿立方米，占到本国地表径流量的 76%；吉国的出境水量约达 259 亿立方米，占本国地表径流量的 56%。[1]

另外，从水资源的空间分布来说，中亚地区近 60% 的地表水资源位于塔国和吉国两国境内，而下游的乌国、哈国和土国的地表水资源的总和仅占中亚地区地表水资总和的 42.5%，属于相对缺水国家行列，尤

① 邓铭江、龙爱华、章毅、李湘权、雷雨："中亚五国水资源及其开发利用评价"，《地球科学进展》，2010 年第 12 期，第 1350 页。

其是乌国，人均水资源量仅为702立方米，属于严重缺水国家。[①]

下游的哈国、土国和乌国三国对入境水量的依赖程度较高，尤其是哈国，其境内的巴尔喀什湖自1970年以来，由于伊犁河流入湖中的水流量不断减少，加上蒸发量大，湖泊出现了严重的退化，对河口三角洲的自然生态造成了严重影响。哈国极为重视自身水资源利益的维护。对于伊犁河与额尔齐斯河的上游国家——中国，哈国给予了非常多的关注，不仅极度重视中国在上游的开发利用行动，还主动要求与中国开展水资源方面的合作。

中哈两国的国界线长达1783公里，其中水界长为567公里。自20世纪90年代，两国就开始了关于水合作方面的磋商。中哈两国于1992年1月正式建交。建交伊始，哈国就向中国提出了联合、合理使用界河水资源法律原则的建议，1994年再次向中国提交了一份关于政府间开展水合作的协议草案。在草案中，哈方提出，由于中国计划建设运河，将额尔齐斯河的河水引向新疆石油天然气中心克拉玛依油田，这会改变现有的河流水量分配，对哈方的用水权益造成影响。1999年，哈总统纳扎尔巴耶夫向中国国家主席江泽民提出，包括伊犁河与额尔齐斯河水资源保护与合理使用的问题在两国的合作框架中具有特殊性，呼吁中国与哈国谈判解决两国间的河流问题。对此，中方给予了积极回应，并开启了两国协商合作解决水问题的道路。

（一）合作框架的确定

2001年，中哈两国签署了《中华人民共和国政府和哈萨克斯坦共和国政府关于利用和保护跨界河流的合作协定》，同年9月发布《中华人民共和国政府和哈萨克斯坦共和国政府联合公报》，公报中声明“双方同意成立利用和保护跨界河流联合委员会，继续就两国跨界河流水资源利用问题开展建设性对话与卓有成效的合作”。[②] 此

---

① 邓铭江、龙爱华、章毅、李湘权、雷雨：“中亚五国水资源及其开发利用评价”，《地球科学进展》，2010年第12期，第1350页。

② 《中华人民共和国政府和哈萨克斯坦共和国联合公报》，人民网，http://www.people.com.co/GB/shizheng/16/20010915/561132.html。（上网时间：2015年6月19日）

后，每次中哈之间的联合公报中，关于跨国界河流的水资源问题都是两国必涉及的内容之一，其极为精练的外交词汇，表达了两国推动国际水资源不断深入合作的决心和规划。2006 年，中哈两国元首签署了《中华人民共和国和哈萨克斯坦共和国 21 世纪合作战略》，其中将共同合理利用跨界河流水资源作为 21 世纪重点加强的合作领域。

表 5—2　中哈两国联合公报中涉及水合作的表述（2001—2014）

年份	《中华人民共和国政府和哈萨克斯坦共和国政府联合公报》中关于水合作内容
2001	双方高度评价在中哈跨界河流领域合作中所取得的成果，根据《中华人民共和国政府和哈萨克斯坦共和国政府关于利用和保护跨界河流的合作协定》的规定，双方同意成立利用和保护跨界河流联合委员会，继续就两国跨界河流水资源利用问题开展建设性对话与卓有成效的合作
2006	双方高度评价中哈利用和保护跨界河流联合委员会的工作，并愿在联委会决定的基础上进一步加强合作
2007	双方将在中哈利用和保护跨界河流联合委员会机制下，进一步加强两国在跨界河流领域的交流与合作，本着公正、合理原则开发和利用跨界河流水资源；双方将采取有关措施，以实现上述原则，保障双方利益；双方将继续就建设霍尔果斯河友谊联合引水枢纽工程保持密切合作
2008	双方积极评价中哈利用和保护跨界河流联合委员会的工作；双方将加强在该领域合作，本着公平、合理利用和保护跨界河流水资源的原则解决存在的问题
2010	双方将在利用和保护跨界河流联合委员会机制下继续就合理利用和保护跨界河流问题，包括霍尔果斯河“友谊”联合水利枢纽工程建设及分水基础性技术工作积极开展协作 双方高度评价两国环境保护部门商定《中华人民共和国政府和哈萨克斯坦共和国政府跨界河流水质保护协定》文本，积极支持两国环保部门于 2010 年年内努力完成《中华人民共和国政府和哈萨克斯坦共和国政府环境保护合作协定》文本磋商

续表

年份	《中华人民共和国政府和哈萨克斯坦共和国政府联合公报》中关于水合作内容
2011	双方高度评价中哈利用和保护跨界河流联合委员会的工作成效，表示将积极推进《中华人民共和国和哈萨克斯坦共和国跨界河流水量分配技术工作重点实施计划》，决定在2011年4月正式开工建设中哈霍尔果斯河友谊联合引水枢纽工程；双方将采取切实有效措施，妥善解决乌勒昆乌拉斯图河水资源利用问题 双方高度评价《中华人民共和国政府和哈萨克斯坦共和国政府跨界河流水质保护协定》的签署，将积极促成《中华人民共和国政府和哈萨克斯坦共和国政府环境保护合作协定》早日签署
2014	中国和哈萨克斯坦共同发表中哈总理第二次定期会晤联合公报，双方高度评价中哈利用和保护跨界河流联合委员会的工作。双方将根据两国领导人在跨界河流领域达成的共识，在2015年联委会工作计划框架内，尽全力落实各项工作安排

来源：http：//www. fmprc. gov. cn/mfa_ chn/。

中哈利用和保护跨界河流联合委员会是两国解决双方水资源问题，推动水合作深入发展的机制性框架。2008年，该合作机制被纳入副总理级的中哈联合委员会。从2003年到现在，该联合委员会每年召开一次。

表5—3　中哈利用和保护跨界河流联合委员会历年会议（2003—2013）

时间	次数	地点	内容及成果
2003	第一次	北京	双方就跨界河流有关事宜进行了友好磋商，并签署了联委会工作条例及会议纪要
2005	第三次	上海	双方本着睦邻友好的精神达成了一系列重要共识，签署了《关于中哈双方紧急通报主要跨界河流洪水与冰凌灾害信息的实施方案》，加强了两国在跨界河流领域的合作，进一步促进和深化了中哈两国友好关系

续表

时间	次数	地点	内容及成果
2006	第四次	阿拉木图	双方就相互交换边境水文站水文水质资料和开展跨界河流科研合作等方面达成共识，制定了2007年工作计划，并签署了会议纪要
2007	第五次	北京	双方就中哈跨界河流利用和保护问题交换了意见，对2008年的工作做出了安排，并签署了会议纪要
2008	第六次	阿拉木图	双方就中哈跨界河流利用和保护问题交换了意见，对2009年的工作做出了安排，并签署了会议纪要
2010	第八次	卡拉干达	签署了《中华人民共和国政府和哈萨克斯坦共和国政府关于共同建设霍尔果斯河友谊联合引水枢纽工程的合作协定》。双方认为，跨界河流合作是中哈两国战略伙伴关系的重要组成部分，要在联委会机制下，继续发扬良好的合作传统，尊重彼此的合理关切，进一步增进互信，共同推动双方在跨界河流领域的合作不断取得新的进展，进一步提升中哈跨界河流合作的水平
2012	第九次	乌鲁木齐	双方认为，两国在跨界河流领域的合作已成为国与国之间开展跨界河流合作的成功范例，丰富了中哈全面战略伙伴关系的内涵。双方在跨界河流领域的合作不断取得新的进展，进一步提升中哈跨界河流合作的水平
2013	第十次	阿斯塔纳	双方在跨界河流领域的合作取得了积极进展，在跨界河流水质保护、水量分配基础性技术工作、边境水文站水文水质资料交换、自然灾害信息紧急通报等方面开展了富有成效的合作，丰富了中哈全面战略伙伴关系的内涵；迄今为止，中哈跨界河流伊犁河和额尔齐斯河生态环境良好，已成为中亚地区跨界河流利用和保护的典范

续表

时间	次数	地点	内容及成果
2013	第十一次	伊宁	双方认为，中哈建交21年来，两国睦邻友好与互利合作关系发展迅速，双方在跨界河流领域的合作取得了积极进展，在跨界河流水质保护、水量分配基础性技术工作、边境水文站水文水质资料交换、自然灾害信息紧急通报等方面开展了富有成效的合作，丰富了中哈全面战略伙伴关系的内涵；迄今为止，中哈跨界河流伊犁河和额尔齐斯河生态环境良好，已成为中亚地区跨界河流利用和保护的典范
2014	第十二次	阿拉木图	双方在跨界河流水质保护、水量分配基础性技术工作、边境水文站水文水质资料交换、自然灾害信息紧急通报等方面开展了富有成效的合作。中哈两国在跨界河流领域的合作，互信强，水平高，成果丰硕，丰富了中哈全面战略伙伴关系的内涵。迄今为止，中哈跨界河流伊犁河和额尔齐斯河生态环境良好，已成为中亚地区跨界河流利用和保护的典范；希望双方在联委会机制下，继续发扬良好的合作传统，尊重彼此的合理关切，进一步增进互信，让跨界河流成为联系中哈两国人民的友谊之河，为深化两国全面战略伙伴关系不断做出新的贡献

资料来源：中国水利部，http：//www. mwr. gov. cn/。

从中哈利用和保护跨界河流联合委员会的历年会议中可以看出，从2001年双方共同协商建立，将其定位为协商利用和保护跨国界河流的常设性机制框架以来，在高层首脑和政府间的强调与重视下，其内在的协商机制不断完善发展。中哈之间的水合作条约和协定在此机制框架下得以较好的落实。

（二）利用性合作机制

中哈两国在利用和保护跨界河流联合委员会的框架下，逐渐建立起了一系列的双边利用性合作机制。

在自然灾害预防方面。中哈两国在 2005 年签订了《关于中哈双方紧急通报主要跨界河流洪水与冰凌灾害信息的实施方案》。

在信息共享方面。中哈两国在 2006 年签订了《中华人民共和国水利部和哈萨克斯坦环境保护部关于相互交换主要跨界河流边境水文站水文水质资料的协议》。

在跨界河流水质保护、水量分配基础性技术工作方面。中哈 2006 年签署的《中华人民共和国水利部和哈萨克斯坦农业部关于开展跨界河流科研合作的协议》和《关于中哈国界管理制度的协定》中，都对中哈两国在跨界河流域共同开展科学研究和技术交流做了机制上的安排。

在分配利用方面。早在 1965 年，中哈两国就签署了《霍尔果斯河水资源分配和利用协议》，后于 1975 年和 1983 年分别对该协议进行了适度的修改和补充。1989 年，两国签署了《关于跨界河流苏木拜河水资源分配和使用临时协议》，并于 2007 年 5 月为了更好地使用界河苏木拜河的水资源，中哈两国签订建造联合分水闸的施工协议书，协定各投资 35 万元人民币在苏木拜河建造双方同用的联合分水闸。①

（三）联合开发

中哈两国在利用和保护跨界河流联合委员会的框架下，本着互利共赢的原则，开始联合开发利用跨国界河流的水资源，最典型的案例就是 2011 年开始修建的霍尔果斯河友谊联合水利枢纽工程。

霍尔果斯河本是中国的内河，但在 1881 年的中俄《伊犁条约》及五个勘界子约的签订中，被俄国割去了该河西岸地区，此后成为中俄界河，苏联在 1922 年成立时，该河又成为中苏界河。1991 年苏联解体后，霍尔果斯河西岸地区划归哈萨克，成为中哈界河。

---

① “中哈签订苏木拜河建联合分水闸合作协议”，中华人民共和国商务部网，http：//www. mofcom. gov. cn/aarticle/difang/bingtuan/200705/20070504727386. htm。（上网时间：2015 年 6 月 19 日）

霍尔果斯河发源于天山支脉阿克塔什山，位于中国新疆与哈萨克斯坦之间，自北向南流入伊犁河，全长 148 公里，流域面积 1605.6 平方公里，多年平均河川径流量 5.4 亿立方米，水能理论蕴藏量 22.65 万千瓦。[①]

中哈两国政治关系的不断提升为联合开发霍尔果斯河奠定了坚实的政治基础，两国在 2002 年签订《睦邻友好合作条约》、《中哈 2003 年至 2008 年合作纲要》和《中哈经济合作发展构想》，其中规定在《中哈关于利用和保护跨界河流的合作协定》基础上，加强两国在合理利用跨界河流方面的合作。

为灌溉和水能开发之利，中哈双方在霍尔果斯河两侧均建有多个无坝引水渠首，并各按 50% 的比例引用霍尔果斯河水。由于无坝引水，渠首经常被洪水冲溃，造成引水困难，无法保证农业用水需求。为增加界河分配使用水量的透明度和两国互信，提高科学调度水平和现代化管理水平，变无序引水为有序引水，避免因界河水资源利用造成的涉外纠纷，[②] 中哈两国决定联合建立霍尔果斯河友谊联合引水枢纽工程。2010 年，两国签署了《中华人民共和国政府和哈萨克斯坦共和国政府关于共同建设霍尔果斯河友谊联合引水枢纽工程协定》。2011 年 4 月，双方各出资 478 万美元，共计 956 万美元开建霍尔果斯河友谊联合引水枢纽工程，中哈在各自国家境内依据工程施工进度分阶段完成工程验收。[③]

中哈霍尔果斯河友谊联合引水枢纽工程位于霍尔果斯河的出山口，左岸是中国新疆维吾尔自治区，右岸属哈萨克斯坦共和国潘菲

---

① “新华社：中哈两国共同投资的联合引水枢纽工程投入使用”，中华人民共和国水利部网，http：//www. mwr. gov. cn/slzx/mtzs/xhsxhw/201307/t20130708 _ 475469. html。（上网时间：2015 年 6 月 19 日）

② “新华社：中哈两国共同投资的联合引水枢纽工程投入使用”，中华人民共和国水利部网，http：//www. mwr. gov. cn/slzx/mtzs/xhsxhw/201307/t20130708 _ 475469. html。（上网时间：2015 年 6 月 19 日）

③ “新华社：中哈两国共同投资的联合引水枢纽工程投入使用”，中华人民共和国水利部网，http：//www. mwr. gov. cn/slzx/mtzs/xhsxhw/201307/t20130708 _ 475469. html。（上网时间：2015 年 6 月 19 日）

洛夫县。联合引水枢纽设计引水流量为50立方米／秒，其中，中哈双方各25立方米／秒，加大引水流量各为30立方米／秒。此项水利工程建成后，既可有效地提高农业灌溉、生态用水的保证率，同时还能减轻下游地区，特别是霍尔果斯口岸及正在建设的中哈贸易合作区的防洪压力，促进霍尔果斯河两岸经济发展。[1]

霍尔果斯河友谊联合引水枢纽工程是中哈两国在跨界河流合作的首个国际工程。2013年7月5日，霍尔果斯河友谊联合引水枢纽工程宣布投入使用，意味着中哈两国在跨界水资源利用和保护领域的合作进入新的阶段。

总体说来，中国和哈萨克斯坦的战略伙伴关系已经发展到新高度，水资源问题作为伙伴关系构建中的敏感问题，已经被"圈定"为重点关注的内容。两国的水合作无论是在框架定位上，还是协商利用与联合开发上，都取得了很多突破，在环境保护、防止水污染、水量分配等原则问题上达成了很多共识并开始采取联合行动，但是由于哈萨克斯坦国内希望将水资源问题与安全、经贸、能源等问题挂钩，加上围绕伊犁河水量分配等问题，哈国内反对派大肆宣扬"中国水威胁论"，施压政府在水问题上采取所谓的强硬态度对待中国。所以可以预测，未来中哈之间在水问题上的深层次合作仍面临很多挑战。

值得注意的是，中哈两国所建立的联合委员会虽然设定了基本的合作框架，奠定了两国在水合作的机制性基础，但是还没有建设成具有实质管理功能的常设性机构。哈国内的一些专家尝试性地提出了开展多边、综合的水合作思路。例如，在伊犁河水量分配上，当民众生活和社会经济对水资源有所需求时，应综合考虑生态系统的需水要求，不能违背环境调节需求来随意调节水流量；两国在合作内容上应增加生态评估、联合污染监察等内容；在额尔齐斯河水

---

① "新华社：中哈两国共同投资的联合引水枢纽工程投入使用"，中华人民共和国水利部网站，http：//www. mwr. gov. cn/slzx/mtzs/xhsxhw/201307/t20130708_ 475469. html。（上网时间：2015年6月19日）

量分配方面，中哈两国应该联合俄罗斯方面，订立中、哈、俄三边合作协定，并根据此协定成立国际流域管理委员会，管理范围涵盖整个额尔齐斯河流域，管理内容涉及开发决策、水资源管理、水质监测等内容。哈国学者提出这些“想法”的主要目的就是想利用俄罗斯形成多边制衡，制约中国在境内对额河的开发利用行为。

二、中国和俄罗斯的水合作现状

中俄两国的边境线长达 4300 多公里，其中界河的长度达 3479 公里，边界水资源水量丰富。自松花江水域因中国境内化工厂爆炸引发污染问题后，边界水体的水质安全问题就成为两国所共同面临的主要的水资源安全问题，近年来为了水质安全的保证，加强水合作已经成为双方的共识。

苏联解体前的 1986 年 10 月，中国曾和其签订了《中俄边界水体水资源管理协定》。1994 年 5 月，中国和俄罗斯签订了《中俄关于在界河黑龙江和乌苏里江水生资源保护利用和再生产领域的合作协定》；1996 年 4 月，两国签订了在兴凯湖建立禁渔区的协定。

2005 年的松花江水体污染事件是中俄水合作的重要推动事件，该事件发生后，双方更进一步加强了联合监测界河水质方面的合作，制定了中俄跨界水体水质联合监测计划。2006 年 2 月，中国国家环保总局和俄罗斯联邦自然资源部签署了《关于中俄两国跨界水体水质联合监测的谅解备忘录》，5 月，双方进一步签署了《关于中俄跨界水体水质联合监测计划》。根据该计划，中俄两国将在已经开展的界河监测工作基础上，对跨界水体黑龙江、乌苏里江、额尔古纳河、绥芬河和兴凯湖开展联合监测。依照规划，联合监测自 2007 年开始，为期五年。此外，中俄在 2006 年还联合蒙古一同签订了中俄蒙联合保护黑龙江生态方案。[①]

中俄双方还制定了一系列针对合理利用和保护跨界水资源以及

---

① 腾仁：“中俄毗邻地区生态安全合作”，《西伯利亚研究》，2010 年第 4 期，第 92 页。

今后合作开发水利项目的措施，并成立了联合工作小组负责实施。工作小组分为五个“小分队”，其中包括水质监测和水资源保护小组、跨界河流合作小组、解决河流污染问题小组、协调小组和联络小组。[①]

2006年9月，中俄成立了总理定期会晤委员会环境保护合作分委员会，委员会将污染防治和环境灾害应急联络、跨界自然保护区和生物多样性保护、跨界水体水质监测和保护商定为优先合作领域，下设三个相应的工作组。

2008年1月，中俄在北京签署两国历史上第一个《跨界水体利用和保护合作协议》，该协议是中俄两国联合起来，为稳定和逐步改善跨国界水体的生态状况，并将可能出现的紧急情况风险降低到最低程度，而对跨界水体的利用、保护和检测做出的明确规范。协议规定了两国所担负的相关责任，包括：互相及时通报界河水域信息，如发生水体污染等情况，及时向对方发出警报；同时，两国政府也有责任及时采取相应治理措施等。中俄双方意图将两国间跨国界水体的利用和保护合作工作实行例行化和常态化。该合作协议没有针对某一特定区域或特定事件，没有规定任何经济制裁或赔偿措施。[②]

随着中俄战略协作伙伴关系的发展，如何避免国际河流的水资源安全问题已经成为未来两国关系健康发展的重要问题。从目前的合作现状来看，两国已经在此问题上开展了基础性的机制化合作，但合作的进度和深度、广度都还需要进一步加强，而且，目前的合作更多的是补救性的，预防性的保护机制还很欠缺。中俄两国在国际河流的合作协商还缺乏相应的法律法规以及开发和保护的整体规划，水资源的管理机制还不健全。

---

① “中俄两国联合保护黑龙江水资源”，CRI国际在线，http：//gb.cri.cn/12764/2007/08/24/2945@1731873.htm。（上网时间：2014年5月31日）

② “中俄签署首个跨国水资源利用和保护协定”，CRI国际在线，http：//gb.cri.cn/19224/2008/01/30/2865@1930780.htm。（上网时间：2015年6月19日）

三、中国和东南亚国家的水合作现状

自20世纪90年代以后，随着中国和东盟社会经济的发展，有关水资源安全的问题日益凸显，成为中国和东南亚地区在合作中关注的新问题，尤其是随着各国对于水资源利用需求的增大，对于水资源安全问题的探讨就成为合作中的新议题。从整体上看，中国与东南亚地区国家的水合作主要有两个特点。

第一，水合作已经列入了东盟“10+1”、“10+3”、东亚峰会的地区框架中，对于未来水合作的意向和发展性规划已开始频繁地出现在多边合作声明或框架协议中。

东盟“10+1”合作框架是在经济全球化浪潮的冲击下，启动的一种新的合作层次，力图开展“外向型”的经济合作，构筑全方位的合作关系。东盟“10+1”以经济合作为重点，逐渐向政治、安全、文化等领域拓展，已经形成了多层次、宽领域、全方位的良好局面，其中五个合作领域是重点合作领域，涉及农业、信息通信、人力资源开发、相互投资和湄公河流域开发。自2002年起，有关水资源的合作内容逐渐出现在东盟“10+1”的合作框架之中。

2002年，中国和东盟签署《中国—东盟全面经济合作框架协议》，协议中指出，应把水环境合作列入双方合作的重要领域，预示着各国将在一个更广阔的领域开展水合作，整合区域水资源。[①] 2003年10月，中国与东盟国家领导人在印度尼西亚巴厘岛签署并发表了《中国与东盟面向和平与繁荣的战略伙伴关系联合宣言》，在宣言中强调，各国通过合作重新绿化跨境河流沿岸，尤其是联合开发大湄公河流域，以保护该区域的生物多样性。不仅如此，文件还提出各方水合作的基本原则、组织程序、运作方式等。[②] 随后在2004年制

---

① 朱新光、张文潮、张文强：“中国—东盟水资源安全合作”，《国际论坛》，2010年第6期，第31页。

② 朱新光、张文潮、张文强：“中国—东盟水资源安全合作”，《国际论坛》，2010年第6期，第31页。

定了《落实中国—东盟面向和平与繁荣的战略伙伴关系联合宣言的行动计划》，作为2005—2010年五年的总体计划，全面深化和拓展双方关系与互利合作。在该“行动计划”中，提出“致力于湄公河水质量管理和监测”，“在澜沧江—湄公河水资源利用方面加强信息交流与合作，实现所有沿岸国家的可持续性发展”。[①]

在2007年和2009年的《中国—东盟领导人宣言》中，各国领导人表示，为推进本地区水合作，各成员国应尽快着手启动水资源安全的“10+1”部长级对话机制，成立预防水危机协调机构，培训水环境专家，进一步规范双方合作的制度模式，随时准备为减少自然灾害做出积极贡献。[②]

1997年东亚金融危机后，东亚国家认识到在金融全球化的时代，只有协调与合作，才能抗御金融风暴和经济动荡。东盟在1995年曼谷首脑会议上提出举行东盟与中、日、韩首脑会晤的设想，并于1997年底，首次东盟与中、日、韩（时为“9+3”，1999年柬埔寨加入东盟后成为“10+3”）领导人非正式会晤在马来西亚吉隆坡举行。随着水问题的凸显，有关水合作的声明开始出现在东盟和中日韩三国的交流与合作内容中。

1999年，东盟和中日韩三国领导人在《东亚合作联合声明》中表示，对于包括水资源问题在内的跨国问题，“他们同意加强合作，以解决东亚各国在这一领域共同关切的问题”。[③] 2001年11月，双方在“10+3”领导人会议上把地区水合作议题正式纳入议事日程，提出加快东亚各国水环境保护、促进澜沧江—湄公河流域水资源开发的交流与合作的具体建议和措施，得到与会国的充分肯定。为确

① “落实中国—东盟面向和平与繁荣的战略伙伴关系联合宣言的行动计划”，中华人民共和国外交部网，http://www.fmprc.gov.cn/ce/cemy/chn/zt/dyhz/zywj/t300060.htm。（上网时间：2014年5月31日）.

② 朱新光、张文潮、张文强：“中国—东盟水资源安全合作”，《国际论坛》，2010年第6期，第31页。

③ “《东亚合作联合声明》（1999年）”，新华网，http://news.xinhuanet.com/ziliao/2002-10/25/content_607567.htm。（上网时间：2014年5月31日）

保东盟与中、日、韩水安全合作的有序展开，东亚展望小组还提出双方合作的具体建设性措施，主要包括建立一个地区争端解决机制和地区环境数据库的东亚环境合作机构，加强在空气污染、跨国污染、水土流失及森林破坏等方面的合作，制订地区可持续环境管理联合行动计划，强化学校的环境教育，鼓励地区环境网络和非政府组织的发展等。[①]

2004 年，第三届东盟“10 + 3”环境部长会议召开，提议启动“10 + 1”机制框架内的环境信息交流网络，加强水资源开发和环境管理机构的能力建设。2005 年，东盟“10 + 3”环境部长会议开始在水合作等 10 个优先领域开展对话，达成多项水合作意向。

东亚峰会是东亚地区的一个新的合作形式，致力于推动东亚一体化进程，实现东亚共同体目标。东亚峰会目前有 18 个参与国，即东盟十国和中国、日本、韩国、印度、澳大利亚、新西兰、美国、俄罗斯八国，其每年举行一次领导人峰会。在领导人峰会和会后宣言中，频频出现有关水资源保护和利用、水污染防治、水环境监控等方面的讨论和声明。

2005 年东亚峰会后发布的《吉隆坡宣言》中指出，东亚的水环境已到了相当严峻的程度，各国务必将其放在战略的高度加以重视，只有加强水资源保护和减灾领域的对话与合作，增进相互信任和团结，才能从根本上遏制水资源不断恶化的局面。2007 年的《宿务宣言》中主张，在全球环境每况愈下的时刻，各国有必要制定适合本国国情的能源战略，通过国家间的水合作，合理开发和利用地区水力资源，加大对东盟电网设施的投资，减少温室气体的排放，实现可持续发展。2009 年的《灾害管理华欣宣言》中，倡议各国的环保部门着手建立一个地区性灾害反应联络网络，起草一项灾害应对标准化操作程序，以共同应对水患等自然灾害的挑战。[②]

① 朱新光、张文潮、张文强：“中国—东盟水资源安全合作”，《国际论坛》，2010 年第 6 期，第 31 页。

② 朱新光、张文潮、张文强：“中国—东盟水资源安全合作”，《国际论坛》，2010 年第 6 期，第 31 页。

总体说来，中国与东盟国家都已经意识到了水合作的必要性与重要性，合作的愿望强烈，目标非常清晰，合作框架已经基本建立。

第二，双边性或小多边性的水合作是主要内容。

在东南亚地区，尤其是在澜沧江—湄公河流域，双方的合作姿态是积极的，合作内容是较为广泛的，涉及水文信息共享、航运、生态环境治理、水电开发等方面。

1. 水合作管理方面

中国与东南亚国家开展的水合作管理主要体现在水文信息的共享方面。

中国处于澜沧江—湄公河的上游，一直关切下游国家的利益诉求，在2008年8月，中国、缅甸与湄公河委员会举行了第13次对话，期间签署了《中华人民共和国水利部与湄公河委员会关于中国水利部向湄委会秘书处提供澜沧江—湄公河汛期水文资料的协议》，根据该协议，每年6月15日至10月15日，中国境内澜沧江流域的允景洪、曼安两个水文站向湄委会秘书处提供水位和雨量等水文资料。中方承诺，中方将确保根据本协议所提供的水文资料尽量接近实时数据，以便湄委会秘书处及时进行洪水预报，同时为便于湄委会方面进行模型率定，中方还将向湄委会提供澜沧江报汛站两年的历史水文资料。湄委会同意向中方提供水位、雨量自动监测设备和流量测验设备，用于数据传输的通讯设备，数据存贮设备及软件（数据库服务器、接收、处理及传输软件）等双方认为必要的其他设备用于两个澜沧江报汛站的更新改造，以确保及时向湄委会秘书处提供汛期水文资料。[①] 中方向湄公河地区国家提供的数据，可以帮助下游国家有效的抗洪减灾，在2008年8月老挝和泰国发生大洪水期间，这些效果得到明显的证明。

---

① "中华人民共和国水利部与湄公河委员会关于中国水利部向湄委会秘书处提供澜沧江—湄公河汛期水文资料的协议"，北大法律信息网，http：//vip. chinalawinfo. com/newlaw2002/SLC/SLC. asp？Db = eag&Gid = 100669214。（上网时间：2014年5月31日）

2. 航运合作方面

2000 年 4 月，中国、老挝、缅甸、泰国签订了《从中国思茅港到老挝琅勃拉邦商船自由通航的协定》，四国联合组织实施了航道改善工程，在 2001 年 6 月 26 日，实现了澜沧江—湄公河国际航道的正式通航。通航后，澜沧江—湄公河国际航运不断发展，运输品种从单一的杂货发展到现在的集装箱、重大件、冷藏鲜货、国际旅游等多品种兼有的综合运输服务，国际运输船舶数量也从最初的 8 艘发展到现在的 115 艘，运输船舶最大载重吨位从 80 吨发展到现在的 380 吨。[①] 目前，老挝、缅甸、泰国积极主动要求扩大与中方合作，但四国协定规定的通航航段泰国清盛到老挝琅勃拉邦航道和中缅 243 号界碑到泰国清盛 274 公里航道的碍航险滩，严重制约了四国之间的客货运输的进一步发展。在老缅泰三国的迫切要求及中国自身经济发展需求下，中国将积极考虑会同老缅泰三国协调共同实施上湄公河航道二期整治和通航延伸工程。[②]

3. 水利合作开发方面

东盟国家蕴藏着丰富的水电资源，随着社会经济的发展和民生需求的增长，东盟国家加大了对本国水电资源的开发利用程度与规模，但由于技术落后和资金匮乏，开发水平很低。之所以能开展水利合作开发，主要有三点原因：

其一，中国企业近些年积极实施“走出去”战略，在获得了丰厚的投资回报的同时，也积累了丰富的国际化开发和经营经验。

其二，东南亚地区临近中国，和中国之间共享多条国际河流，且多发源于中国，中国企业容易掌握河流的生态、水流、地址构造等状况，技术开发、设备运送都比较容易和便捷。另外，从企业管

① “综述：澜沧江—湄公河国际航道通航十年成黄金水道”，中国新闻网，http：//www.chinanews.com/gn/news/2010/02－03/2105849.shtml。（上网时间：2015 年 4 月 29 日）

② “澜沧江—湄公河国际航道和航运管理工作领导小组会议举行”，中华人民共和国交通运输部网，http：//www.moc.gov.cn/djph/201103/t20110304_915454.html。（上网时间：2015 年 4 月 29 日）

理的角度讲，通过海外水电投资，可以提高企业的资本运作，延伸产业价值链条，锻炼企业的综合管理水平，促进企业经营模式转变，同时提升企业的国内、国际综合竞争力与知名度。

其三，推动中国水电投资东南亚的因素是国际性投资在东南亚水电开发行业中的缺位。东南亚地区近些年日益成为国际金融机构和西方国家的投资热点地区，但多集中于生态、旅游、农业等可持续发展项目上，对于投资水电站建设等容易引起环境和社会影响争议的项目非常谨慎，一方面是担心引发 NGO 和媒体的批评破坏公共形象，另一方面是因为水利开发这类项目的国际标准一直非常严格，项目审核时间较长，往往耗费数年，由此导致项目投资时间成本太大。东南亚地区经济相对落后，基础设施的建设投资能力不足，为满足经济发展和民众的生活需求，势必要为加强水电资源的开发而引进外资，中资企业从而得以顺利进入这一领域。

自 2002 年在首次大湄公河次区域领导人会议上，中国与东盟成员国签署了《大湄公河次区域政府电力贸易协定》之后，中国已经与东南亚国家在该地区合作兴建了 131 座水电站或水坝设施，其中第一家投资东南亚地区水电站建设的是中国华能公司，其在 2007 年初与缅甸政府签署运营合资协议，投资开发缅甸瑞丽江一级水电站，采用 BOT 模式，该项目法人为中国云南联合电力开发有限公司与缅甸电力一部水电实施司组建的合资公司瑞丽江一级电站有限公司。云南联合电力开发有限公司占合资公司 80% 股份，为控股方，全面负责瑞丽江水电站项目的开发、运营和管理工作。电站投产后将由合资公司运营 40 年，再移交给缅甸联邦政府。该项目已于 2009 年 5 月投运并实现当年投运当年盈利，总装机容量 60 万千瓦，设计年发电量 40 亿千瓦时。

自华能成为第一个“吃螃蟹”者之后，中电投、大唐、国电、国网、南网迅速将目光转到东南亚这一地区，展开了一系列的项目投资。根据国际河流网的统计，截止到 2012 年，东南亚水电投资的分布情况为：缅甸，55 座；老挝，28 座；马来西亚，14 座；柬埔寨，11 座；越南，9 座；菲律宾，4 座；印度尼西亚，3 座；泰国，1 座；文莱，1 座；巴布亚新几内亚，1 座。[①]

中国在东南亚水电投资的主要模式是 BOT，即东道国政府或当局授权给申请建设的中国公司，由其承担建设费用、项目实施与一定时间段内的运作，期间水电站的运作费用通过出售电力来承担，一定期限之后，水电站转交给东道国，由东道国完全所有。2006 年，中国与老挝和越南达成协议，南方电网公司投资兴建老挝南塔河 1 号水电工程和越南平顺省永兴燃煤发电厂一期工程。中国水电集团与老挝签署《老挝南乌江流域水电开发项目卖电备忘录》，对南乌江整个流域按 6—7 级电站进行开发。2007 年 5 月，中国华电集团同越南西贡电力发展股份有限公司签署了《关于投资建设越南电源项目谅解备忘录》。2007 年 10 月，中国电子进出口总公司与中国水电建设集团国际工程有限公司组成的合资公司，与老挝政府签署《老挝芭莱水电站 BOT 项目的投资开发备忘录》，芭莱水电站是老挝境内最大的水电站项目。

现在，中国与东南亚国家的电力合作机制已经形成。中国与东南亚国家先后成立了电力论坛和电力联网与贸易专家组，签署了《政府间电力联网与贸易协定》及第一阶段实施原则谅解备忘录，完成了《电力贸易路线图》，形成较为完善的电力合作机制。另外，电源电网建设合作稳步推进。中国企业与缅方合作已建成装机 28 万千瓦的邦朗电站，在建装机 60 万千瓦的瑞丽江一级水电站；与柬埔寨合作建设的松博、柴阿润（规划装机共 326 万千瓦）水电项目，占柬埔寨全国水电装机总容量的 63. 3% 。云南电网已建成 4 回 110 千伏、3 回 220 千伏对越送电通道，中越 500 千伏联网项目和与泰、老、缅等国的电力通道建设也在积极推进中。同时，电力贸易已快速展开。如云电送越，到 2009 年 11 月底，已累计送电 105. 34 亿千

① International Rivers Network, Dams Building Overseas by Chinese Companies and Financiers, Jan. 23, 2012.

瓦时。[①]

中国和东南亚国家正着力构建通往东盟的陆路、水路和空中通道之外的电力“第四条经济通道”，与越南、菲律宾、老挝、缅甸、柬埔寨等东南亚国家在电力规划和设计、电源和电网建设、电力通讯等方面进行全方位合作。[②] 据有关专家估测，未来的10年之内，东南亚国家的用电需求量将增加1000亿千瓦时，中国与东南亚之间的水电合作开发仍将有巨大潜力。

4. 水域生态环境治理合作方面

环境治理方面的合作是中国和东盟一直都非常重视的领域，中国参与了亚行和UNEP联合支持的次区域环境监测和信息系统项目、环境监测和信息系统建设项目、湄公河地区扶贫与环境管理等多个项目。

2005年5月，第一次大湄公河次区域环境部长会议在上海举行，讨论未来环境和自然资源管理的方向。会议出台了“核心环境规划”和“生物多样性保护走廊计划”，发表了《大湄公河次区域环境部长联合宣言》。在《联合宣言》中，与会各国部长和代表们再次强调了加强本区域环境保护与可持续发展，保护本地区脆弱的生态环境和生物多样性的重要意义，提出了今后合作的优先领域和重点。与会各国部长确认，通过共同努力，进一步深化在大湄公河地区的环境合作，并依据各国制定的可持续发展战略，继续履行在2002年约翰内斯堡“世界可持续发展”首脑会议的承诺，对联合国千年发展目标的实现做出积极贡献。[③] 支持自然资源和环境的可持续发展。大湄公河次区域（GMS）的环境部长们号召该地区的发展伙伴调集

---

① “中国—东盟电力走廊建设和电力产业合作亟待加速推进”，新华网，http：//www. gx. xinhuanet. com/dm/2010－06/11/content_ 20050688. htm。（上网时间：2014年5月31日）

② “中国着力构建通往东盟‘第四条经济通道’”，中国新闻网，http：//www. chinanews. com/cj/2010/10－20/2601386. shtml。（上网时间：2014年5月31日）

③ “大湄公河地区6国深化环境合作首届环境部长会议在沪举行”，中国上海网，http：//www. shanghai. gov. cn/shanghai/node2314/node2315/node4411/userobject21ai106879. html。（上网时间：2014年6月2日）

更多资金和技术援助，协助该地区实现改善环境和自然资源管理的宏伟目标。

大湄公河次区域环境部长会议是该区域环境合作的最高决策机制，每三年举办一次。2008 年 1 月，第二次大湄公河次区域环境部长会议在老挝举行，会议发布《大湄公河次区域环境部长联合宣言》，声明再次重申要加强本区域环境保护与可持续发展的政治意愿，努力深化在大湄公河次区域的环境合作，并指出需要采取实际和积极的方式来取得可持续和全面的经济增长。

2011 年 7 月，第三次大湄公河次区域环境部长会议在柬埔寨金边举行，各国就《大湄公河次区域核心环境项目生物多样性保护走廊计划二期框架文件（2012—2016）》达成原则一致，并通过了《第三次大湄公河次区域环境部长会议联合声明》。大湄公河次区域核心环境项目生物多样性保护走廊计划，是亚行支持的大湄公河次区域核心环境规划的一部分，为期十年，第一阶段是 2005—2008 年，根据生物物种的重要程度和脆弱程度，该项目在六个湄公河国家选择了九个重点区域，在选定区域的试点区建立保护走廊，恢复和维持现有国家公园和野生生物避难所之间的联系；第二阶段是 2009—2011 年，是在重点地区建立更多的走廊；第三阶段是 2012—2014 年，重点将是巩固可持续的自然资源使用和环境保护带来的收益。大湄公河次区域核心环境项目生物多样性保护走廊计划的推进和步步完成，体现了中国和东盟国家在水域环境治理合作方面的逐步深化。

中国与东南亚之间的水合作整体上处于合作框架确定、合作内容多样、合作层次不一致的状态。水合作已经在中国与东盟的地区合作框架内得到明确和肯定，成为各国领导人推动未来合作的重要内容。合作内容比较丰富，涉及水合作管理、航运、水利开发、水域环境治理等方面，虽然已经建立了一些机制性的合作关系，但还多属于初级层面的合作，尤其是水合作管理方面，仅仅是某些时段的局部水文信息共享。但可以肯定，在现有的合作基础上，未来深化和拓展彼此之间的水合作，将是推动中国和东南亚国家关系的重要内容。

四、中国和南亚国家的水合作现状

近年来，中国和南亚地区国家关系改善，政治互信加强，为中国与南亚国家开展非传统安全合作奠定了基础。作为与中国有丰富国际共享水资源的印度来说，自2003年6月，印度总理瓦杰帕伊访华并与中国签署了《中印关系原则与全面合作宣言》，确认了与中国长期致力于建设伙伴关系的愿望，中印之间在非传统安全问题领域的合作有所加强。

现在水问题已经成为中印双边关系构建中的一个重要问题，两国逐渐开展了在水文资料上的信息共享。

2001年1月，中国总理朱镕基在访问印度期间，中印双方签署了《中华人民共和国水利部与印度共和国水利部关于中方向印方提供雅鲁藏布江—布拉马普特拉河汛期水文资料的谅解备忘录》。备忘录中，中国承诺向印度提供雅鲁藏布江上的奴各沙、羊村、奴下等三个报汛站的水位、流量、降雨量等水文信息。

2002年4月，中国和印度签署了《关于中方向印方提供雅鲁藏布江—布拉马普特拉河汛期水文资料的实施方案》，此次签署的《实施方案》是2001年《谅解备忘录》的辅助性文本，对每年的6月1日到10月15日，中方西藏自治区的奴各沙、羊村、奴下三处水文站向印方提供的水文资料范围，水情报汛项目、时间、路径、方式等做出了具体规定。[①] 2002年5月28日，中国西藏自治区水文局通过电报将第一组雅鲁藏布江水文数据传送给印度，标志着中国开始正式向印度提供有关雅鲁藏布江上游的水文情况。

2005年3月，中印就帕里河堰塞湖问题及跨界河流报汛事宜进行会谈，草签了《朗钦藏布报汛谅解备忘录》，主要是西藏朗钦藏布

① “中方向印度提供水文资料实施方案在新德里签署”，中国水文信息网，http://www.hydroinfo.gov.cn/swxw/200204/t20020425_77434.html。（上网时间：2015年6月19日）

江的支流帕里河由于山体滑坡形成了堰塞湖，2004 年时曾因湖坝溃决，洪水倾泻导致印度的喜马偕尔邦遭受损失。2005 年 4 月，温家宝总理访问印度期间发表的《中印联合声明》中宣布，中方同意，一旦各方面条件允许，将采取措施对帕里河的天然坝体进行有控制的泄洪，同时签署了《中方向印方提供朗钦藏布江—萨特累季河汛期水文资料的谅解备忘录》，备忘录中，中方同意向印度提供朗钦藏布江—萨特累季河在汛期可能导致洪灾的水位涨落和流量异常信息。[①]

2006 年 11 月，胡锦涛主席访问印度期间发表了《联合宣言》，宣言的第 17 条宣布，双方同意建立专家级机制，探讨就双方同意的跨境河流的水文报汛、应急事件处理等情况进行交流与合作。正在进行的中方向印方提供雅鲁藏布江—布拉马普特拉河和朗钦藏布—萨特累季河水文资料的做法已经被证明有助于预报和缓解洪水。双方同意继续举行磋商，以早日就帕隆藏布江和察隅曲—洛希特河达成类似安排。[②]

2008 年 1 月，中印签署了《中华人民共和国和印度共和国关于二十一世纪的共同展望》，该文件认为“2002 年以来，两国在跨境河流问题上的合作树立了典范，双方对此表示欢迎。中国向印度提供汛期水文资料，为印度确保有关河流沿岸地区人民的安全提供了帮助，印方对此表示高度赞赏。双方认为这对增进相互理解和信任产生了积极意义”。[③]

2010 年温家宝总理访问印度，期间在印度世界事务委员会演讲时表示，“跨境河流是养育沿岸人民的生命之源。保护好、利用好、

---

① “中华人民共和国与印度共和国联合声明”，中华人民共和国中央人民政府门户网，http：//www. gov. cn/gongbao/coutent/2005/content_ 64191. htm。（上网时间：2015 年 6 月 19 日）

② “中国和印度发表《联合宣言》”，新浪网，http：//news. sina. com. cn/o/2006 – 11 – 21/224310560650s. shtml。（上网时间：2014 年 5 月 31 日）

③ “中印签署面向二十一世纪的共同展望文件”，新华网，http：//news. xinhua-net. com/newscenter/2008 – 01/15/content_ 7422185. htm。（上网时间：2014 年 6 月 2 日）

管理好跨境河流，是我们共同的责任。长期以来，为帮助下游地区防灾减灾，中方技术人员在上游地区极为恶劣的自然条件下，克服巨大困难，甚至冒着生命危险，向印方提供汛期水文资料，处理紧急事件。中方重视印方在跨境河流问题上的关切，愿意进一步完善双方联合工作机制，凡是中方能做的，我们都会去做，而且会做得更好。我请印度朋友们放心：中国在上游的任何开发利用，都会经过科学规划和论证，兼顾上下游的利益。”①

2011 年 9 月，中印两国举行首次战略经济对话，印度计划委员会副主任阿鲁瓦利亚提议，进一步加强两国在跨国河流上的合作，请求中国在布拉马普特拉河和萨特累季河的数据共享上进一步与其进行合作。②

可以说，中印双方在水资源问题上具有共同利益与合作潜力，两国的领导人也已经认识到了合作的必要性与重要性，这一点可以从水资源问题频频出现在两国的领导人宣言和声明中看出。目前合作态势是积极的，但还处于初级阶段，主要是水文信息的共享，其中更多的是中国作为上游国家，出于负责任的态度而关切下游国家的合理利益诉求而做出的技术性合作。

由于中印之间的水问题与领土争端问题纠合在一起，加重了水问题的复杂化与“安全化”。加上两国长期的信任困境，未来的水资源安全合作仍然面临很多问题与挑战。

此外，中国还与雅鲁藏布江的另一个共享国家孟加拉开展水合作，2008 年 9 月，中国和孟加拉签署了《中方向孟加拉人民共和国提供雅鲁藏布江—布拉马普特拉河汛期水文资料的谅解备忘录》，根据该谅解备忘录中的约定，中国在汛期将向孟加拉国提供雅鲁藏布江上奴各沙、羊村、奴下等三个报汛站的水位、流量、降雨量等水文信息。“此次备忘录的签署进一步加强了中孟双方在水利领域的合

---

① “温家宝在印度世界事务委员会的演讲”，新华网，http：//news. xinhuanet. com/politics/2010 - 12/17/c_ 12889202_ 4. htm。（上网时间：2014 年 6 月 2 日）

② “印度官员称赞中印共享跨国河流水文数据　呼吁加强合作”，环球网，http：//world. huanqiu. com/roll/2011 - 09/2040649. html。（上网时间：2014 年 6 月 2 日）

作关系，将有效促进孟方在布拉马普特拉河流域的防洪减灾工作，并对保障当地人民的生命财产安全起到重要作用。”①

第四节 中国和周边国家水合作面临的挑战

随着水资源需求量的日益增长，中国与周边国家已经意识到国际河流水资源的重要性与开展合作的必要性。但整体上还处于起步阶段，也可以说是初步合作阶段。

在中亚地区，中国和哈萨克斯坦搭建了专门的水合作框架，即保护跨国界河流专门委员会，并在该合作框架之内展开了从信息交流到联合开发的立体式合作；在东南亚地区，中国与东南亚国家主要是力图利用现有的“10+1”、“10+3”、东亚峰会等多边合作框架开展水合作，由于彼此在水利资源共同开发的目标更为明确，因此，互利共赢性的水利合作开发的进展速度较快，但在水管理方面，还仅仅是局部时段和流域的信息类共享。相比较于中亚和东南亚地区的合作内容多样化、合作框架或平台的明确化，中国与俄罗斯、印度等北亚、南亚地区国家的水合作，就更为“简单”。与俄罗斯的合作更多地集中于水质、水污染治理、水域环境保护等方面，而与印度则主要集中于洪水易发时期的水文资料通报上。整体上说，不同次区域国家因与中国地理位置、历史认同、利益诉求等各方面的差异性，与中国开展水合作的侧重点不同，程度有别。

水合作是中国开展地区合作的内容之一，水合作的现状一定程度上反映了中国与周边国家之间的合作困境。

一、信任缺失

在中国周边关系的构建过程中，最大的挑战就是安全信任缺失

---

① “中国和孟加拉国签署雅鲁藏布江—布拉马普特拉河报汛合作备忘录”，中华人民共和国水利部网，http：//www. mwr. gov. cn/zwzc/ldxx/ejp/zyhd/200809/t20080917_123338. html。（上网时间：2014 年 6 月 2 日）

的问题。

在国际关系领域，信任是一种具有很强主权性的安全观念，一个国家的安全观念一旦形成，就成为国家外交政策和安全政策的制定和实践的指导思想。当一国的安全观念认为其他国际行为者是安全的竞争者、威胁者时，它们任何增强自身实力的行为和政策都被视为是出于进攻性和改变国际秩序现状、改变国际安全现实环境的目的，应当予以相应的反应。在这种安全观念的指导下，很容易对他国的任何增强自身实力的行为产生猜疑，对对方的任何行为动机和意图做出最坏估计，然后根据自身的判断而做出所谓的增强防御能力的行为。如果还有更多的国家抱有这种观念，“安全困境”不可避免。

虽然中国一直在实施“睦邻、安邻、富邻”的周边外交政策，和平友好、互利共赢的双边关系也逐渐建立起来，但受历史印象和固化思维的影响，一些周边国家在安全认知上仍认为中国是一种“威胁”，对中国的疑虑和不信任感长期存在。

缺少安全信任的地区环境与国家关系是阻碍中国与一些周边国家进一步开展水合作的重要原因之一，从当前的水合作进程与现状来看，绝大多数还停留在发表宣言、双边协议与对话、框架内议题设置等基础性层面上，合作内容大部分还只是有限时间内的局部信息资料共享。至于水资源的使用和分配则很少触及，各国还基本上处于“各干各事”、“表态合作”的状态。

二、利益诉求不同

相比较于与中国存在共享国际河流的周边国家来说，中国的总体实力较强，发展程度较快，这不可避免地造成了实力的非均衡。实力的非均衡性使彼此之间的利益诉求与目标取向存在差异。在无政府状态的国际政治现实生活中，获取最大化的国家利益是每一个主权国家制定对外政策、开展对外行为的最主要目的，但是由于这种利益诉求的差异甚至竞争性会不可避免地导致国家之间达成利益的方式、路径的不同，因此在如何协调各国之间的利益，达成合作共识便存在很多挑战。

就中国与周边国家之间的水问题来说，由于发展阶段、地理位置、社会需求等原因，中国和周边国家在对国际河流水资源的利用目的和手段上存在巨大差异，在某些区域的利益协调难度较大。例如，在澜沧江—湄公河地区，中国地处上游主要是水电开发，而下游的泰国、柬埔寨和越南等则以农业灌溉和渔业开发为主，需要保证足够的水量和稳定的水文条件，它们认为中国在上游的水电开发会减少流往下游的水量，破坏鱼类洄游的天然水文条件，造成下游国的损失。在中亚地区，中国在新疆境内的水资源利用，在下游的哈萨克斯坦和俄罗斯看来，会加剧水量分配的不平衡，减少下游国家的可利用水量，等等。对于中国和周边国家来说，随着水资源稀缺导致的"安全化"问题日益严重，在满足各自基本的利益诉求的同时，如何协调彼此之间的不同利益诉求，是未来水资源管理的重点。

三、"绝对领土主权"的国家理念与"有限主权让渡"相矛盾

国家主权原则是一个主权国家基本的内涵特点，从国际法律的层面来说，作为主权国家，享有对其统治的整个物质领土与资源的控制、管理和使用的权利。如果主权国家之间达成合作，就需要尊重对方的利益需求，会在一定程度上受到国际社会和国际机制的制约，就要在一些领域适当地限制国家主权，相当于有限的主权让渡。而这种理念与行为的矛盾，会一定程度上制约主权国家之间深入的开展水合作。

四、国内政治的影响

国家的任何一项对外政策都是在国际层次与国内层次相结合的情况（即双层次博弈）下制定出来的，[1] 既要根据时代特点和地缘

---

[1] ［美］詹姆斯·多尔蒂、小罗伯特·普法尔茨格拉夫著，阎学通等译：《争论中的国际关系理论》，世界知识出版社 2003 年版，第 645 页。

政治背景，又要考虑国内政治的需要。水合作的开展同样如此。共享水资源国家之间的水合作能否顺利开展很大程度上会受到国内政治和内部不同利益团体的制约和影响，尤其当合作国的国内政治形势不稳定的话，这种牵制和影响的力度会更加明显。

例如，中国与东南亚国家在开展水电开发合作的过程中，东南亚国家的国内政治和利益团体很大程度上制约着这些合作的顺利开展。由于很多海外水电合作项目的投资合同是与东南亚东道国政府签订的，政府经常会受到来自不同政治势力的压力，这些政治势力出于不同的政治目的而迫使政府做出违反合同的事宜，从而给中国的合作者带来损失。比较典型的案例包括缅甸密松水电站突然“被叫停”、尼泊尔国内针对 West-Seti 水电站承包商的政治争吵等等。

五、国外势力的影响

国际势力的介入，通常是指外国政府、非政府组织（NGO）等国际势力以资金、人力、武力等方式介入东道国内部的反水坝活动，影响东道国的水电投资政策的实施或合同的执行。

对于中国周边地区一些国家内活跃的 NGO 的“作用”也不容小觑，尤其是在东南亚地区。东南亚地区的公民社会发达，民众维权和公共参与意识非常强，NGO 异常活跃，据统计，仅柬埔寨一国，登记在案的国际和本土 NGO 便有 2700 多家。数目繁多的 NGO 遍布于社会的各个阶层，不仅会实现国内 NGO 之间的联系，而且会“走出去”，和国际非政府组织“接轨”，共同行动，实现组织网络化、行动一致化、互动持久化，NGO 在东南亚国家的话语权和号召力不断上升。

在水利合作开发过程中，NGO 常以水坝受害者的身份，借口水坝建设会“影响生物多样性”、“破坏河流完整的生态系统”、“改变自然水流”，及水坝会使大量的当地居民“失去家园、土地和生计”，“破坏当地的传统文化和生活方式”，并可能“会引发洪水”

等灾害。而且水坝的建设缺乏公众参与，其项目信息不够透明，存在消极性影响，使当地居民并不能真正从水坝的建设中获益，等等。水坝的社会、环境和安全影响，一直是NGO反对水坝建设的重要理由，并且常常与当地的民族矛盾和武装冲突掺杂在一起。

可以说，东南亚国家内部反对水利建设的非政府组织还具有民族性和政治性的特征，常常借助于各种社会运动来争取国内民族平等和政治民主权利。因此，这些NGO常常会和其国内的某些反政府势力联合起来，共同反对政府的政策执行。NGO通常利用其具有的广泛社会基础，通过发布报告、群众集会等传播方式，将其反坝态度传递给民间，并发动反坝运动来影响民意，尤其是水坝所在社区群体的心理倾向，以此对东道国政府的决策形成巨大社会压力，阻止其引进外资进行水电合作开发的行为。这种反坝行为所造成的后果就是延缓了中国与周边国家的水合作。

另外，遏制中国在周边地区影响力的拓展成为西方国家的重要目标。尤其是自2009年以后，美国实施“重返亚太”战略，其“重返”的首要地区就是——东南亚，希望全方位地遏制中国在东南亚的影响力拓展成为其重要的战略目标。中国在东南亚重点投资的几个国家，恰恰是美国“重返亚太”的重要突破点。尤其在缅甸问题上，自奥巴马上台执政之后，就逐渐修改对缅政策，实施“两手抓”的策略，一方面向缅甸政府施压推动“民主化”，将其进展与放松经济制裁、加大经济援助结合起来，另一方面大力支持以昂山素季为代表的政治势力，鼓励缅甸继续推动实质性的政治改革，实行西方式的政治体制和文化。自2010年缅甸举行新大选并组建政府后，美缅关系开始加速“解冻”。因此，在此过程中，美国对中国在缅甸的投资采取了无一例外的反对态度，对缅甸内部针对中国水电投资进行的“水坝政治”进行推波助澜，不遗余力地减少中国在缅甸和中南半岛的影响力，提升美国对中南半岛的控制力。

第五节　中国和周边国家水合作的新要求与新思路

一、气候变化与水合作

（一）气候变化与水资源安全的关系

气候变化已经成为一个全球性的问题。全球气候在过去百年正经历着以全球气候变暖为主要特征的显著变化，从 1880 年到 2012 年，全球平均地面气温上升了 0.65℃—1.06℃，预计在 2016 年至 2035 年将升高 0.3℃—0.7℃，2081 年至 2100 年将升高 0.3℃—4.8℃。[①] 作为人类社会发展不可取代的资源，“水是气候的产物”，水资源是气候系统五大圈层长期相互作用的结果，同时又会受到人类活动的严重干扰和影响。气候的异常与变化会对水循环的更替期长短、水量、水质、水资源的时空分布和水旱灾害的频率与强度产生重大影响。联合国水机制和联合国教科文组织发布的《不稳定及风险情况下的水资源管理》报告中指出，气候变化与水资源冲突存在直接关系，气候变化对全球水资源供应造成越来越大的压力，如果水资源危机不能及时解决，将会导致各种政治不安全和各个层面的冲突。[②]

气候变化将深刻影响全球的资源与环境，并继而影响国家安全

---

① Intergovernmental Panel on Climate Change（IPCC），Working Group I Contribution to the IPCC Fifth Assessment Report，Climate Change 2013：The Physical Science Basis. http：//www. climatechange2013. org/images/report/WG1AR5 _ ALL _ FINAL. pdf.（上网时间：2015 年 4 月 13 日）

② UN Water，World water development report：Managing Water under Uncertainty and Risk，2013. 12. 03，http：//www. unwater. org/publications/publications-detail/en/c/202715/.（上网时间：2015 年 4 月 13 日）

与国际关系。[①] 美国一份提交给参议院的报告对气候变化和安全的关系的路径图进行了有代表性的总结和梳理（见图5—1）。其中可以看到，气候变化与水资源安全的关系尤为密切，会引发系列性的连锁反应。

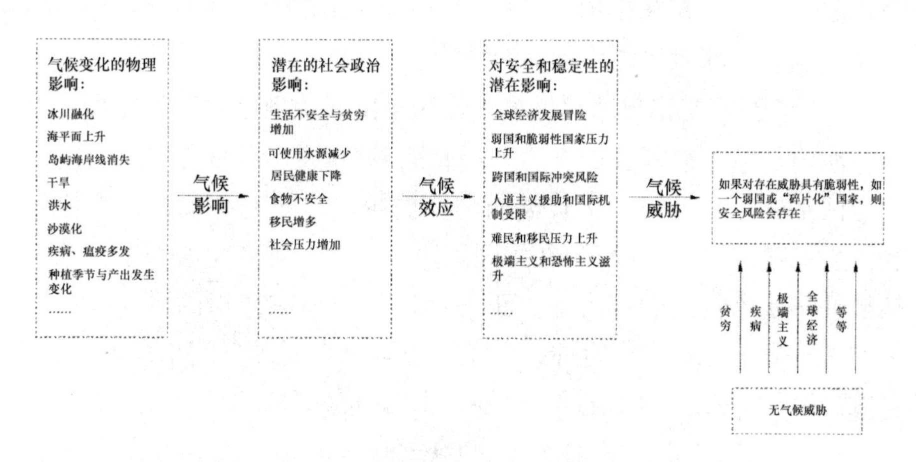

图5—1　气候变化与国家安全路径图

来源："Avoiding water wars: water scarcity and central Asia's growing importance for stability in Afghanistan and Pakistan", A majority staff report prepared for the use of the Committee on foreign relations United States Senate, February 22, 2011. Available at: http://www.fdsys.gpo.gov。

气候变化既给全球带来直接的自然威胁，如极端自然灾害、极地融化、水资源危机、粮食危机、疾病蔓延等，又会催生一系列间接安全问题，即气候变化与传统安全治理气候变化容易影响国内的政治稳定，诱发跨国或者国内冲突，许多严重的冲突还会影响到国家安全。这些冲突包括政治不稳定、移民和民族冲突、资源争夺、

---

① Intergovernmental Panel on Climate Change (IPCC), Working Group I Contribution to the IPCC Fifth Assessment Report, Climate Change 2013: The Physical Science Basis. http://www.climatechange2013.org/images/report/WG1AR5_ALL_FINAL.pdf.（上网时间：2015年4月13日）

边界纠纷等问题。[①] 从气候变化和资源危机的关系角度讲，气候变化会导致资源的退化或耗尽、资源消费的增加、不合理的资源分配，如果资源出现稀缺，就会与政治、经济和社会性因素（经济结构、教育水平、种族分裂、社会分化、技术能力以及公共设施建设、政治体制合法性）相互作用，对社会产生直接的影响，如贫穷、移民、制度崩溃等，进而导致动乱和冲突。[②]

（二）气候变化与冰川退缩：促变中国周边地区水分配格局

冰川是储备水资源重要的“仓库”，冰川发生任何变化都会对下游地区水资源的供应产生长期而潜在的影响。研究证实，气候变化会大大加速冰川的消融。[③] 在中国周边地区，气候变化所引发的渐变缓慢性气候风险的表现之一，正是加速青藏高原冰川的融化，由此加剧水资源供应的不稳定性，引发周边国家水资源分配格局的变化。青藏高原是“亚洲的水塔”，是地球上海拔最高的地理单元，有地球的“第三极”之称，平均海拔 4000—5000 米，其范围涉及六个省区，以及不丹、尼泊尔、印度、巴基斯坦、阿富汗、塔吉克斯坦、吉尔吉斯斯坦等国家的部分地区。[④]

青藏高原被喻为“世界屋脊”，其范围西起帕米尔，东迄横断山脉，北界昆仑山、祁连山，南抵喜马拉雅山。由于南邻副热带，北至中纬度，东西跨越 31 个经度，海陆作用强烈，大气环流复杂，受大气环流和高原地势格局的制约，青藏高原形成了温度、水分条件地域组合的不同，呈现从东南暖热湿润向西北寒冷干旱递变的趋势，其自然地理区域可分为三个温度带（高原亚寒带、高原温带、山地

---

① 于宏源：“气候安全威胁美国的国计民生”，《太平洋学报》，2013 年第 1 期，第 69—70 页。

② John Podesta and Ogden：“The Security Implication of Climate Change”，The Washington Quarterly，Winter 2007，pp. 8 – 25.

③ Intergovernmental Panel on Climate Change（IPCC），Working Group II Contribution to the IPCC Fifth Assessment Report，Climate Change 2014：Impacts，Adaptation，and Vulnerability. http：//www. ipcc. ch/report/ar5/wg2/.（上网时间：2014 年 10 月 16 日）

④ 参考《中华人民共和国政区图》，中国地图出版社 2000 年版。

亚热带）、四个干湿区和是一个地形区。[①] 青藏高原特殊的自然地理格局，使得青藏高原一直是全球气候变化的敏感指示器，全球变化可能导致高原上敏感生态系统的急剧变化。

青藏高原地域辽阔，面积近240万平方公里，占中国国土总面积的1/4左右。[②] 在中国境内，青藏高原分布于6个省区，201个县（市），范围包括西南的西藏自治区（错那、墨脱、察隅等3个县内的小部分地区除外）、四川省西部［甘孜州的17个县、阿坝州的9个县、木里县全部，九寨沟、北川、毛线、彭州、汶川、天泉、泸定、盐源等19个县（市）的部分地区］、云南省部分地区（贡山、福贡县全部地区，德钦、中甸县的大部分地区，泸水、维西、丽江、宁蒗、兰坪等5个县的部分地区）、西北青海省（互助、乐都、民和等3个县的小部分地区除外）、新疆维吾尔自治区南部（塔什库尔干县全部地区，若羌、且末、于田、民丰、墨玉、皮山、叶城、策勒、莎车、阿克陶、乌恰等11个县的部分地区）、甘肃省部分地区［迭部、玛曲、碌曲、合作等4县（市）的全部地区，临潭、卓尼、夏河等3个县的大部分地区，文县、舟曲、宕昌、山民县、和政、康乐、积石山、天祝、武威、山丹、民乐、肃南、肃北、阿克塞14个县（市）的部分地区］。除了在中国境内，青藏高原还包括不丹、尼泊尔、印度、巴基斯坦、阿富汗、塔吉克斯坦、吉尔吉斯斯坦的部分地区，面积达50多万平方公里。[③]

由于特殊的地势格局，青藏高原对亚洲的水资源分布具有重要影响，共有十大水系发源于此，除了长江、黄河两条河流之外，其中8条均是国际河流，流经中国和东南亚、南亚地区。

---

① 李巧媛：“不同气候变化情境下青藏高原的冰川变化”，湖南师范大学博士学位论文，2011年，第16—17页。

② “青藏高原”，中华人民共和国中央人民政府门户网，http://www.gov.cn/test/2006-06/22/content_317095.htm。（上网时间：2014年10月16日）

③ 参考《中华人民共和国政区图》，中国地图出版社2000年版。

表 5—4 发源于青藏高原的十大水系

序号	河流名称	流经国家	流入地
1	澜沧江—湄公河	中国、越南、老挝、柬埔寨、泰国	南海
2	怒江—萨尔温江	中国、缅甸、泰国	安达曼海
3	雅鲁藏布江—布拉马普特拉河	中国、印度、孟加拉国	孟加拉湾
4	孔雀河	中国、尼泊尔、印度	孟加拉湾
5	象泉河—萨特累季	中国、印度、巴基斯坦	安达曼海
6	狮泉河—印度河	中国、印度、巴基斯坦	安达曼海
7	朋曲	中国、尼泊尔、印度	孟加拉湾
8	洛扎曲	中国、不丹、印度、孟加拉国	孟加拉湾
9	长江	中国	东海
10	黄海	中国	黄海

来源：笔者自制。

青藏高原的河流补给主要包括8类：（1）以雨水补给为主的河流，主要分布在横断山区及藏东南地区；（2）融水补给为主的河流，主要分布在喜马拉雅山南坡、昆仑山北坡、祁连山西段以及三江源地区；（3）以地下水为主要补给的河流，主要分布有藏西和柴达木盆地南部和东部边缘地区；（4）以雨水—地下水补给为主的河流，主要分布在喜马拉雅山区以及黄河上游地区；（5）以地下水—融水补给为主的河流，主要分布在高原中部喜马拉雅山脉、念青唐古拉山脉、唐古拉山脉的北侧一线；（6）以融水—地下水补给为主的河流，主要分布有高原西北部羌塘高原；（7）以雨水—融水补给为主的河流，主要分布在东北部的祁连山东段；（8）无流区，主要在柴达木盆地东部和北部。①

① 李巧媛："不同气候变化情境下青藏高原的冰川变化"，湖南师范大学博士学位论文，2011年，第19—20页。

青藏高原北部和念青唐古拉山部分山脉的融雪水被澜沧江、怒江、黄河、长江等河流带入南海、安达曼海、黄海和东海；冈底斯山东部和念青唐古拉山脉西、南地区的融雪水经雅鲁藏布江流入孟加拉湾；冈底斯山的融雪水通过象泉河和狮泉河到达安达曼海；喜马拉雅南麓地区的融雪水被孔雀河、朋曲和洛扎曲带入孟加拉湾。藏北羌塘地区和喜马拉雅北麓的部分融雪水经过众多内陆河流流入高原湖泊中，如唐古拉、念青唐古拉以及羌塘中部冰川的融雪水流入色林错、纳木错、当惹雍错等湖泊；宁金岗桑的融雪水流入羊卓雍错等。①

青藏高原河流补给源主要来自冰川融水。中国是世界上第三大冰冻圈②国家，共有冰冻圈面积约 2158104 平方公里，占国土面积的 22.4%。其中冰川 46000 多条，面积达 59425 平方公里，占全球中、低纬度冰川面积的 50% 以上。③ 而在中国境内，青藏高原是中国冰冻圈分布最广的区域，冰冻圈面积达 1.6 千万平方公里，占我国冰冻圈总面积的 70% 多。④ 作为青藏高原主体的西藏，其境内印度河水系、恒河水系、怒江水系的冰川融水比重分别达 44.8%，9.1% 和 8.8%。⑤ 可以说，亚洲的几个重要的国际河流对青藏高原的冰川融水的依赖程度是比较高的。

---

① 达瓦次仁："全球气候变化对青藏高原水资源的影响"，《西藏研究》，2010 年第 4 期，第 94—95 页。

② 冰冻圈是指水分以冻结状态（雪和冰）存在的地球表层的一部分，它由雪盖、冰盖、冰川、多年冻土及浮冰（海冰、湖冰和河冰）组成。载 http：//baike.baidu.com/link？url = jNbfjnkX – X5hC5PD3eW1Ny4yd8JCm5eW10lyNq2Y92jQivTsjPja5yE9rERog-cLocJEc0bIXqCJi8QkY9DZ3KK。（上网时间：2015 年 10 月 16 日）

③ 秦大河、效存德、丁永建等："国际冰冻圈研究动态和我国冰冻圈研究的现状与展望"，《应用气象学报》，2006 年第 17 期，第 650 页。

④ 邱国庆、周幼吾、程国栋等：《中国冻土》，科学出版社 2000 年版，第 43—44 页。

⑤ 张建国、陆佩华、周忠浩、张位首："西藏冰冻圈消融退缩现状及其对生态环境的影响"，《干旱区地理》，2010 年第 5 期，第 705 页。

表 5—5　青藏高原冰川消融对部分亚洲国际河流的脆弱性影响①

河流水系	人口（百万）	耕地所占百分比（%）	对冰川融水的依赖程度
澜沧江—湄公河	57	38	中等
雅鲁藏布江—布拉马普特拉河	118	29	高
恒河	407	72	高
印度河	178	30	非常高
塔里木河	8	2	非常高

青藏高原的冰川总计有 36924 条，冰川总面积达 50657 平方公里，冰川总储量为 4680.5 立方千米，依次占中国西部现代冰川的 79.6%、85.2% 和 83.6%。在外流流域中，澜沧江流域的冰川数量是 380 条，面积是 316.32 平方公里，储量是 17.885 立方千米，分别占整个高原的 1%、0.62% 和 0.38%；怒江流域的冰川数量是 2021 条，面积是 1774.73 平方公里，储量是 115.781 立方千米，分别占整个高原的 5.5%、3.5% 和 2.5%；恒河流域的冰川数量是 13008 条，面积是 18102.14 平方公里，储量是 1642.192 立方千米，分别占整个高原的 35.2%、35.7% 和 35.1%；印度河流域的冰川数量是 2033 条，面积是 1579.373 平方公里，储量是 93.651 立方千米，分别占整个高原的 5.5%、3.1% 和 2%。从整体上说，整个流域的冰川数量最多的就是恒河水系。②

作为地球的第三极，青藏高原对气候变化表现的异常敏感。气象记录表明：自 20 世纪 50 年代中期以来，青藏高原年均气温呈显著增加的趋势，在 1961—2007 年间年均气温以 0.37 ℃每 10 年的速

---

① Earth Policy Institute and U. N. Environment Program, Global Outlook for Ice and Snow, Nairrobi, Kenya, 2007, p. 131.

② 李巧媛："不同气候变化情境下青藏高原的冰川变化"，湖南师范大学博士学位论文，2011 年，第 32—35 页。

率上升，且冷季气温上升速率大于暖季。[①]

气候变暖对青藏高原水环境的影响巨大，它会引发高山冰川快速融化、冻土退化、湖泊消长，改变水资源的时空和空间的分布。有关资料表明，青藏高原的冰川面积已经由20世纪70年代的近48800平方公里，缩减至44400平方公里，冰川在经历30个春秋后，面积减少了近4400平方公里，平均每年减少约147平方公里，总减少率达9.05%。在情况较为严重的帕米尔高原、喜马拉雅山，冰川累计消减达到了原有面积的15%以上。黄河源头地区的黄河阿尼玛卿山地区冰川面积较1970年减少了17%，冰川末端年最大退缩率57.4米/年。长江源冰川近13年来也正以57米/年的速度后退。[②] 政府间气候变化专门委员会（PICC）估计，由于全球温度上升，喜马拉雅山的冰川规模至2050年可能减少大约25%。[③] 美国俄亥俄州立大学冰河学家劳尼·托马逊（Lonnie Thompson）表示，青藏高原的气温升速几乎是全球其他地区的两倍。如果冰川继续以这个速度融化，青藏高原有2/3的冰川可能会在2050年之前消失。[④]

冰川是重要的固体水资源，是河川径流量的天然调节器。气候变暖引发的冰川消融，会引起冰川储量的透支，在短期内提高了对河流的补给程度，使下游的河流水量明显增加，[⑤] 对于当地和下游民众的饮水、灌溉、发电等生产和生活意义重大，尤其是对干旱地区的水资源补给和经济建设是有利的。但从长期看来，冰川将逐渐消

---

① 董斯扬、薛娴、徐满厚、尤金刚、彭飞：“气候变化对青藏高原水环境影响初探”，《干旱区地理》，2013年第5期，第841页。

② “全球气候变暖对高原湿地的冲击”，腾讯网，http：//news.qq.com/a/20091127/000480.htm。（上网时间：2014年10月16日）

③ The Regional Impacts of Climate Change：An Assessment of Vulnerablity. Intergovernmental Panel on Climate Change，1997，P14.

④ “青藏高原冰川萎缩将使亚洲遭遇水资源短缺”，路透社网，http：//cn.reuters.com/article/oddlyEnoughNews/idCNChina－3489320090119？sp＝true。（上网时间：2014年10月16日）

⑤ 张建国、陆佩华、周忠浩、张位首：“西藏冰冻圈消融退缩现状及其对生态环境的影响”，《干旱区地理》，2010年第5期，第705页。

亡，冰川融水对河流的补给将逐渐减少，河流干涸或受旱涝灾害的威胁增大。[①] 随着气候变暖的加重，冰川的消融达到一定程度后，则会开始逐年减少，等冰川完全消失后，融水也随之消失，这将给以冰川融水为基础的社会经济和生态系统带来灾难性的后果。[②]

第一，导致水资源严重短缺。

由于青藏高原冰川的消融，可利用的水资源将大量减少。研究预计，喜马拉雅山冰雪消融的径流系统将在 2050 年到 2070 年达到峰值，此后其年度平均流量的衰减将在 1/5 到 1/4 之间。[③] 如果按照这项研究推算，届时，依赖青藏高原冰川融水供给的许多条东南亚和南亚河流将遭受有效水资源减退的威胁，季节性水资源短缺的局面可能会突然降临。

美国伍德罗·威尔逊国际学者中心的环境与安全计划主管乔费·达贝克（Geoff Dabelko）表示，中国、印度、巴基斯坦、孟加拉国和不丹近 20 亿人将会因青藏高原冰川消融导致的水流减缓而面临水资源的短缺。[④] 例如，恒河的水流一旦缺少冰川的补给，每年的 7—9 月的流量将减少 2/3，将导致 5 亿人和印度 37% 的农田面临水源短缺的威胁。[⑤]

第二，发生洪涝或干旱等自然灾难事件。

一是，融雪性洪灾的发生，高原冰川的快速消融形成的融雪水会形成堰塞湖，多数堰塞湖有冰碛支撑，当水量和压力达到一定程

---

① 张建国、陆佩华、周忠浩、张位首：“西藏冰冻圈消融退缩现状及其对生态环境的影响”，《干旱区地理》，2010 年第 5 期，第 705 页。

② “全球气候变暖对高原湿地的冲击”，腾讯网，http：//news. qq. com/a/20091127/000480. htm。（上网时间：2014 年 10 月 16 日）

③ H. Gwyn Rees& David Collins，“Regional differences in response of flow in glacier-fed Himalayan rivers to climactic warming”，Hydrological Process，2006，pp. 2167 – 2168.

④ “青藏高原冰川萎缩将使亚洲遭遇水资源短缺”，路透社网站，http：//cn. reuters. com/article/oddlyEnoughNews/idCNChina – 3489320090119？sp = true。（上网时间：2014 年 10 月 16 日）

⑤ Jain C. K，A Hydro Chemical Study of a Mountains Watershed：the Ganga，India，Journal of Water Resources Research，2002.

度时很容易溃坝。20世纪以来，喜马拉雅地区冰川融化形成了诸多冰川湖（堰塞湖），尼泊尔的戈西盆地有159个冰湖，在阿伦地区有229个，其中24个具有潜在的高威胁。1935年以来在尼泊尔发生了16起由冰湖溃坝引发的洪灾。[①]

二是，由于冰川融水径流的年际和季节性变化较大，会不可避免的增加水资源分配模式的不稳定性，可能会造成雨季之时，雨水泛滥，引发洪涝灾害，而在干旱时节，水量不足，缺水干涸。以湄公河为例。有研究表明，与20世纪中期到末期相比，湄公河每月最大流量将增加35%—41%，而在此期间，每月最小流量将减少17%—24%。联合国政府间气候变化专门委员会（IPCC）指出，湄公河流域雨季河流泛滥的风险将加大，而在旱季则可能增加水资源短缺的概率。另外，就湄公河地区而言，由于海平面上升导致的河流下游盐碱化将使得气候变化带来的风险放大，这将对湄公河三角洲地区的农业生产造成严重威胁。[②]

三是，气候变化会影响季风动力，这对于依赖季节性降雨的河流体系至关重要。夏季季风季节尤其对孟加拉国、印度、尼泊尔和巴基斯坦的农业、水供给、经济、生态体系和居民健康尤为重要。2009年，美国普杜大学的研究指出，气候变化导致东部季风循环改变，导致印度洋、孟加拉国和缅甸等区域多雨，而印度、尼泊尔和巴基斯坦等区域少雨，而印度全部水供给的90%由季风性降雨提供。为此，印度与巴基斯坦的灌溉系统和农业人口将受到剧烈影响。[③]

第三，引发水资源争夺和地区动荡。

---

① 达瓦次仁："全球气候变化对青藏高原水资源的影响"，《西藏研究》，2010年第4期，第95页。

② Reiner Wassmann, Nguyen XuanHien, Chu Thai Hoanh, To PhueTuong, "Sea level rise affecting the Vietnamese Mekong Delta: water elevation in the flood season and implications for rice production," Climactic Change, 2004, p. 89.

③ "Avoiding water wars: water scarcity and central Asia's growing importance for stability in Afghanistan and Pakistan", A majority staff report prepared for the use of the Committee on foreign relations United States Senate, February 22, 2011. Available at: http://www.fdsys.gpo.gov.（上网时间：2015年5月13日）

青藏高原的冰川融水是中国和东南亚、南亚、中亚等十多个国家的河流径流量的依赖源泉，这些河流是中国和周边国家的淡水提供和水电资源服务的重要来源。如果青藏高原的冰川快速消融导致发生亚种的缺水问题，那么由于国际河流的共线性，地区内的国家之家难免会发生针对水资源的争夺战，引发地区动荡。例如印度和巴基斯坦两个国家，喜马拉雅山冰雪消融造成的水资源改变将会对这两个缺水型国家的农业发展带来毁灭性的打击，印度河的水资源匮乏会加剧两国之间业已存在的水资源纷争，更会激化两国因水问题而在克什米尔地区的冲突。在澜沧口—湄公河流域同样如此，湄公河国家已经因为中国在上游的水电开发而与中国发生水争端事件，如果如未来气候模型所预测的，湄公河的水资源有效利用率发生恶化，那么中国在澜沧江段的水力开发利用行为，将成为东南亚国家更大的顾虑，引发其更大的抵制和反对。

（三）气候变化与水环境移民：引发种族冲突与地区动荡

在全球气候变化的大背景下，水资源压力的增大会引发大规模的人口迁移，成为种族冲突和地区不稳定的诱发因素。加拿大多伦多大学荷马·迪克斯所主持的一个“环境变化与冲突”的研究项目中，对环境资源变化与国家冲突之间的关系进行了大量的实证性研究，总结出了“环境短缺—水资源冲突—水环境移民—种族冲突—地区不稳”之间的关系。该项目认为，环境变化和环境稀缺的内涵不同，环境稀缺这一概念包含了有可能引发冲突的三个方面：环境资源的短缺、人口增长、分配不均。可再生资源质量和数量的下降、人口的增长和资源获取机会的不平等加剧了环境的稀缺性，由此导致经济生产能力和规模下降和缩减，促使越来越多的人选择迁移他处，去加剧其他地区的环境竞争，最终引发种族间冲突，同时由于人口数量减少、社会内部发展压力增大，国家内部发生政变或社会冲突。[1]

---

① Thomas F. Homer-Dixon，“Environmental Scarcities and Violent Conflict：Evidence from Case,” International Security，Vol. 19，No. 1，Fall 1994，p. 31.

IPCC 的科学家通过实验模型做出情景预测：到 2080 年，全球可能将有 11 亿到 32 亿人口面临饮水短缺，2 亿到 6 亿人口面临饥饿威胁，每年 2 亿—7 亿沿海居民遭受洪涝灾害，最多将有 60% 已知物种从地球上消失。[①] 联合国环境和人类安全组织、香港发展与救援 NGO 组织——香港乐施会等组织机构在 2009 年 4 月发布报告称，在 1998—2007 年间，全球每年受气候灾害影响的人数约为 2.43 亿人；2015 年后人数将达到 3.75 亿人以上。目前，不少国家和地区的民众已经开始进行自发和有组织的气候移民，[②] 预计到 2050 年人数将达到 2 亿人[③]。

气候变化导致的水环境移民是气候移民的主要类型，主要包括因干旱少雨造成水资源缺乏，水环境被破坏而无法在原地生活的移民，或者因大规模水利工程所引发的移民。据统计，1995 年，全球被迫迁移的移民人数为 4500 万，其中由缺乏足够饮用水而造成的环境移民就达 3000 万。截至 2006 年，由于水资源严重不足导致的严重荒漠化已经使得全球的环境移民数量超过了 1.35 亿人，远远超过了政治移民的数量。2011 年 3 月，亚洲开发银行发布《亚洲和太平洋地区气候变化和移民》报告，对亚太地区未来可能面临的大规模"气候移民"问题拉响了警报。而在中国周边地区，东亚和南亚是未来 20—50 年全球气候移民的热点地区。[④] 亚太地区原本就备受干旱、洪水、风暴等灾害侵袭，气候变化进一步恶化了现有形势，而东南亚、南亚等国的大批居民依靠自然资源生活，气候变化会破坏当地自然资源和生物多样性，失去生计的人们不得不迁往他处另谋生路。

由于东南亚地区人口密度高，经济欠发达，对气候变化的适应

---

① 潘滨："不想做气候难民就要做气候公民"，《新周刊》，2010 年 6 月 17 日。

② 李继峰："被迫迁移的气候难民"，《文学报》，2010 年 1 月 7 日。

③ Brewn O. Migration and Climate Change, International Organization for Migration Research Series, No. 31, Geneva: IOM, 2008.

④ 潘家华、邦艳："气候变化催生移民亚太成热点区域"，《文汇报》，2011 年 5 月 27 日。

力和抵抗力比较脆弱。IPCC 警告，如果不采取有效行动，到 2100 年，东南亚的平均温度将会上升 4.8℃。这将加剧现有的干旱程度和范围，尤其是在发生厄尔尼诺现象的年份里，夏季更长，气温更高，降水却更少，长期干旱且日益严重，导致河流、水库、水坝中的水量减少，农作物欠收，危机粮食安全和淡水供应。[①] 水资源稀缺性压力增大，农作物缺水，致使农作物的产量下降，农民生活受到严重影响。

另外，气候变化还会导致极端水文事件发生频率增多，尤其是洪涝与干旱的危害会显著增大，[②] 成千上万亩的稻田和农田会因此被毁，造成农业损失巨大。绿色和平组织发布的一份研究报告显示，1989—2002 年间，泰国由于洪水、风暴和干旱造成的经济损失高达 17 亿 5 千万美元，其中大部分是农业部门造成的，仅在 1991—2000 年间，农作物损失就达到 12 亿 5 千万美元。[③] 气候变化给农业带来的负面影响，极端气候和海平面上升的危险增加，收入不断减少，在这种情况下，这一地区已经开始产生气候移民，预计其数量将不断增加。[④]

在绿色和平环保组织 2008 年发布的《蓝色警报——南亚气候移民》报告中，印度首席气候变化专家苏迪尔·拉加表示，如果温室气体按照目前的速度继续排放……南亚地区将出现移民浪潮，到本世纪末，气候变化效应，包括海平面上升，以及水资源缺乏导致的干旱和季候风季节的改变等将导致南亚 1.25 亿居民被迫迁移，其中

---

① Asian Development Bank, Climate Change and Migration in Asia and the Pacific, Mandaluyong City, Philippine, Asian Development Bank, 2011.

② Intergovernmental Panel on Climate Change (IPCC), Working Group II Contribution to the IPCC Fifth Assessment Report, Climate Change 2014: Impacts, Adaptation, and Vulnerability. http://www.ipcc.ch/report/ar5/wg2/. (上网时间：2015 年 5 月 13 日)

③ Amadore, L. A., "Crisis or Opportunity: Climate Change Impacts and the Philippines", Greenpeace southeast Asia, Quezon City, 2005.

④ Asian Development Bank, Climate Change and Migration in Asia and the Pacific, Mandaluyong City, Philippine, Asian Development Bank, 2011.

以印度和孟加拉两国的居民为主。[①] 在布拉马普特拉河沿岸，许多孟加拉人依靠季节性洪水为生，喜马拉雅山冲下来的洪水每年带来充满养分的新鲜泥层，人们可以在这样的土地获得稻米的好收成。但由于气候变化导致他们赖以生存的洪水变得“捉摸不定”，季节性缺粮成为农村生活的一大突出问题，贾达普大学和世界自然基金会最近的报告估计，到2050年，孟加拉湾的100万人将沦为气候移民。[②]

因水环境原因而形成的气候移民从本质上说属于环境难民，目前还未得到国际社会的普遍承认，一般还得不到国际社会的援助和救援，并且相当一部分一旦从原来的家园迁出，就再也无法重返。这些因缺水或因水资源灾难而产生的移民或涌入国内其他地区，或跨越边境进入邻国，会直接加剧迁入国的人口、水资源和环境压力，引发新一轮的资源稀缺危机，并极有可能引发社会冲突，激化种族问题与宗教冲突。

更为严重的是，移民问题将威胁本已经非常脆弱的国家和地区间关系，影响地区和国家的政治稳定性。比较典型的例子是20世纪80年代，孟加拉国数千万难民因为严重缺水而迁移印度，引发印度居民的严重敌对情绪，并发生暴力冲突，导致数千人丧生。可以预见，如果气候变化导致的水资源安全问题日益加重，在中国周边地区，非常有可能会出现大量的水环境移民，那将不可避免的增大这一地区的水资源需求压力，而且将会破坏边界不稳，引发边境地区冲突，对整个中国周边地区的稳定与发展产生巨大的消极性影响。

（四）气候变化对水资源安全合作的需求

气候变化主要是通过水和大气对地球生态系统产生影响，继而影响民生与社会福祉。在气候变化的影响下，水文环境改变造成的水资源安全问题将越来越加重国家安全方面的压力。所以，无论是

---

① Sudhir Chella Rajan，Blue Alert：Climate Migrations in South Asia，India：Greenpeace India，2008.

② “气候变化致孟加拉湾‘气候难民’激增”，中国天气网，http：//www.weather.com.cn/climate/6hbhyw/02/1802179.shtml。（上网时间：2015年6月20日）

从处理外交关系还是从政治话语的角度考虑,[①] 思考如何在气候变化的大背景下，更有效地实现水资源安全，应该是中国和周边国家的政治决策者们思考的关键议题。

需要注意的是，当前正处于亚太地缘政治进入深度调整时期，中国的周边战略和外交理念也在逐渐发生改变。所以，对于现在的中国来说，气候变化以及其推动的水资源安全问题带来的不仅仅是安全挑战，更有可能成为中国实现周边战略、实践周边外交新理念、重塑周边秩序的契机和机遇。

中国在2013年创造性的提出了建设“丝绸之路经济带”和“21世纪海上丝绸之路”（简称“一带一路”）的构想，其根本目的就是通过创新与周边国家和地区的合作模式，以点带面，由线至面，全方位的推进与沿途国家的双边与区域合作，以此增进国家间关系和地缘政治稳定，实现地区与世界的和平、发展与共赢。IPCC在2014年发布的第五次气候变化评估报告的第二、三组工作报告中也明确指出，国家之间通过采取集体行动，合作制定水资源管理和适应性行动策略，共同应对气候变化造成的水资源安全问题，是有效地缓解和适应气候变化挑战的理性选择。[②] 所以，在“一带一路”的建设过程中，气候变化所带来的“一荣俱荣、一损皆损”的影响，可以成为推动中国和周边国家构建“利益共同体”和“命运共同体”的自然基础，成为促进国家间开展合作的有力因素。

从长期来看，合作应对气候变化和水资源安全问题是中国和周边国家的必然选择，也是“一带一路”建设过程中国家间合作的重要内容。例如中印之间，从2006年开始，两国就应对喜马拉雅冰川

---

① Moore Scott. Climate Change, Water, and China's National Interest. China Security. May, 2009, pp. 25 – 39.

② Intergovernmental Panel on Climate Change (IPCC), Working Group II Contribution to the IPCC Fifth Assessment Report: Climate Change 2014: Impacts, Adaptation, and Vulnerability. http://www.ipcc.ch/report/ar5/wg2/; Working Group III Contribution to the IPCC Fifth Assessment Report: Mitigation of Climate Change, http://www.ipcc.ch/report/ar5/wg3/. (上网时间：2015年5月13日)

融化开始对话。印度环境部长贾拉姆·拉米什（Jairam Ramesh）2009年访问北京时，也将联手应对青藏高原特别是喜马拉雅山区冰川消融给两国水资源带来的挑战，作为与中国对话的主要议题之一。[①] 现在，针对喜马拉雅山冰川的合作，已经成为中印两国应对气候变化合作的三大内容之一。

所以，在习近平主席提出的新周边外交理念的指导下，面对气候变化和水资源安全问题等地区公共问题时，中国应充分发挥负责任地区大国的作用，以积极姿态与周边国家携手开展气候合作，联合制定相应的战略性策略，加强对周边国家提升气候变化应对能力建设的资金投入与援助力度，在气候变化应对机制和水合作管理机制的制定中把握主动权，发挥领导力，成为重要性地区公共产品的积极提供者，这样一方面有利于中国经略周边，重建有利于中国国家安全的周边新秩序与新规则，另一方面，可以让周边地区国家充分享受到中国发展所带来的红利，感受到中国倡行的共建、共享、共赢与合作的新理念，从而提升中国在周边地区的影响力，提高周边国家对中国的战略信任，推动“命运共同体”意识在周边地区的真正的“落地生根”。

二、“一带一路”大战略实施与水合作

（一）“一带一路”大战略的提出与基本内涵

2013年9月与10月，中国国家主席习近平在出访哈萨克斯坦和印度尼西亚时，先后提出了与周边国家构建“丝绸之路经济带”和“21世纪海上丝绸之路”的倡议。在中国周边外交座谈会上，两个倡议正式合并在一起，成为中国周边战略构想，并写入《中共中央关于全面深化改革若干重大问题的决定》，升级为国家战略。中国国务院总理李克强参加2013年中国—东盟博览会时强调，铺就面向东盟的“海上丝绸之路”，打造带动腹地发展的战略支点。加快“一

① “中印需携手拯救‘亚洲水塔’”，新浪网，http：//finance. sina. com. cn/roll/20090828/00016674801. shtml。（上网时间：2015年5月13日）

带一路”建设，有利于促进沿线各国经济繁荣与区域经济合作，加强不同文明交流互鉴，促进世界和平发展，是一项造福世界各国人民的伟大事业。[①]

2015 年 4 月，中国政府发布了“一带一路”的路线图，“一带”，指的是“丝绸之路经济带”，是在陆地，有三个走向，从中国出发，一是经中亚、俄罗斯到达欧洲；二是经中亚、西亚至波斯湾、地中海；三是中国到东南亚、南亚、印度洋。“一路”，指的是“21 世纪海上丝绸之路”，重点方向是两条，一是从中国沿海港口过南海到印度洋，延伸至欧洲；二是从中国沿海港口过南海到南太平洋。[②]

“一带一路”沿线 53 个国家、94 个城市，贯穿亚欧非大陆，一头是活跃的东亚经济圈，一头是发达的欧洲经济圈，中间广大腹地国家经济发展潜力巨大。丝绸之路经济带重点畅通中国经中亚、俄罗斯至欧洲（波罗的海）；中国经中亚、西亚至波斯湾、地中海；中国至东南亚、南亚、印度洋。“21 世纪海上丝绸之路”重点方向是从中国沿海港口过南海到印度洋，延伸至欧洲；从中国沿海港口过南海到南太平洋。“一带一路”建设是一项系统工程，坚持的是共商、共建、共享原则，各国和国际、地区组织均可参与，通过战略对接与合作，共同建设“一带一路”，兼顾各方利益和关切，寻求利益契合点和合作最大公约数，真正实现互利共赢。[③]

“一带一路”建设是中国积极参与 21 世纪全球治理和区域治理顶层设计，而互联互通是“一带一路”的支撑基础与核心内容。在《愿景与行动》中明确阐明，共建“一带一路”致力于亚欧非大陆及附近海洋的互联互通，建立和加强沿线各国互联互通伙伴关系，

---

① “授权发布：推动共建丝绸之路经济带和 21 世纪海上丝绸之路的愿景与行动”，新华网，http：//news. xinhuanet. com/2015 –03/28/c_ 1114793986. htm。

② “央视发布权威‘一带一路’版图”，网易网，http：//news. 163. com/15/0414/06/AN5490VE0001124J. html？ bdsj。（上网时间：2015 年 5 月 16 日）

③ “授权发布：推动共建丝绸之路经济带和 21 世纪海上丝绸之路的愿景与行动”，新华网，http：//news. xinhuanet. com/2015 –03/28/c_ 1114793986. htm。（上网时间：2015 年 5 月 16 日）

构建全方位、多层次、复合型的互联互通网络，实现沿线各国多元、自主、平衡、可持续的发展。“一带一路”的互联互通项目将推动沿线各国发展战略的对接与耦合，发掘区域内市场的潜力，促进投资和消费，创造需求和就业，增进沿线各国人民的人文交流与文明互鉴，让各国人民相逢相知、互信互敬，共享和谐、安宁、富裕的生活。[①]

基础设施互联互通是“一带一路”建设的优先领域。因建设资金的不足和有限，部分“一带一路”沿线国的铁路、公路、桥梁、港口、机场和通讯等基础建设严重不足，这会不可避免地限制了“一带一路”的推行。据亚洲开发银行估计，2010 年至 2020 年 10 年间，亚洲各国要想维持现有经济增长水平，内部基础设施投资至少需要 8 万亿美元，平均每年需投资 8000 亿美元。8 万亿美元中，68% 用于新增基础设施的投资，32% 是维护或维修现有基础设施所需资金。[②]

由于现有的世界银行、亚洲发展银行等多边机构并不能提供如此巨额的资金，为了最大程度的保障基础设施互联互通的实现，中国国家主席习近平于 2013 年 10 月 2 日提出筹建亚洲基础设施投资银行（Asian Infrastructure Investment Bank，简称“亚投行”，AIIB）的倡议，旨在向“一带一路”沿线国基础设施建设提供资金支持。2014 年 10 月 24 日，包括中国、印度、新加坡等在内 21 个首批意向创始成员国的财长和授权代表在北京签约，共同决定成立亚洲基础设施投资银行。

亚投行是一个政府间性质的亚洲区域多边开发机构，总部设在北京，法定资本 1000 亿美元。中国初始认缴资本目标为 500 亿美元左右，中国出资 50%，为最大股东。各意向创始成员同意将以国内

---

① “授权发布：推动共建丝绸之路经济带和 21 世纪海上丝绸之路的愿景与行动”，新华网，http：//news. xinhuanet. com/2015 - 03/28/c_ 1114793986. htm。（上网时间：2015 年 5 月 16 日）

② “亚投行路线图猜想”，人民网，http：//paper. people. com. cn/gjjrb/html/2014 - 11/24/content_ 1501990. htm。（上网时间：2015 年 5 月 16 日）

生产总值（GDP）衡量的经济权重作为各国股份分配的基础。2015年试运营的一期实缴资本金为初始认缴目标的10%，即50亿美元，其中中国出资25亿美元[①]。截至2015年4月15日，亚投行意向创始成员国确定为57个，其中域内国家37个、域外国家20个。涵盖了除美国、加拿大、日本之外的主要经济发达国家，以及亚欧区域的大部分国家，成员遍及五大洲。各方商定将于2015年年中完成亚投行章程谈判并签署，年底前完成章程生效程序，正式成立亚投行。

亚投行的主要业务范围是援助亚太地区国家的基础设施建设。在全面投入运营后，亚洲基础设施投资银行将运用一系列支持方式为亚洲各国的基础设施项目提供融资支持——包括贷款、股权投资以及提供担保等，以振兴包括交通、能源、电信、农业和城市发展在内的各个行业投资。[②]

中国从2013年开始，已经成了资本的净输出国，另外，中国在基础设施装备制造方面已经形成完整的产业链，同时在公路、桥梁、隧道、铁路等方面的工程建造上积累了丰富的经验，水平和能力在世界上处于领先地位。亚投行的成立，将推动中国基础设施建设的相关产业更快地走向国际。

（二）“一带一路”战略推动水合作的实现

“一带一路”覆盖国家总人口达到46亿，而绝大部分国家人均用电量和发达国家差距甚远，具有广阔的市场潜力。世界国家可以按照人均用电量分为四档：北美、北欧及澳大利亚等少数发达国家，人均用电量在10000千瓦时以上，处于第一档；德国、法国等大部分发达国家人均用电量则在5000—10000千瓦时，处于第二档；中国、哈萨克斯坦、东欧等新兴市场人均用电量约为2000—5000千瓦时，处于第三档；人均用电量不足2000千瓦时的国家则主要分布在

---

① “亚投行路线图猜想”，人民网，http：//paper. people. com. cn/gjjrb/html/2014－11/24/content_ 1501990. htm。（上网时间：2015年5月16日）

② “亚投行为什么这么火：欧洲在一带一路寻求机会”，人民网，http：//world. people. com. cn/n/2015/0323/c157278－26734418. html。（上网时间：2015年5月16日）

中亚、中亚、非洲，处于第四档。绝大部分“一带一路”覆盖国家处于第三档和第四档，随着社会的发展当地本身具有加大电力投资的刚性需求。[①]

2015 年 4 月 13 日“世界水论坛”发布了《水：适合融资吗?》的报告，指出随着农业、工业和能源用水需求的日益上升，水利基础设施也需要具备多种用途，但与其他基础设施投资相比，水利基础设施的投资目前被严重边缘化。据报告估计，到 2050 年，仅供水系统和环境卫生用水所需资金将达 6.7 万亿美元，相关融资需求已迫在眉睫。世界水理事会主席贝内迪托·布拉加（Benedito Braga）认为，“在过去的十年间，水问题在全球政治议程中越来越引人注意。但是，尽管水利设施融资已成为应对气候变化、人口增长和城镇化等问题的紧迫需求，我们做得还远远不够，……世界各国的投资者、经济界人士和政府官员从全局出发，寻找到解决水利设施融资赤字的新方法。”[②] 而“一带一路”的推行，将使中国在为水利基础设施融资方面发挥非常重要的作用，目前已为世界范围内的 400 多座大坝和水库融资。经济合作与发展组织（OECD）秘书长安赫尔·古里亚（Angel Gurria）称，中国倡导的亚洲基础设施投资银行是基础设施融资的积极举措。[③]

对电力投资具有刚性需求的“一带一路”国家，很多是水资源丰富但开发力度欠缺的国家。2013 年，全球发电总装机容量 57.3 亿千万（中国为 12.47 亿千瓦），其中水电总装机容量近 12 亿千瓦，超过 20%。相比较于世界发达国家平均 70% 以上的开发水平，发展中国家的水电开发程度普遍较低，亚洲国家在 25% 左右，非洲国家

---

① “‘一带一路’覆盖国家新增电力建设需求量巨大”，北极星电力网，http://news.bjx.com.cn/html/20150129/586258.shtml（上网时间：2015 年 6 月 20 日）

② “世界水论坛号召加强水利基础设施全球融资”，新华网，http://news.xinhuanet.com/fortune/2015－04/14/c_ 1114961463.htm。（上网时间：2015 年 6 月 19 日）

③ “世界水论坛号召加强水利基础设施全球融资”，新华网，http://news.xinhuanet.com/fortune/2015－04/14/c_ 1114961463.htm。（上网时间：2015 年 6 月 19 日）

一般只有10%。中国在水电开发上积累了丰富的工程建设和运营经验，截止到2014年，中国水电装机容量达到3.0亿千瓦，居世界第一，设计、施工、设备、进度、成本、输电等均居世界一流。中国水电已经逐渐成为引领和推动世界水电发展的巨大力量。[①]

随着“一带一路”战略的实施，中国将与周边国家在基础设施互联互通上加大合作，“互联互通”以政策沟通、设施联通、贸易畅通、资金融通、民心相通为主要内容，水电投资作为基础设施中的重要内容，与“五通”直接相关。中国的水电投资会实现政策对接，极大的促进东道国的经济发展，助其解决民生问题。可以说，“一带一路”的推行为中国的水电投资“走出去”创造了前所未有的机遇。

但受多种因素的影响，中国在周边地区开展水利合作会面临复杂风险的考验。从目前来看，影响中国水电基础设施海外投资的风险主要有政治、技术、法律、经济、环境、社会、舆论七大类风险。

在政治风险方面，东道国多属于经济欠发达、政治处于转型期的发展中国家，其面临着政治稳定性的问题，涉及政权更迭、政局不稳、权力斗争、内乱等；由于武装冲突、宗教冲突和恐怖主义的存在，导致社会安全受到威胁；在某些国家，中国的投资项目成为东道国外交政策和大国关系博弈的筹码。

在技术风险方面，主要包括：合同主体多国化、东道国技术标准的缺失和差异、工程施工难度大、设备和材料欠缺。

在法律风险方面，主要包括：东道国法律法规体系不够完善、企业主观上法律意识淡薄、企业缺乏法律维权意识、海外投资法律有待进一步完善。

在经济风险方面，主要包括：融资，东道国缺乏融资政策或融资支持，或者东道国由于被制裁而难以获得国际融资支持；汇率和通货膨胀；成本增加与市场风险；经济变化。

---

① 引自伊江上游水电有限责任公司蒋立哲2015年4月17日在北京大学第三届中国与全球治理论坛“境外基础设施投资的政治风险管理”上做的主题演讲——《水电企业对外投资风险认知》。

在环境风险方面，主要包括：东道国环保法律及体系缺失、企业环保意识缺失、环境管理透明度不够。

在社会风险方面，主要包括：移民安置；忽视民生、民意；社会责任缺失；民风民俗及宗教文化冲突。

在舆论方面，主要包括：不重视公共关系，不能很好地处理与政府、媒体、NGO、利益集团和公众的关系，缺乏交流沟通，进而损害了公司在公众中的形象；企业与项目信息不透明，民众对企业和项目认知程度不高，一些恶意信息裹挟“民意”，歪曲实施，损害企业和项目；缺乏危机公关经验，遇到危机情况，采取回避、低调的策略，往往会加剧各种冲突和矛盾；忽视新媒体，无法适应互联网、微博时代的舆论新格局，缺乏与网民沟通交流的经验和技巧。①

综上，“一带一路”在推行的过程中，中国所进行的互联互通基础设施建设，会极大的促进中国与周边国家水利合作的发展，水利合作将日益成为中国水合作的“主旋律”。但同时也会不可避免地遭遇以上七大类风险，如何最大程度地规避、预防这些风险，或者将这些风险的消极影响降低到最低程度，离不开中国政府、企业开展一系列的危机管控措施，需要在外交政策上“与时俱进”，通过适度的外交活动对投资活动进行规划和引导，对企业、NGO和媒体进行资源整合，对可能遭遇或已经遭遇的风险进行外交预警、管控。

结语

中国领导人曾提出了“与邻为善、以邻为伴”、“睦邻、安邻、富邻”的周边外交政策，并在此基础上，又提出了“携手建设一个持久和平、共同繁荣的和谐亚洲”的倡议。周边外交政策的不断拓展和升华，表明了在当前复杂多变的国际形势下，中国主动塑造和平稳定的周边环境、引导建立和创新亚洲地区秩序的努力。在此周

---

① 引自伊江上游水电有限责任公司蒋立哲2015年4月17日在北京大学第三届中国与全球治理论坛“境外基础设施投资的政治风险管理”上做的主题演讲——《水电企业对外投资风险认知》。

边关系构建的外交理念指导下，中国的水合作带有鲜明的战略伙伴关系构建和公共外交的性质，在周边安全环境构建中扮演着冲突预防、危机管理、推动区域合作的角色。

水合作虽然已经陆续开展，多层面的水合作格局也已建立，但从合作的内容和效果来看，还处于初级性的合作阶段。虽然中国一再声明，“中国不会威胁任何国家，更不会称霸”，但是中国“可以影响世界，改变地区的格局”的印象还是占据主导地位，安全信任缺失，国外势力干扰，一系列因素导致水合作的进程缓慢。

气候变化影响的凸显和中国“一带一路”战略的实施，为中国和周边国家开展水资源提出了新的要求和方向。现在，越来越多的周边国家意识到开展与深化水合作的现实紧迫性。所以，可以预见，水合作会成为中国周边合作的有力推动力量。

第六章　中国周边国际水资源安全战略构建：经验借鉴与现实选择

近代主权国家体系以领土为主要划分依据，但流动的国际水资源会跨越人为界定的国界而将不同国家的居民联系在一起，形成国际流域。如何和平共享国际水资源一直是国际流域关系构建所面临的重要问题和挑战。作为国际水资源丰富的国度，中国与周边国家之间的水问题已经成为影响中国周边关系构建的安全性问题。

在处于和平发展的重要战略机遇期，在亚洲水资源危机日益加重的时代背景下，为了获得最大程度的国际水资源安全，使"水"议题成为推动稳定周边安全环境构建的积极因素，中国必须以负责任地区大国的身份，站在周边战略和国家安全的高度，构筑以水资源安全为目标，以合作管理为核心，以"流域+区域"为框架，包含协调机制、监管机制、争端解决机制在内的复合型的国际水资源安全战略。只有与此，才能使水真正成为"善利万物"的推动周边安全建设的积极因素。

第一节　国际水资源安全战略的总体目标

根据《现代汉语词典》的解释，"战略"一词的含义是指决定全局的策略，[①] 这种全局性策略具有统领和左右胜败的作用。制定战略，首先要明确战略目标是什么。目标是战略制定所要实现的最终

① 中国社会科学院语言文学所词典编辑室：《现代汉语词典》，商务出版社2012年版，第1836页。

目的，其他战略构成要素都要围绕战略目标，为其服务。

从总体上讲，中国制定国际水资源战略的总体目标就是要实现国际水资源安全。所谓水资源安全是指国家利益不因洪涝灾害、干旱、缺水、水质污染、水环境破坏等造成严重损失；水资源的自然循环过程和系统不受破坏或严重威胁；水资源能够满足国民经济和社会可持续发展需要的状态。[1]

从国际关系的角度来讲，水资源安全的核心内涵有两个。一是一国的主权不因水资源问题而受到侵犯和削弱。正如国际水法所规定的水资源国家主权原则和公平合理利用原则，即一国既享有开发本国境内水资源的权利和自由，也承担不损害他国主权和领土完整的义务。二是一国的经济与社会生活的可持续发展不因他国的水资源使用受到威胁。国家的生存和发展必须有一定的水源保证，当其他国家的水资源使用导致本国的水资源使用受到影响，并且继而影响到正常的生产与生活需要时，就可以说，一国的水资源安全受到了威胁。

一、国际水资源安全战略目标的内外向性

国际水资源本质上属于公共产品，其固有的地缘性质和水利可开发特质，使流域国之间在环境、经济、政治和安全等方面形成一个复杂的相互依存的网络。[2] 对于中国国际水资源战略所要追求实现的就是在这个因水资源而形成的相互依存网络中，无论是在内向性，还是在外向性上，都能够实现国际水资源安全。

从内向性方面来讲，主要是指中国对本国境内的国际水资源享有充分自主的开发利用权利，通过对其进行高效的可持续性开发，满足国内经济发展和民众生活的需求。从外向性方面来讲，主要是

---

① 郑通汉："论水资源安全与水资源安全预警"，《中国水利》，2003 年第 6 期，第 45 页。

② Elhance, Hydropolitics in the 3rd World: Conflict and Cooperation in International River Basin, Washington, D. C.: United States Institute of Peace, 1999, pp. 226 – 227.

指中国对其境内国际水资源的开发利用不会引发与周边国家大规模的水资源纷争或水资源冲突，水议题不会引发周边地区的连锁反应，不会成为中国周边关系发展与和平稳定周边安全环境构建的消极性或威胁性因素。换句话说就是，水议题能够在中国周边关系和周边安全环境的构建中扮演积极的推动性角色。

二、国际水资源安全战略目标对象的周边性

和中国共享有国际水资源的国家主要是周边地区国家，这就决定了中国的国际水资源安全战略的目标对象具有周边性的地缘特点。周边地区对中国的战略意义重大，在国家的发展大局和外交全局中占有重要地位，国际水资源安全战略必须服从和服务于中国的周边外交战略和工作。

中国国家主席习近平在2013年10月23日的周边外交工作会议上曾指出，中国周边外交的战略目标，就是服从和服务于实现“两个一百年”奋斗目标、实现中华民族伟大复兴，全面发展同周边国家的关系，巩固睦邻友好，深化互利合作，维护和用好我国发展的重要战略机遇期，维护国家主权、安全、发展利益，努力使周边同我国政治关系更加友好、经济纽带更加牢固、安全合作更加深化、人文联系更加紧密。[①]

由于水问题引发了周边国家对中国的一系列猜疑、担忧和抗议，炮制出了“中国水威胁论”等消极性言论，甚至还做出了纵向联合域外国家制约中国，横向联系中国海外水电投资议题，影响国内对中国的正确社会舆论。水问题造成的消极影响主要在中国的周边地区扩展。所以，中国的国际水资源安全战略的目标首先是和周边外交战略目标一致的，就是要通过维护周边和平稳定大局，维护周边和平稳定，实现良性发展的周边关系。

习近平主席还强调，中国周边外交的基本方针，就是坚持与邻

① “习近平在中国周边外交工作会上发表重要讲话”，中国网，http：//china. cnr. cn/news/201310/t20131026_ 513941579. shtml。(上网时间：2015年4月12日)

为善、以邻为伴，坚持睦邻、安邻、富邻，突出体现亲、诚、惠、容的理念。要坚持睦邻友好，守望相助，多走动，多做得人心、暖人心的事，增强亲和力、感召力、影响力。要诚心诚意对待周边国家，争取更多朋友和伙伴。要本着互惠互利的原则同周边国家开展合作，把双方利益融合提升到更高水平，让周边国家得益于我国发展，使我国也从周边国家的共同发展中获得裨益和助力。要倡导包容的思想，以更加开放的胸襟和更加积极的态度促进地区合作……要把“中国梦”同周边各国人民过上美好生活的愿望、同地区发展前景对接起来，让命运共同体意识在周边国家落地生根。[①] 中国的国际水资源战略同样是在坚持互信、互利、平等、协作的新安全观的基础上，以互利互惠为基本原则，坚持国际水资源的和平共享，通过水资源合作来推动与周边国家命运共同体意识的建设和发展。

第二节　国际水资源安全战略的核心

水问题的产生，从根本上来说，是地区性法规、水资源监管、区域合作机制等一系列区域公共产品的缺位所致，同一国际流域内的国家只有联合起来选择构建适合本区域和本流域的合作管理模式，才是获得水资源安全的理性之道。

水合作管理的提出是基于国际水资源跨越国界的天然特性。国际水资源通常蕴藏着巨大的水能资源，是很多流域国沿岸居民生活用水的重要来源和发展经济的重要手段。在跨国界河流的流经区域内，通常有两个或两个以上国家因共享水资源而相互依存，例如，因多瑙河，阿尔巴尼亚、奥地利、波斯尼亚等 14 个国家成为相互依存体，刚果河造就了 13 个水资源相互依赖国，尼罗河和莱茵河分别将 11 个和 9 个国家的居民联系在一起。可以说，跨国

① “习近平在中国周边外交工作会上发表重要讲话”，中国网，http：//china. cnr. cn/news/201310/t20131026_ 513941579. shtml。（上网时间：2015 年 4 月 12 日）

界河流是一种产生相互依赖关系的重要纽带，其共享水资源使不同国家的居民联系在了一起，使国家之间形成在水资源上的相互依赖关系。

水资源上的相互依赖，最终的表现是水资源使用上的连带效应。由于水是一种流动的资源而非静态的实体，在同一条跨国界河流上，一国的使用不可避免地会影响到在同一个生存系统环境中其他行为体的共享安排。一般来说，这种水资源相互依赖的连带效应体现在三个方面。

第一种是对有限的水资源的竞争。同一条跨国界河流的水资源可使用总量是有限的，当几个共享国都依赖于此来维持生计和发展生产时，其中的一国对水资源的利用会影响到其他国家对共享水资源的利用，尤其是上游国家为灌溉或提升水力使用功效来兴建水电站、修改河道或截留时，就更可能会影响到下游国家的水资源使用。

第二种是对水的质量的影响。跨国界河流的上游国家对水资源的利用方式会影响流经到下游国家的水质和生态环境，例如，不科学的大坝建设可能会造成下游的泥沙沉积，影响下游鱼类洄游等。另外，上游国的工业和生活污染物很容易通过水流动或者航运扩散至共享水域国内，造成连带污染。

第三种是水流的时机。在水资源相对短缺的地区，水资源利用方式的差异、季节性降水的多少等因素大大增加了共享国家水需求满足的脆弱性，例如，如果上游对跨国界河流的水资源使用主要集中于蓄水发电，而下游则是农业灌溉、渔业养殖的话，那么上游国家什么时间放水、如何放水，对下游国家的影响都是举足轻重的。

“在相互依赖的关系中，系统中任何单位行为的变化和内部发生的事件，不管它喜欢还是不喜欢，都会对其他单位的行为态度造成影响，或者受到其他单位行为的影响。”[①] 在同一跨国界河流水域内，共享国之间存在着天然的相互依赖关系，而地理位置、用水模式的

① ［美］理查德·罗斯克斯莱斯、阿瑟·斯坦著，刘冬国译：《大战略的国内基础》，北京大学出版社 2005 年版，第 537 页。

差异同时造就了对共享国家之间的相互竞争的关系。

俄勒冈州立大学曾建立了跨边界淡水争端数据库，其中涵盖了50年的所有与水资源发生交互作用的数据集，经过分析这组包括大约1800个与水相关的数据集发现，其中涉及合作的事件有1228起，冲突事件是507起，关于水资源问题的谈判超过200起。[①] 历史记录显示，因水资源竞争而引起的政治紧张地区不乏其数，但大多数争端最终都能得以平息或和平解决，其根本原因就是作为国际社会中的理性行为体，在面临相互依赖的关系状态中和在存在相互竞争的压力下，在必要而合理的范围内，联合起来对公平利用水资源法则的行为进行政策、法律和行为上的规定，促使国家之间实现和平共享水资源。因此，如何妥善处理水资源的使用与分配，决定了相互依赖行为体之间是选择和平还是冲突。

何为水资源管理？水资源管理主要是指对水资源开发、利用和保护的组织、协调、监督和调度等方面的实施。[②] 在国际社会，如果对竞争不加以合理的管理，那么导致的结果可能就是破坏性的争端或冲突。同样，在水资源领域，每一条跨国界河流都是一个整体，为达到切实可行的水资源利用目标，就必须寻求有效的水资源管理手段，将公平、合理、有效地使用资源能源，保证未来可持续发展作为重要的战略考虑。因此，合作管理就成为国家之间的理性选择。

在水资源管理议题上，参与行为体主要有流域国政府、国际组织、国际投资者和非政府组织。这些行为体在水资源的治理参与上扮演了不同的角色，各国政府是从国家利益出发，通过各种协调和协商活动，促成国家之间和平共享水资源；国际组织通常是向流域国提供基础设施建设资金贷款或项目开发；国际投资者一般开发以经济效益为目的的项目；非政府组织则侧重于环境、移民、历史遗

① Human Development Report 2006，Beyond scarcity：Power，poverty and the global water crisis. http：//hdr. undp. org/en/reports/global/hdr2006/chapters/chinese/.（上网时间：2014年10月20日）

② 陈嘉琦：《水资源学》，科学出版社2002年版，第224页。

产和文化生活形态保护等方面。由于水资源的使用和开发涉及到国家利益和国家权力，因此，水资源开发和保护的决策过程主要是由国家单位来决定和完成，其他参与者虽然在水资源使用上进行了参与，或多或少地影响到了流域的水资源的开发利用活动，但扮演的只是非主体性的参与性角色。因此，本书侧重从主权国家行为体的角度来分析如何合作"管理"国际水资源。

现在，合理开发利用国际水资源已成为中国与周边国家的共同诉求，但基于国际水资源的特性，对国际水资源的合理利用和有效保护需要相关流域国的协调合作与有效配合。从目前来看，虽然签署了一些有关国际水资源河流利用与合作的双边条约或协议，但这些条约或协议大多涉及国际航道开发利用、水情预报与信息共享等单一问题，或者是笼统地就国际河流问题提出合作领域，尚没有与流域国合作签署任何涉及流域跨境水力资源合理利用、国际分配、协调管理以及流域综合开发和保护的国际协议，也没有合作建立正式的合作管理国际机构或机制。[①] 因此，适度地借鉴其他国家和地区的成功经验，与周边国家合作寻求合适的管理模式是未来中国构建国际水资源安全的关键。

第三节　国际水资源安全战略的框架选择

水合作管理的内容主要包括三大类，签订协商性条约、制定合作机制、成立管理性常驻机构，但是从模式上说，却包括很多，例如流域管理模式、区域管理模式、双边模式、多边模式等。每一种模式的选择是由不同的国际流域以及其所在地缘政治环境的具体特点而决定的。

流域管理主要是以国际水资源流经所形成的较为独立的国际流域水文单位为基本单位来合作开展对水资源的管理，通过建立统一

---

① 陈宜瑜、王毅、李利峰等：《中国流域综合管理战略研究》，科学出版社 2007 年版，第 254—265 页。

的水量、水质监测和评价标准及有关预警预报系统，科学合理地进行水资源的利用与保护，建立重大自然灾害和紧急事件的应急处置，提高流域管理的效率和水平的管理模式。[①] 流域管理的内容通常涉及水资源的流域管理和对生态环境系统的流域管理两大方面，其中以水资源流域管理为核心。流域国通过机制化的合作来对流域内水资源及环境的开发、利用、治理、恢复、保护等一系列过程进行统一的规划、政策指导、协调控制、监督检查等，以实现国际流域的可持续性发展。

区域管理主要是在一定的区域划分的基础上开展的管理，它一般超越流域的范围。区域和流域的范围有重叠区，但不相同，通常同一区域包含多个国际流域。区域管理更侧重区域的整体性和各流域国之间的合作，重视流域内相关要素的关联性和相关资源的综合利用，强调流域水供需系统的层次性与流域内外的关系，为多层次流域开发决策提供便利，公平对待、协调解决各沿岸国之间因地理环境不同而客观存在的目标差异，注重流域内整体水平的提高。[②]

对国际水资源的区域管理，通常是在原有的区域合作框架基础上，将对国际水资源的开发、利用、保护、治理等工作纳入到现有的合作框架内，成为区域合作的新议题和重要内容之一。区域管理对于国家之间的政治、经济关系的紧密度要求较高，通过在区域范围内制定统一的管理机制、法律法规，来自上而下地规范国际流域国的水资源开发、利用、保护、治理行为，以推动区域合作的发展和实现国际流域的可持续发展。

“流域+区域”的合作管理模式，就是借助横向的流域和纵向的区域两个管理维度，流域国通过流域合作和区域合作来对范围内的国际水资源进行整体规划、联合管理和统筹兼顾，设立专门的流域和区域综合管理机构，建立统一的流域和区域管理制度，从纵横两

---

① 胡文俊：“多瑙河沿岸国际合作实践与启示”，《长江流域资源与环境》，2010年第7期，第739页。

② 贾琳：“国际河流开发的区域合作法律机制”，《北方法学》，2008年第5期，第108页。

个角度共同促进水资源合作，实现水资源安全。

在世界范围内，欧洲的莱茵河和多瑙河流域就是国际水资源合作管理的成功典范，正是“流域＋区域”这种适合区域和流域发展的国际水资源合作管理模式，成功地将国际水资源由冲突的导火索变成国家间合作的媒介。

一、成功案例：莱茵河与多瑙河的合作管理之路

（一）莱茵河：“危机后”的合作管理

莱茵河（Rhine）是欧洲第三大河，是欧洲年运输力第一大运河，是世界上内河航运最发达的国际河流。莱茵河为其流域内几千万人提供饮用水源和工农业用水，同时还接纳沿岸国家排放生产和生活污水。

早在1449年，莱茵河就因过度捕捞和污染而产生渔业衰退的现象，《斯特拉斯堡法规》的出台，开启了国际保护莱茵河生态系统的先河。1815年，莱茵河沿岸国成立莱茵河委员会，规定莱茵河公共商业水上通道，可以自由使用，沿岸设立自由贸易区，开展自由贸易。1817—1874年，莱茵河遭遇了人为的“纠正性整容”，河道拓直、沿岸修堤、束水归槽，农业种植面积大增，航运更加便捷通畅，但与此同时，河流的生态系统遭遇重创，为以后的污染加剧埋下了伏笔。

工业革命之后，莱茵河成为“发电”的源泉，梯级拦河水坝如“雨后春笋”般出现在莱茵河上，河流的水文和循环系统被破坏，自我净化能力大减，泥沙淤塞，鱼类洄游受阻，动植物大量减少。加上沿岸国工业生产产生的大量有机污染物的排入，莱茵河的水质严重恶化。这种状况一直持续到20世纪60年代，莱茵河彻底成为“欧洲的下水道”。

二战结束时，饱受污染之苦的下游国家荷兰，开始倡议开展国际合作，共同维护莱茵河。1950年7月，莱茵河沿岸国瑞士、法国、德国、卢森堡和荷兰举行代表大会，成立保护莱茵河国际委员会

(ICPR)。1963年，各国签订《保护莱茵河伯尔尼公约》，通过了建设污水处理厂等决议，也以此成为未来莱茵河流域开展国际合作的法律依据。1970—1990年间，沿岸国共花费大约380多亿美元修建净化厂，莱茵河的水质开始逐渐改善。

1976年，欧共体加入签约方，签署了《伯尔尼公约》的补充协议，成为非国家性质的缔约方。同年，为了净化莱茵河水中的贵金属等有害物质，ICPR成员国签署了《防止莱茵河化学污染国际公约》，确定了具有国际约束力的剧毒物质的最高排放值，限制了水银、镉、汞等严重有害物质的最高排放值。虽然这些措施降低了排入莱茵河的有机污染物量，保护了生物多样性的发展，但如何有效处理污水的问题仍没有解决。没有解决污染源的问题，河水的持续污染问题就得不到根本解决。另外，当时的各国国内也没有建立起完善的环保机制，防止污染的措施执行得并不严厉，相比较于工业发展，生态保护大大滞后。

另外，此时的ICPR还只是一个没有强制执行力的国际合作协调性组织，虽然其限制了有害物质的最高排放值，但是各国在经济利益面前，常将ICPR的协议放在其次位置，致使ICPR的工作进展缓慢。

桑多兹污染事件是莱茵河流域水合作管理的转折点。1986年11月，瑞士巴塞尔市桑多兹化学公司的仓库起火，引发装有1351吨剧毒农药的钢罐爆炸，大量还有硫、磷、汞等有毒化学物质进入下水道，排入莱茵河，导致大范围的鱼类死亡和水质污染，沿岸各国之前投入的巨额治污费用全部付之东流。除瑞士本国，莱茵河流经的德国、法国、荷兰等国也蒙受巨额损失。法国等国在愤怒谴责之余，还要求瑞士政府赔偿3800万美元。

桑多兹污染事件使得莱茵河流域国再次认识到了水合作管理的重要性，ICPR成员国于1987年制定出“莱茵河行动计划”（RAP），承诺要在水质方面继续加强合作，还要拓宽合作范围，更有意义的是，它第一次明确提出了实现整个莱茵河生态系统的可持续发展，生态系统目标的确立，为莱茵河流域的综合管理奠定了基础。

RAP制定了2000年的目标，包括：改善莱茵河生态系统，较高级的物种，例如鲑鱼和海鳟，能够重返原来的栖息地；保证莱茵河继续作为饮用水源；降低莱茵河淤泥污染，以便随时利用淤泥填地或将淤泥泵入大海。RAP分三个阶段实施，第一阶段是确定了一个需要优先解决的有害物质清单，分析有害物质及其来源和排放量；第二阶段是致力于真正实施一致通过的措施；第三阶段是进一步使用相关有效的工业生产措施，确定工业生产和城市生活污水的技术和流程的实施，减低意外事故造成莱茵河污染的风险，最后寻求新的实现目标措施。①

自RAP通过之后，通过综合措施解决莱茵河水质问题，以预防措施为主，首次实质性地降低了污水排放。在确立了莱茵河生态目标之后，RAP拓宽了河流管理的范畴：由水质管理发展到水管理，②实现了水域的综合管理。

至今，ICPR已经积累了50多年的水合作管理经验，是莱茵河流域水合作管理的主要框架与平台。它一直致力的目标是：保证莱茵河生态系统的可持续发展；保证莱茵河水用于饮用与生产；河道疏浚，保证疏浚材料的使用和处理不引起环境危害，改善河流沉积物质量；防洪；改善北海和沿海地区水质。③

桑多兹污染事件后，流域国制定了一系列规划，包括“鲑鱼－2000计划”、莱茵河洪水管理行动计划、2020年莱茵河可持续发展综合计划、高品质饮用水计划，以及制定水质标准等。ICPR提出了“鲑鱼－2000计划”，将生态保护与水质改善相结合，成为欧洲成功实践综合水合作管理的典范与标志。1993年和1995年莱茵河及其支流马斯河发生严重洪灾后，再次强调了整个流域综合管理的重要

---

① 董哲仁主编：“莱茵河——治理保护与国际合作”，黄河水利出版社2005年版，第131—132页。

② 董哲仁主编：“莱茵河——治理保护与国际合作”，黄河水利出版社2005年版，第137页。

③ 周刚炎：“莱茵河流域管理的经验和启示”，《水利水电快报》，2007年第5期，第30页。

性。洪灾之后，流域国部长起草“防洪行动计划”（《Arles 宣言》），ICPR 的管理内容里又加上了防洪的任务。

历史的教训已经让莱茵河国家深知建立包括监测及预警机制的保障机制是何等重要。1987 年，ICPR 与莱茵河水文国际委员会等机构合作开发了可以快速、可靠地预测突发性污染事故的模型，一旦预测出重大事故对下游的影响，可以立即启动相关措施，将污染造成的损失降到最低程度。同时，ICPR 还开发了一套水质目标系统，促进对莱茵河水质的定量评估，为解决不同污染问题的有关措施排序提供工具。目前，莱茵河从瑞士到北海入海口之间有 8 个国际水质监测站，其职责是参照 ICPR 制定的水质标准，实时监测莱茵河水质，不仅关注水体中的化学物质，还包括移质、底质、生物种群。莱茵河上有 8 个取样站，其中 6 个为自动取样站，每个站点为 100 种物质抽取 250 个样本，每四周对另外 300—400 种物质进行抽样检验。一旦发生异常情况，强大的预警和报警系统将在一个小时之内通报整个流域，沿岸的国家将立刻采取措施，判断污染情况，水警出动寻找污染源，相关水厂和食品厂等立即停止从莱茵河取水。[①]

莱茵河流域从“欧洲的下水道”变成世界上公认的治理和开发得最好的一条河流，ICPR 功不可没，而其成效的显著则得益于适合本流域的“协调机制”，它通过确定委员会的法律地位，对缔约方的义务进行限定，设置协调限度，追求实现各缔约国的利益协调和行动协调。

ICPR 具有独立的法律人格，尤具有国内法赋予法人的行为能力和缔约能力，这就确保了 ICPR 可以以独立的名义开展活动，将成员国的行动纳入自己的协调之下。

ICPR 实行部长会议决策制，在每年定期召开的部长会议上部长们做出重要决策，明确委员会和成员国的任务，各国分头实施，费用各自承担。ICPR 下设水质、生态学、污水排放等三个工作小组和

---

① 薄义群、卢锋等：《莱茵河——人与自然的对决》，中国轻工业出版社 2009 年版，第 58 页。

两个项目小组，负责起草和解释委员会的决定。ICPR 的主席实行轮流制，其秘书处设在德国考布伦茨，但秘书长却总是荷兰人，主要原因是荷兰早年曾饱受污染之苦，对于治理污染最有责任心和紧迫感，同时由于是最下游的国家，在河水污染的问题上最有发言权、最能够站在公正客观的立场上说话。

为了避免缔约国以“主权范围内行事”为借口单方面做出有损于他方甚至是整个莱茵河流域的行为，公约设定缔约方的义务来实现对各国主权的限制，在“局部利益”与“整体利益”之间做出协调。《莱茵河保护公约》第五条第 1 款规定：“各方应加强合作，相互通知各自的情况，特别是各自境内采取的保护莱茵河的措施的情况”；第 6 款规定：“如遇可能威胁，莱茵河水质的意外事件或事故，或在即将发生洪水的情况下，根据由委员会负责协调的预警和警报计划，应立即通知委员会以及很可能受影响的缔约方。”[①]

ICPR 没有制定法律的权力，也没有惩罚机制，无权对成员国进行惩罚，它所能做的全部事情就是建议和评论。ICPR 从不采取投票的方式进行表决，它会组织所有成员国就某项建议彼此互相讨论，直到达成一致，得出所有成员国一致同意的方案。[②] 这种“一致同意”的规定，有利于确保委员会的决定能够得到切实的履行。ICPR 的协调具有时间限度。对于 ICPR 做出的决策，各国虽然根据本国的国内法来进行，但必须是在“一定的期限内执行，一旦成员国未能执行或只执行了部分，那么成员国应在委员会规定的期限内通知其他缔约方，并说明原因”。[③]

（二）多瑙河：“预防性”的合作管理

多瑙河（Nanube）是欧洲第二大河，也是世界上流经国家最多

---

① 刘佳奇、田大川：“刍议《莱茵河保护公约》的协调机制——兼论该协调机制对我国的借鉴意义”，《中南财经政法大学研究生学报》，2011 年第 5 期，第 123 页。

② 赵崇强：“ICPR：河流治理的欧洲经验”，《河南水利与南水北调》，2011 年第 3 期，第 47 页。

③ 董哲仁主编：《莱茵河——治理保护与国际合作》，黄河水利出版社 2005 年版，第 207—208 页。

的著名国际河流。多瑙河流域的19个国家的经济发展并不平衡，其中的10个欧盟成员国的经济相对发达，而非欧盟国家的经济发展速度相对缓慢。从整个流域的角度讲，经济发展程度是上游高，下游低，德国、奥地利等上游国家的人均GDP超过30000美元，而下游的乌克兰、波黑、阿尔巴尼亚、马其顿等国，人均GDP则在10000美元以下，经济发展程度较低。

多瑙河“身兼数职”，在欧洲的社会经济发展中的地位和作用举足轻重，它不但是欧洲重要的经济、环境、运输通道，还担负着流域内各国生产生活用水、航运、发电、渔业、农业灌溉、污水处理等多项“重担”。由于流域内国家众多，且各国的经济状况存有差异，政治历史与文化传统又各不相同，因此，合作管理多瑙河之水很早就成为流域国的基本共识。多瑙河流域国的合作管理之路经历了从航运到水电开发，再到水资源保护为主和执行《欧盟水框架指令》（WFD）的全面合作阶段。

多瑙河流域的水合作管理是从航运领域开始的。

在19世纪，1815年以前的奥斯曼帝国统治时期，流域国就签订了一些允许贸易自由通航的条约。1815年之后，俄国分别与奥地利帝国、奥斯曼帝国签订条约，规定多瑙河向一切沿岸国和非沿岸国的商船开放，但出海口控制在俄国手里。1856年，《巴黎和约》决定设立多瑙河沿岸国家委员会和多瑙河欧洲委员会，但前者并未能正式成立，而欧洲委员会行使管理监督权，该和约规定多瑙河及其出海口向一切国家开放，包括非沿岸国家。

在20世纪，1921年，沿岸国家和英国、法国和意大利等国签订了《制定多瑙河确定规章的公约》，进一步确定了自由航行的规则，规定了多瑙河欧洲委员会暂时由英国、法国、意大利和罗马尼亚组成，管辖范围为多瑙河的沿海部分，新设立多瑙河国际委员会，有德国沿岸各邦派出2名代表，其他沿岸国派出1名代表，以及参加欧洲委员会的非沿岸国代表组成，管辖自由航行的河道部分。1948年，《多瑙河航行制度公约》在贝尔格莱德获得通过，规定多瑙河对各国国民、商船和货物自由开发，但要受到沿岸国家的监督和管辖，非沿岸国的军舰禁止在多瑙河上航行。1949 年 5 月，根据此项公约，多瑙河委员会成立，由沿岸其职权是监督《多瑙河航行制度公约》中各项规定的实施，根据沿岸国和河流管理处的建议和方案编制有关改进航行的主要工程的总计划，建立统一航行制度和河流监督规划，协调水力、气象等工作。此后，在多瑙河流域的航行制度一直沿用至今。多瑙河流域国家在管理水域的自由航行方面，不仅彰显了平等、互利、合作的精神，还充分尊重了各国的领土主权和利益需要。

进入 20 世纪后，随着多瑙河流域各国水电开发的兴起，如何避免水电开发冲突成为流域各国考虑的重要议题。

1924 年，德国开工修建了多瑙河流域的第一座水电站——卡赫赖特（kachlet）水电站。1948 年之后，多瑙河流域国开始全河渠化工程，流域国不仅在境内水域修建了很多水电站，还开展双边或多边性的合作，共同规划、设计、投资和修建，并共享发电效益。从 20 世纪 50 年代到 80 年代，多瑙河流域共修建了 69 座大坝和输电站，水能资源开发利用率达 65%。1952 年，奥地利和西德签署《多瑙河水力发电协议》，双方协商合作开发水电，兴建了约翰斯坦水电站，其建设费用由双方分摊，发电量两国共享。1953 年，奥地利和德国签订了《关于多瑙河水力发电和联营公司的协定》，双方联合修建了约翰斯坦水电站。1963 年，罗马尼亚和南斯拉夫签署《多瑙河铁门水电站及航运枢纽建设和运行的协议》，并成立铁门联合委员会，联合发展界河的水电。从整体上看，水电合作多在两个邻国之间进行，因为邻国之间更倾向于达成合作开发协议，投资和水电效益按照协议进行分摊。

进入 20 世纪 40 年代之后，多瑙河流域国家的经济发展加速，水污染问题开始出现并日益加剧，鱼类和生态环境受到破坏，如何防止水域环境污染被逐渐提上议事日程。

1958 年，罗马尼亚、南斯拉夫、保加利亚、苏联四国签定了《关于多瑙河水域捕鱼公约》，公约规定，缔约国应制定和采取有效措施，制止未经处理的下水道污水和工业以及公共事业单位排放的废物造成的污染，危害鱼类。但由于此时处于二战结束之后的百业待兴阶段，经济发展处在第一位置，加上人们环境保护的意识还比较淡薄，污染问题没有得到及时重视和制止。

直到20世纪80年代，多瑙河沿岸的8个国家在罗马尼亚首都布加勒斯特召开了关于综合利用和保护多瑙河水资源的国际会议，通过了《多瑙河国家关于多瑙河水管理问题合作的宣言》（也称《布加勒斯特宣言》）。1986年，沿岸国在布加勒斯特举行了“发展多瑙河水利和保护水质”的国际会议。此后，各流域国开始对水质和水量数据进行搜集，通过双边或多边合作来研究制定系统监测、评价多瑙河水质和水量的分析与评价方法。1992年，来自欧共体各国、联合国开发计划署、全球环境基金会等国际组织的专家组成了“多瑙河特别工作组”，共同实施多瑙河的环境保护工作。

1994年，多瑙河11个沿岸国和欧盟签署了《多瑙河保护与可持续利用合作公约》（简称《多瑙河保护公约》），并成立了保护多瑙河国际委员会（ICPDR），负责该公约的实施和流域层次合作的协调。ICPDR被认为是多瑙河流域关于跨界水管理合作的总法律文件，它包括一般规定、多边合作、国际委员会、程序和最后条款等5部分的内容。此项公约确立了合作原则和合作形式，明确了多边合作的内容，列出了主要目标，即：地表与地下水体保护；改善和合理利用；控制由于事故产生的危险的预防措施；减少多瑙河流域污染源的污染物进入黑海的措施。[①]

ICPDR是多瑙河流域合作的主要平台，它负责组织信息交换、制定流域管理战略计划、向欧盟提供多瑙河综合性报告，负责方法和运行机制的统一协调。委员会下设流域管理（负责实施欧盟水框架协议）、生态（负责与水资源相关的生态事宜）、污染排放（控制点源和面源上的污染物）、事故防控（发展减少事故风险的策略和规划，执行事故预警系统）、监测与信息管理（监测和评估水质）、防

① 刘宁主编：《多瑙河：利用保护与国际合作》，中国水利水电出版社2010年版，第122页。

洪（发展可持续的防洪规划）等6个专家组。[①] 在2001年召开的第三次例会上，委员会做出了制定多瑙河流域管理计划的决定，以实现在多瑙河流域建立统一行动平台。

2000年后，欧盟在整合以往一系列分散的水管理法规的基础上，制定了一个统一的行动框架——《欧盟水框架指令》（WFD）。WFD强调流域水资源的统一管理，其长远目标是消除主要危险物质对水资源和水环境的污染，保护和改善水生态系统和湿地，减轻洪水和干旱的危害，促进水资源的可持续利用；近期目标是在2015年前使欧盟范围内的所有水资源都处于"良好的状态"。[②]

从内容上看，WFD的内容包括水质管理、保护区管理、法规体系建设、管理机构建设、水价制度等方面，体现了极强的综合性。欧盟要求全体欧盟成员国和申请加入欧盟的国家都必须执行WFD，各成员国必须以WFD为指导，制定各国相应的国家法规，欧盟会定期对各成员国实施WFD的情况提出评价报告。各国除了要制定本国的河流流域区管理规划，对于国际河流，还要求成员国进行协调合作（甚至和非欧盟国家开展合作），制定整个国际河流流域区统一的管理规划。[③] 由于WFD是基于保证整个欧洲大陆水资源的可持续发展，水资源和水域环境保护的标准设立得比较高，如果各成员达到WFD规定的标准，就需要在技术、设备等方面投入大量的资金，而这对于经济发展水平相对比较低的国家来说，具有一定的难度。因此，欧盟在实施WFD上对这些国家给予了一定的宽限期。

同年，在多瑙河国际委员会会议上，缔约国承诺执行欧盟制定的WFD，并同意将多瑙河保护委员会作为讨论多瑙河流域水资源管理的平台，制定流域管理规划。多瑙河国际委员会成立了专家组来

---

① 刘宁主编：《多瑙河：利用保护与国际合作》，中国水利水电出版社2010年版，第106—108页。

② ［英］马丁·格里菲斯编著，水利部国际经济技术合作交流中心翻译：《欧盟水框架指令手册》，中国水利水电出版社，2008年版，第4—5页。

③ 胡文俊、陈霁巍、张长春："多瑙河流域国际合作实践与启示"，《长江流域资源与环境》，2010年第7期，第741页。

协调WFD在流域内的层次化执行，即将多瑙河整个流域分为三个不同的协调层次，进行三个层次的协调合作：流域层次、双边或多边性国家层次或子流域层次、子单元层次。子流域层次包括蒂萨河、萨瓦河、普鲁特河、多瑙河三角洲；子单元层次主要是指国家内部的管理单元。对于日常水资源的问题的协调，多瑙河流域进行了协调等级和协调机构的划分。

在流域层次，ICPDR是WFD的实质性协调部门，对流域规模的相关问题进行协调。在双边或多边的国家之间，针对跨国界的协调问题，一般是根据国家之间的双边或多边协议来解决。在国家内部的水问题上，一般是根据国内的相关立法，由国家指定的主管部门负责相关的协调工作。

ICPDR对WFD的执行，在流域管理日渐全面的发展中，遵循了分时间段逐级实现的方法。第一阶段是完成多瑙河流域分区、制度框架和协调制度的确立和制定；第二阶段是进行流域特征、压力、影响以及流域经济的分析，建立保护区目录；第三阶段是建立跨国监测网络和计划；第四阶段是制定流域管理包括联合行动计划（JPM）。①

多瑙河流域开始执行欧盟的《水框架指令》，标志着该流域开启了全面合作的阶段，水合作管理进入新层次。

二、经验启示："区域+流域"的综合管理

莱茵河与多瑙河两条河流相同之处在于，它们均处于欧洲，且均流经于多个国家，在实施合理的管理之前，两条河流同样面临着如何公平利用水道和水资源、污染控制和环境治理的问题。两条河流的流域国经过长时间的摸索，都找到了一条协商合作解决问题以及合作管理河流的成功之路。

两条河流的不同之处在于，两条河流的管理经历不同。莱茵河

① 赵学涛、安海蓉、王鑫："战略环境评价方法在多瑙河流域规划中的应用"，《环境与可持续发展》，2012年第3期，第14—15页。

经历了“先污染，后治理”、“先开发，后保护”的曲折历程；多瑙河则经历了从单一领域合作逐渐发展到全面合作的过程，期间还经历了大坝之争。因此，分析莱茵河与多瑙河合作管理之路，既可以吸取其中共同的成功经验，又可以从差异化中学习“问题预防”与“危机解决”的得失。

纵观国际河流上的种种纷争，主要集中于两方面：公平地利用国际水道与水资源问题；控制污染和保护环境问题。在中国亦是如此。作为国际河流数量众多的国度，所面临的诸多国际河流问题从原因上分析也是主要集中于这两个方面：在东北地区，关于国际河流的最大问题是水污染；西北地区普遍比较缺水，存在的问题主要是流域内各国水资源的竞争利用；西南地区，中国地处多条国际河流的上游，问题更为复合化，既包括水域环境的保护问题，又包括水资源的利用问题。

所以，对于像中国这样的拥有多条国际河流的国家来说，一方面，随着水资源日益短缺问题的加剧，如何对国际水资源进行有效管理已成为了地区关系构建中亟需解决的重要问题。中国在探索合适的解决路径过程中，需要适度借鉴他国的成功经验来帮助自己探寻解决之道。另一方面，在中国周边地区，合作管理的程度还非常低，基本上集中于信息共享等初级层面的合作，还没有建立起统一的或者说公认的管理模式，有选择性地借鉴一些国际流域的成功管理经验是非常必要的。

莱茵河和多瑙河是欧洲著名的国际河流，其在开发利用过程中所遇到的问题很多是中国周边地区国际河流的“前车之鉴”，两条河流在公平合理地利用国际水道和控制污染、保护环境方面所积累的经验和教训对于未来中国国际河流的管理具有很多借鉴意义，尤其是两个流域的“区域＋流域”综合管理模式的成功值得中国在构建国际水资源安全中有选择地进行借鉴。

（一）区域框架下的综合管理

无论是在莱茵河流域，还是在多瑙河流域，流域国在保护公约的框架之上还有一个共同的利益体——欧盟。两个流域的区域综合管理主要是在欧盟的框架下完成的，欧盟在确保跨界流域管理规划、保护措施的统一制定和可操作性方面起到了决定性意义。当前，两河流域的管理委员会已成为在 WFD 框架下进行流域统一管理的重要机构。

在欧洲一体化的进程当中，环境保护一体化的进展也在加速，2000 年 10 月，欧盟制定的 WFD 是对莱茵河与多瑙河等国际流域实行综合性流域管理的开始。WFD 的正式启动，标志着欧盟各国具有了统一的水资源管理法律文件。WFD 在目标设立上实施了阶段化的方法，计划在启动 9 年后，实施所有河流改善计划，并在启动 13 年后，实施完毕；到 2015 年，欧盟境内所有的地表水和地下水达到良好的状态。WFD 要求欧盟成员国与同一流域内的其他所有国家建立合作关系，还要求根据生态参数，按确保所有参与国可比性的方式，对水体的水质状况进行评价。WFD 还进一步要求通过制定专门的监测计划填补知识空白，并基于流域方法及对管理决策中经济参数的认识，在利益相关方及公众的参与下，制定流域管理规划，包括措施计划，以应对无法达到良好状态的各种情况。①

WFD 的核心思想和实施措施是：河流从源头到入海口是一个完整的系统，局部河段与整个流域是紧密相关的；所有河流改善计划的细节都要公布，并让公众参与提出意见；所有国家都要定期向欧盟汇报工作进展；制定非常严格的惩罚条例，对无法完成指令的国家进行处罚。WFD 实施以来，莱茵河与多瑙河流域的水环境质量明显改善，统一协调的流域管理的法规和政策是实现流域综合管理的重要保障，《欧盟水框架指令》在流域综合管理中已经发挥了重要作用。

欧盟的 WFD 明确了公约各缔约国的共同利益，设置了共同的目标，在这一框架下，各缔约国根据自身所在的国际流域的具体状况来构建框架，设置更为细化的利益目标。由于已经存在了大的“利

① R. 施塔德勒：“多瑙河流域跨界管理”，《水利水电快报》，2009 年第 9 期，第 13 页。

益协调”框架，WFD 各缔约国之间形成了协调合作机制，如果在此基础上设立更为具体的如保护莱茵河与保护多瑙河等协调机制，无论是在法理上，还是在程序上，都更容易为各流域国所接受，争端解决和行动协调也更容易展开。

（二）流域框架下的统一管理

多瑙河、莱茵河等国际河流管理的成功一方面得益于欧盟的组织协调作用，另一方面在于其建立了一套高效健全的流域统一管理机制。

莱茵河与多瑙河都是流经多国的国际河流，莱茵河流域国各国的经济都相对比较发达，发展差距比较小，但多瑙河流域国的 GDP 则呈现出自西向东递减的趋势。两个多国流域都缔结了保护公约，都建立了常驻委员会等协调机制，在日常的河流管理中，流域国之间的污染治理、信息交流、警报通讯、河道共享、水质监测、相互援助等方面，都体现了鲜明的协调和协作精神。两个国际流域管理的成功，证明了在流域框架下对国际河流利用实现统一管理，协调处理各领域的国际河流问题是各参与方实现共赢的必然选择，只有协调得当才能实现各方合作共赢。

（三）合作管理的综合性、渐进性与灵活性

国际流域管理是处理水危机、防止水战争的需要，建立流域的水合作管理的一体化体制和机制是实现流域水环境管理目标的根本保证。莱茵河流域与多瑙河流域合作管理内容的渐进性、综合性、灵活性是其成功管理多国河流的重要因素。

在莱茵河流域，流域管理的内容从改善莱茵河水质开始，在确立了莱茵河生态目标后，RAP 拓宽了河流管理的范畴，由水质管理发展到水管理，自 1993 年和 1995 年洪水之后，将一些定量指标与 ICPR 工作相结合，进一步拓宽了该委员会的工作范围——综合水管理。[①] 在多瑙河流域亦是如此，流域管理是随着流域国利用河流所产

---

① 董哲仁主编：《莱茵河——治理保护与国际合作》，黄河水利出版社 2005 年版，第 137 页。

生的问题而一步步设置起相应的管理内容，从航运、污染治理、渔业、水质监测、洪水管理等方面一步步发展成为综合管理的成功典范，体现了与时俱进的特点。

除了综合性和渐进性的特点，两个流域的合作管理还体现了灵活性的特点，以莱茵河为例。在 ICPR 所设立的总体框架政策的基础上，缔约国可以根据自己国家的国情制定切实可行的实施措施，在技术措施、具体污染治理方式等方面的确定上，一般都需要具体的目标小组来完成，而不是常驻委员会。

国际河流问题只能在流域范围内才能得到有效的解决和预防，莱茵河与多瑙河两个流域管理的成功的基础来源于着眼于可持续发展的综合性水管理，以及其中的灵活应用政策与切实可行措施。正如 ICPR 正在准备起草《新莱茵河公约》一样，国际流域在水合作管理上如果想要不断成功，就必须不断地“因地制宜”、“与时俱进”。

（四）合作管理机制的层次化

莱茵河与多瑙河流域合作管理机制具有层次化的特点，既包括双边合作也包括多边合作，既涉及国家之间的合作也涉及地区之间的合作；从层次类别上来说，包括地区或国际层次、流域层次、子流域层次、双边层次、国家层次等五层内容。不同的层次合作机制各有侧重，各层次的合作机制之间又和平共存，共同确保整个流域的可持续发展。

以多瑙河流域为例，各个层面的合作管理机制是较为健全的。在地区或国际层面，保护多瑙河国际委员会（ICPDR）与黑海保护委员会开展合作，成立了联合专门技术工作组，采取注重实效的方法来控制污染，提高洪水管理水平与湿地保护。除了处理流域层次的问题，同时协助处理双边或多边合作问题。在流域层面，有 ICPDR、多瑙河委员会等，由流域管理专家组制定多瑙河流域管理战略计划。在子流域层面，有萨瓦河国际委员会、蒂萨河论坛等，就各国的利益需求来进行协商。不同的合作机制合作内容各有侧重。例如，ICPDR 负责多瑙河流域水资源保护与利用方面合作，并且负责制定流域管理战略计划，向欧盟提供流域分析报告保护与利用方面合作，并且负责制定流域管理战略计划，向欧盟提供流域分析报告。萨瓦河国际委员会负责萨瓦河的航运、水管理等方面的合作。在国家层面，“内化”欧盟水框架指令，对环保、水利部门进行整合，管理与河流水体相关的事务，包括水污染物排放及监察管理、进行国家层面的水务管理，特别是全国性水务规划。另外根据流域特征、压力、影响分析以及经济分析等，通过开展国家间或国际上的协商，最终制定流域管理计划。

不同层次的合作管理机制在内容和功能上是相互补充与合作的关系。例如，ICPDR 与多瑙河委员会、萨瓦河国际委员会在航运、生态等方面开展了相关合作，并在 2007 年发布了关于多瑙河流域内陆航运和环境可持续的联合宣言。可以说，在多瑙河流域，五个层面合作机制是按照水体的系统性与区域性的特点来进行管理的，彼此之间的协作保证了对多瑙河这个跨国水体合作管理的实现。

三、经验借鉴：中国合作管理模式选择

与中国共享有国际水资源的周边国家有 19 个，分布于东北亚、东南亚、南亚、中亚等不同区域，由于不同的地缘政治环境、不同的经济发展水平、不同的历史文化渊源等因素，不同的区域存在不同的水问题。结合中国周边的特殊地缘政治以及不同国际流域的特点，中国和周边国家构建“区域 + 流域”管理模式是最大程度获得国际水资源安全的理性选择。

（一）区域框架下开展统一管理

在中国周边地区，已经存在很多地区性合作框架，中国可以将不同次区域的国际河流纳入到一个本区域现有的合作框架之内，在此框架之下由各流域国联合建立起协商合作的机制，这样既兼顾了特殊的地区要求，又拓宽和丰富了现有合作框架内的合作范围与内容。

例如，在东南亚，可以在东盟地区现有的区域合作框架之内，

纳入国际水资源开发与保护的相关内容，同时，在不同的国际流域上制定和完善双边或多边性的合作保护与开发机制，加强水质、水域环境、水利开发等方面的合作管理；在中亚，一方面将国际水资源问题纳入到上海合作组织的地区合作框架之内，在地区框架之内加强中国与哈萨克斯坦等中亚国家的合作，另一方面与流域国加强合作，完善和推进合作委员会机制，建立流域内国家之间的信息共享与合作机制，同时提升合作管理水平，例如配备先进的仪器设备，培养高素质高水平的技术人才，建立跨国河流水环境监测网，加强水环境监测工作。中国在国际水资源战略的构建过程中，应充分发挥和深化现有区域合作框架的作用，使之在跨界流域管理规划、保护措施的统一制定和可操作性方面起到重要作用。

正如欧盟制定了《水框架指令》，在区域框架下加强对范围内国际流域的综合管理，需要充分地发挥地区合作框架的地区整合功能，根据区域内国家的共同利益，设置共同目标和愿景，制定出相应的水资源管理法律文件，制定流域管理规划，包括措施计划、监测计划、保护计划等，确保地区层面对国际水资源的保护呈可持续性发展。同时在地区管理框架内的“大利益协调”的基础上，各流域国再根据所在流域的具体情况，结合地区性的共同目标，设置各自的具体目标，构建具体的管理框架，建设更具体的协调合作机制。

（二）流域框架下的综合管理

中国的国际水资源安全战略需要建立起对国际流域的整体意识，认识到每个流域段和整个流域是密切相关的，想要实现国际水资源安全，就必须实现流域水资源的协调综合管理。

流域框架下的综合管理主要是指，在可持续发展理论的指导下，将国际河流流域内的资源和环境要素视为一个复杂的巨系统，充分考虑流域国的水资源需求和保护生态系统的需求，通过流域管理整体规划的方式来实现全流域水资源及相关资源的最佳综合开发利用。[①] 综合管理涉及航运、污染治理、渔业、水质监测、防洪减灾、生态环境保护等诸多领域。由于中国和周边国家在国际水资源利用和区域关系方面存在差异，所以，建设流域框架下的综合管理需要循序渐进。

在流域管理的层面上，中国需要从合作目的、合作主体、合作行动和合作机制等四个维度上推动中国周边流域综合管理的发展和实现。在合作目的上，从预防和解决矛盾冲突到追求和扩大共同利益，再到流域优化开发与可持续发展；在合作主体上，从双边发展到多边，从部分流域国发展到大多数乃至全部流域国，使合作管理的范围由部分河流段逐渐扩大到整条河流，由部分流域扩大到整个流域，乃至延伸至更广泛的区域范围；在合作行动上，从未合作时的单边行动发展到双边交流（信息交流、技术交流、知识论坛），然后再发展到磋商（通知与协商、分析研究、达成备忘），进而协调（调整国家政策/规划/计划/活动、达成协议）以及多边联合行动（联合检测与共享数据、联合实施项目、联合规划/管理）；在合作机制上，由单一机制发展到不同层次、不同领域多个机制相互协作，机制的权威性和约束力不断增强，合作效应由小到大。[②]

现在，中国和周边国家在国际流域中已经初步建立起了流域对话合作机制，正在向集体合作行动演进，未来随着区域一体化的发展，全流域综合管理的合作将是总的发展趋势。

（三）流域框架下的自治管理

中国和周边国家构建流域合作管理模式是一种流域自治模式。国际河流流域自治是指在流域综合管理的基础上，各沿岸国通过沿岸国之间的相互合作，依靠各沿岸国自身的能力，排除其他非沿岸国参与、主导或控制流域管理实现其经济或政治目的的企图，实现

---

① 胡文俊、简迎辉、杨建基、黄河清：“国际河流管理合作模式的分类及演进规律探讨”，《自然资源学报》，2013 年第 12 期，第 2038 页。

② 胡文俊、简迎辉、杨建基、黄河清：“国际河流管理合作模式的分类及演进规律探讨”，《自然资源学报》，2013 年第 12 期，第 2039 页。

国际河流自主开发和保护以促进本地区经济和社会发展目标的管理模式。[①] 由于美国、日本等域外国家一直企图借助中国与周边地区的水资源问题而插足中国周边，扩大在中国周边的地区影响力，所以，中国在与周边的19个共享水资源流域国开展水合作管理时，要坚持“自治”的流域管理原则，排除域外国家或国际组织参与本流域国际水资源管理的复杂局面，避免其通过参与该流域的事务来实现某些政治意图，确保本区域国际水资源利用和保护的稳定经济基础与政治环境。

国际河流流域自治的基本特征应包括：流域组织管理机构由沿岸国政府共同建立，流域协议由沿岸国共同签署，法律制度由沿岸国共同制定，流域事务由沿岸国共同处理，涉及国际河流的行动共同决策，争端在流域内部解决等等。在流域综合管理的过程中，主张沿岸国自主管理流域的开发利用及保护，避免其他国家或国际组织干涉和参与其中而影响流域事务的正常开展。流域自治的管理模式是以流域综合管理模式为基础的，是对流域综合管理的优化和提升。[②]

第四节　国际水资源安全战略的机制建设

一、建设多层次、多层面的水资源协调机制

由于国际水资源的共享性，中国要想实现国际水资源安全，就需要完善相应的协调机制。从水资源合作管理模式的角度讲，“协调”主要是指沿岸国/流域国对内制定一系列政策、法规，对外通过谈判签署条约或协定，采用沟通、通知、信息共享、评价与协商等手段，使各国之间在国际河流水资源开发管理目标、利益及行动计

---

① 余元玲：“中国—东盟国际流域保护合作法律机制研究”，重庆大学博士学位论文，2011年，第107页。

② 余元玲：“中国—东盟国际流域保护合作法律机制研究”，重庆大学博士学位论文，2011年，第107页。

划等方面进行协调和配合，以避免和减少沿岸国/流域国产生水资源开发利用的矛盾冲突，促进国际河流水资源开发利用的健康、有序发展。[1]

中国周边地区的地缘政治环境多元，区域合作框架和流域关系的发展程度不尽相同，中国需要联合相关流域国建立多层次的协调机制。第一，充分利用现有平台与各沿岸国积极协调，签订更多流域合作协议，积极开展国际水资源利用和保护方面的合作；第二，创建新的平台，充分行使沿岸国相关权利。例如在东南亚地区，中国应充分利用中国—东盟环境保护战略合作框架，建立新的协调交流平台，如中国—东盟国际河流保护合作论坛、中国—东盟国际河流沿岸国环境部长会议、澜沧江—湄公河流域等国际河流流域委员会等等为解决中国的身份问题进行舆论引导。

协调机制可以分为地区层面、流域层面、子流域层面、双边层面和国家层面。在地区层面，流域层面的合作组织或机构与地区组织建立起合作关系和合作网络，例如，利用东南亚地区的湄公河委员会与东盟建立起关于水资源领域的合作关系与网络。在流域层面，中国联合其他流域国成立合作组织、常驻机构或者国际组织建立的合作网络等，对本流域内的水资源类问题进行综合性的管理。在子流域层面，协调流域尺度的相关问题，子流域国家成立子流域委员会，协调次流域国家的共同行动与利益。在双边层面，中国和相邻的国家建立的一些针对共享河流的合作机制，协商如何进行河流利用与管理，包括一些具体开发项目的合作等。在国家层面，中国在国内指定相应的主管部门，负责国家和国际层面的协调和对话。

二、加强水资源监管机制建设

中国在国际水资源安全战略构建中，应注重监管机制的发展。

首先，要加强监管机构的建立，例如河流保护委员会、环境监

---

① 胡文俊、简迎辉、杨建基、黄河清："国际河流管理合作模式的分类及演进规律探讨"，《自然资源学报》，2013 年第 12 期，第 2039 页。

测小组等机构；其次，联合相关流域国建立比较完善的监管制度，在区域和流域范围内的生态环境、水质、水量等相关方面制定严格的监管标准；最后，加强技术交流和信息共享。

由于中国的部分邻国经济发展相对落后，科学研究与调查设备落后、资金短缺，致使其政府决策机构缺少背景信息。[1] 中国应创造资金、设备等条件，与周边国家开展对管辖流域的水质、水量、流量变化规律、影响因素等方面的调查和取证，同时通过建立信息共享渠道，及时交流管辖段河流的基本状况和变化情况，了解他国对管辖河流的开发利用情况，减少其对开发后果的疑虑和担忧。

三、建立水资源冲突预防与应对机制

冲突预防和应对机制构建主要包括三部分。

第一，建立早期预警机制。俗话说“防患于未然”，早期的预警监测是防治的最重要一步，流域国政府要对境内流段实行科学严密的监测，及时察觉、发现、识别和解决潜在不稳定因素，降低消极后果出现和蔓延出境。

第二，建立突发事件应急机制。一旦发生跨国界河流问题，问题涉及国要在第一时间互相通报具体、准确和详细信息，同时找出问题关键点所在，协商共同解决之策，联合行动应对，将危机损失控制在最低。

第三，建立责任机制。中国和周边国家要协商妥善解决纠纷或冲突造成的政治影响、外交关系受损和经济损失等恢复性问题，恢复两国间的正常关系和合作秩序，同时总结经验教训，协商调整两国合作应急机制建设。

四、完善现有水资源争端解决机制

跨国界河流水资源争端的复杂性、所涉利益的多重性以及高度

---

① Feng Yan, He Daming, *Transboundary Water Vulnerability and its Drivers in China*, Journal of Geographical Sciences, No. 19, 2009, p. 196.

的技术性，决定了必须建立强有力的跨国界河流水资源争端解决机制。这一机制是指为了解决国际河流争端而设立的包括争端解决方法、解决规则和争端解决机构在内的一套有机联系的制度。① 现在，针对跨国界河流水资源争端的解决方法以政治方法和法律方法为主。政治方法主要是通过外交途径开展谈判、协商、斡旋、调查、调停与和解；法律方法主要是依据全球性或地区性涉水公约、法规和普遍遵循的一般性原则或规则等，通过国际法庭等机构进行国际仲裁和国际诉讼，借助司法程序解决流域国之间的纷争。

目前，中国的跨国界河流水资源争端解决机制主要体现在已经签订的有限的国际河流条约、双边环境条约和划界条约中，涉及争端解决的条款缺少具体的实施措施，在争端解决方法上基本上只有协商一种形式，缺乏效率，不符合争端解决规则化、法制化的国际趋势。②

未来中国在对待周边的水资源安全问题上，应适度地完善争端解决机制。

首先，继续将谈判和协商作为解决目前中国和周边国家水资源争端的主要路径，在双边性的水资源合作中，中国应借鉴国际社会的成功案例，推动形成一套灵活、具体的谈判和协商体系与程序，对于某些水资源问题的谈判和协商应实现可持续化、机制化和体系化。

第二，发挥国际水资源流域合作组织机构的作用，例如中哈之间的跨国界河流联合委员会等，此类双边性联合委员会可以保持谈判与协商的平台和框架的稳定性与可持续性，保证信息交流的通畅和正确的决策支持系统。

第三，适度地纳入法律解决路径。国际社会一直希望在水资源争端解决中纳入法律程序和规则导向，淡化政治、经济、军事优势的权力导向。虽然现在大力强调通过法律路径解决中国与周边国家

① 贾琳：《国际河流争端解决机制研究》，知识产权出版社 2014 年版，第 146 页。
② 贾琳：《国际河流争端解决机制研究》，知识产权出版社 2014 年版，第 219 页。

之间的水资源争端不利于中国开发跨国界河流，但面对国际社会法治化的大趋势，中国应根据实际情况有选择和有限度地引用法律方法，结合政治方法化解与水资源有关的国际争端。

最后，在争端协调中适度增加“社会性”力量。在中国与周边国家的水资源争端中，一些国际非政府组织很大程度上发挥了推波助澜的作用。因此，中国应培植自己主导的国际非政府组织，使之“走出去”，做政府有力的民间“援手”。非政府组织通过灵活多样的社会活动和宣传，可以消减周边国家民众对中国的误解，在政府层面的谈判陷入僵局时能够“活血化瘀”，推动争端解决对话和协调活动的顺利开展。

五、建立科学的水资源利益分享与补偿机制

由于水资源天然分配不均和国家的开发能力存在差异，所以同一流域中各国之间的水资源开发利用的受益程度不同，尤其是某一流域国对水资源的开发力度增大时，会导致流域国之间利益格局的改变。为调整流域国之间的利益，避免利益纠纷，建立科学的利益分享与补偿机制就成为跨国界水资源合作协调机制体系中不可缺少的制度构成。

目前中国需要和周边国家发展电能效益分享和水资源分享。中国作为跨国界水系上游的经济发展和技术开发能力较强的国家，在大力开发利用跨国界水资源时，需要兼顾下游国家的利益，惠及下游国家，使之感受到上游国家所带来的客观收益。例如在东南亚地区，大部分国家虽然水电资源丰富，但由于技术落后和资金匮乏，开发水平很低。因此，中国在对跨国界水资源进行开发时，应与电力相对缺乏的流域国进行电能效益的分享，并且要照顾到其他流域国水资源水量和质量的需求。

与此同时，中国在跨国界河流上进行水资源开发一直饱受诟病，其所谓的依据主要是生态影响和涉水人权受到“威胁”与“伤害”。一些周边国家认为，中国在跨国界河流上修建大坝等水利设施，会

破坏原有的自然环境系统，继而损害区域内丰富的生物多样性，破坏鱼类繁殖，减少河流泥沙，严重影响生物多样性和宝贵的自然资源。更重要的是，会改变沿岸依赖水资源而生活的居民的正常生活习惯，“村民被迫搬迁，没有补偿，或没有收到预期的补偿，导致失去原有家园和土地，丧失主要的生计来源”，原有居民的人权受到损害。[①] 所以，中国在跨国界河流进行开发利用时，需要拿出一定费用对受到影响的其他流域国进行适当的生态补偿和移民补偿，降低所带来的负面社会影响和国际影响，减少国际压力，进一步改善国际形象。

结语

周边地区是中国实现中华民族复兴的战略依托地，塑造有利于中国和平发展的周边关系直接决定着中国是否能实现民族复兴的伟业。中国作为上游国家，近些年随着水资源开发力度的不断加大，已经在经受下游国家的“质疑”和“诟病”，虽然中国一再重申，但成效微薄，如何发挥地区性大国的作用，对共享水资源进行更长远、更系统的管理，充分发挥水的战略资源作用，是当前中国在构筑和谐周边和制定周边战略需要深入思考和面对的重要问题。

水，既可以成为冲突的引子，也可以成为地区和平的纽带，如何妥善处理水资源的使用与分配，决定了相互依赖行为体之间是选择和平还是冲突。在气候变暖，水资源稀缺性危机不断加重的时代背景下，水资源安全关系逐渐成为周边关系的重要内容，中国应在周边安全环境塑造中一方面积极构建国际水资源安全战略，另一方面充分发挥水资源的战略“抓手”作用，为整体国家战略服务。

作为亚洲地区的国际水资源拥有大国，中国迄今为止还没有一个清晰的国际水资源战略，这与日益严重和发酵的国际水资源安全

---

① “健康的河流，幸福的邻居——对中国在缅甸开发水电的评论”，缅甸国际河流网，http：//burmariversnetwork. org/chinese/images/stories/publications/chinese/healthy-rivers. pdf。(上网时间：2015 年 6 月 19 日)

问题的要求不符，与中国周边外交工作所设定的基本目标和原则不符，未来构建具有中国特色的国际水资源安全战略已经是现实所需、时代所唤。中国的国际水资源安全战略是在寻求中国与其他流域国共同利益的基础上，倡导通过合作管理的方式，从制度上最大程度地确保和平共享国际水资源，而这也正是中国在周边地区实施“睦邻、安邻、富邻”政策的基础上，积极提供水资源类公共产品，注重中国和周边国家的命运共同体建设，努力在解决地区性公共问题的过程中，承担起相应的国际和地区责任，成为一个真正负责任的地区性大国。

目前，中国和周边国家在水资源安全关系上是一种非对称性的相互依赖关系，呈现出“低冲突—低合作”的结构状态。周边国家为改变这种结构状态下的水资源利用的“不安全感”，正在联合某些域外国家在水资源领域形成一种制约中国的潜在联盟，由此对中国的周边关系和安全环境形成负面影响。所以，未来中国应充分发挥水资源的战略“抓手”作用。

“抓手”有两层含义：一是能用手抓住便于用力或使身体站稳的东西；二是比喻进行某项工作的入手处或着力点。[1] 把水资源作为外交战略中的重要“抓手”，一方面意指中国应该充分发挥水资源优势，制定水资源安全战略，把握水资源使用规则制定的制高点和主导权，使水资源的战略优势转化为主动塑造周边的重要着力点和依托点，成为实现周边战略的推动性力量；另一方面，是指水资源可以被作为中国在周边地区维护主权权益的“武器”。

在南亚地区，印度企图将占领的中国主权领土藏南地区建设成印度的“发电站”，造成“实际占有”的事实，并试图扩大国际影响。在东南亚地区，越南在红河流域，通过人为地添加河道、抬高河床，促使以河心为界的国界线向中国偏移，同时加剧河水对中国

---

① 中国社会科学院语言研究所词典编辑室编：《现代汉语词典》，商务印书馆2012年版，第1706页。

方面堤坝和国土的冲刷，导致中国国土流失。[①] 所以，在面对这种损害中国核心利益的行为时，水资源的“抓手”作用就体现为制约挑衅国家的战略武器，中国可以将水资源作为决定性的制约手段，通过在国际河流的上游地区兴建可以调节水流量和水势的水坝，作为制约手段，将水资源谈判和领土谈判两个议题联系起来，阻止侵犯中国国家核心利益的行为，维护国家主权。

---

① 仇子明：“河口之急！边境国土正在流失”，经济观察网，http：//www. eeo. com. cn/2011/1216/218141. shtml。(上网时间：2015 年 4 月 2 日)

参考文献

一、中文参考

1. 王利明：《物权法论》，中国政法大学出版社 2003 年版。

2. 《中国大百科全书》，中国大百科全书出版社 2004 年版。

3. 何艳梅：《国际水资源利用和保护领域的法律理论与实践》，法律出版社 2007 年版。

4. 王志坚：《国际河流法研究》，法律出版社 2012 年版。

5. 水利部国际经济技术合作交流中心编译：《国际涉水条法选编》，社会科学文献出版社 2011 年版。

6. 胡平：《国际冲突分析与危机管理研究》，军事谊文出版社 1993 年版。

7. ［美］理查德·罗斯克斯莱斯、阿瑟·斯坦著，刘冬国译：《大战略的国内基础》，北京大学出版社 2005 年版。

8. ［美］英吉·考尔等编，张春波、高静等译：《全球化之道——全球公共产品的提供与管理》，人民出版社 2002 年版。

9. 何大明、汤奇成等：《中国国际河流》，科学出版社 2000 年版。

10. 何大明、冯彦：《国际河流跨境水资源合理利用与协调管理》，科学出版社 2006 年版。

11. 世界水坝委员会报告：《水坝与发展：决策的新框架》，中国环境出版社 2000 年版。

12. 王铁崖、田如萱编：《国际法资料选编》，法律出版社 1986 年版。

13. 何艳梅：《中国跨界水资源利用和保护法律问题研究》，复旦大学出版社 2013 年版。

14. 孟伟：《流域水污染物总量控制技术与示范》，中国环境科学出版社 2008 年版。

15. 姬鹏程、孙长学：《流域水污染防治体制机制研究》，知识产权出版社 2009 年版。

16. ［哈］卡·托卡耶夫著，赛力克·纳雷索夫译：《中亚之鹰的外交战略》，新华出版社 2002 年版。

17. 杨曼苏：《国际关系基本理论》，中国社会科学出版社 2001 年版。

18. 詹姆斯·多尔蒂、小罗伯特·普法尔茨格拉夫著，阎学通等译：《争论中的国际关系理论》，世界知识出版社 2003 年版。

19. 《中华人民共和国政区图》，中国地图出版社 2000 年版。

20. 邱国庆、周幼吾、程国栋等：《中国冻》，科学出版社 2000 年版。

21. 施本植、戴杰：《澜沧江—湄公河次区域合作与中国—东盟自由贸易区建设》，中国商务出版社 2005 年版。

22. 张蕴岭：《未来 10—15 年中国在亚太地区面临的国际环境》，中国社会科学出版社 2003 年版。

23. 秦亚青：《东亚地区合作：2009》，经济科学出版社 2010 年版。

24. 中国社会科学院语言文学所词典编辑室：《现代汉语词典》，商务出版社 2012 年版。

25. ［美］理查德·罗斯克斯莱斯、阿瑟·斯坦著，刘冬国译：《大战略的国内基础》，北京大学出版社 2005 年版。

26. 陈嘉琦：《水资源学》，科学出版社 2002 年版，第 224 页。

27. 陈宜瑜、王毅、李利峰等：《中国流域综合管理战略研究》，科学出版社 2007 年版。

28. 董哲仁主编：《莱茵河——治理保护与国际合作》，黄河水利出版社 2005 年版。

29. 薄义群、卢锋等：《莱茵河——人与自然的对决》，中国轻工业出版社 2009 年版。

30. 刘宁主编：《多瑙河：利用保护与国际合作》，中国水利水电出版社 2010 年版。

31. ［英］马丁·格里菲斯编著，水利部国际经济技术合作交流中心翻译：《欧盟水框架指令手册》，中国水利水电出版社 2008 年版。

32. 张海滨：《气候变化与中国国家安全》，时事出版社 2010 年版。

33. 孔令杰、田向荣：《国际涉水条法研究》，中国水利水电出版社 2011 年版。

34. 夏军、刘昌明、丁永建、贾绍凤、林朝晖主编：《中国水问题观察（第一卷）》，科学出版社 2011 年版。

35. 中国 21 世纪议程管理中心编著：《国际水资源管理经验及借鉴》，社科文献出版社 2011 年版。

36. 杨永江、王春元：《中国水战略——以水电开发为先导》，中国水利水电出版社 2011 年版。

37. 世界水坝委员会：《水坝与发展：决策的新框架》，中国环境科学出版社 2000 年版。

38. 陈元主编：《我国水资源开发利用研究》，研究出版社 2008 年版。

39. 刘福臣主编：《水资源开发利用工程》，化学工业出版社 2006 年版。

40. ［加］莫德·巴洛、托尼·克拉克：《水资源战争——向窃取世界水资源的公司宣战》，当代中国出版社 2008 年版。

41. 王家枢：《水资源与国家安全》，地震出版社 2002 年版。

42. 《联合国报告惹你为：世界面临水危机》，《中外房地产导报》，2003 年第 6 期。

43. 胡庆和：《流域水资源冲突集成管理研究》，河海大学博士论文，2007 年。

44. 胡文俊、杨建基、黄河清：《西亚两河流域水资源开发引起国际纠纷的经验教训及启示》，《资源科学》，2010 年第 1 期。

45. 何志华：《中印关系中的水资源问题研究》，兰州大学硕士论文，2011 年。

46. 徐晓天：《中亚水资源的困局》，《世界知识》，2010 年第 20 期。

47. 郑通汉：《论水资源安全与水资源安全预警》，《中国水利》，2003 年第 6 期。

48. 冯彦、何大明：《国际河流的水权及其有效利用和保护研究》，《水科学进展》，2003 年第 1 期。

49. 何大明：《澜沧江—湄公河水文特征分析》，《云南地理环境研究》，1995 年第 1 期。

50. 冯彦、何大明、包浩生：《澜沧江—湄公河水资源公平合理分配模式分析》，《自然资源学报》，2000 年第 3 期。

51. 何大明、杨明、冯彦：《西南国际河流水资源的合理利用与国际合作研究》，《地理学报》，1999 年 S1 期。

52. 冯彦、何大明、甘淑：《澜沧江水资源系统变化与大湄公河次区域合作的关联分析》，《世界地理研究》，2005 年第 4 期。

53. 陈丽晖、曾尊固、何大明：《国际河流流域开发中的利益冲突及其关系协调——以澜沧江—湄公河为例》，《世界地理研究》，2003 年第 1 期。

54. 李少军：《水资源与国际安全》，《百科知识》，1997 年第 2 期。

55. 李志斐：《中国与周边国家跨国界河流问题之分析》，《太平洋学报》，2011 年第 3 期。

56. 李志斐：《国际水资源开发与中国周边安全环境构建》，《教学与研究》，2012 年第 2 期。

57. 宫少朋：《阿以和平进程中的水资源问题》，《世界民族》，2002 年第 3 期。

58. 姜恒昆：《以和平换水——阿以冲突中的水资源问题》，《甘肃教育学院学报》，2003 年第 4 期。

59. 刘卫：《现状与出路：约旦河流域阿以水资源合作研究》，

华中师范大学硕士论文，2007年。

60. 杨恕、王婷婷：《中亚水资源争议及其对国际关系的影响》，《兰州大学学报（社会科学版）》，2010年第5期。

61. 焦一强、刘一凡：《中亚水资源问题：症结、影响与前景》，《新疆社会科学》，2013年第1期。

62. 冯怀信：《水资源与中亚地区安全》，《俄罗斯中亚东欧研究》，2004年第4期。

63. 王志坚、翟晓敏：《我国东北国际河流与东北亚安全》，《东北亚论坛》，2007年第4期。

64. 刘思伟：《水资源与南亚地区安全》，《南亚研究》，2010年第2期。

65. 蓝建学：《水资源安全合作与中印关系的互动》，《国际问题研究》，2009年第6期。

66. 郭延军：《大湄公河水资源安全：多层治理与中国的政策选择》，《外交评论》，2011年第2期。

67. 白明华：《印度河水争端解决机制的启示——兼论我国大湄公河水争端的避免解决》，《南亚研究季刊》，2012年第3期。

68. 王冠军、王春元、冯云飞：《中国水资源管理和投资政策》，《水利发展研究》，2001年第5期。

69. 万霞：《澜沧江—湄公河区域合作的国际法问题》，《云南大学学报（法学版）》，2007年第4期。

70. 周世玲：《中国一侧图们江流域水资源开发利用中存在的问题诊断》，《绥化师专学报》，2001年3月。

71. 朱春默、任焕英、申亨哲：《图们江水环境污染对图们江下游地区开发的影响及改善对策》，《东北亚论坛》，1993年第2期。

72. 苏玮玮：《澜沧江中上游流域矿区水和土壤主要重金属污染及其人体健康效应的研究》，大理学院硕士学位论文，2010年。

73. 张建荣：《由新疆国际河流水利开发引发的思考》，《社会观察》，2007年第11期。

74. 蓝建学：《水资源安全和中印关系》，《南亚研究》，2008年第 2 期。

75. 李香云:《从印度水政策看中印边界线中的水问题》,《水利发展研究》,2010 年第 3 期。

76. 胡向阳、何子杰:《西藏水能资源开发前景浅析》,《人民长江》,第 40 卷第 16 期。

77. 鲁家果:《朔少运河——大西线南水北调构想质疑》,《社会科学研究》,2001 年第 2 期。

78. 段斌:《关于怒江开发与保护问题的研究》,《中共云南省委党校学报》,2007 年第 5 期。

79. 贺恭:《关于推进怒江流域水能资源开发的思考》,《水利开发》,2007 年第 5 期。

80. 童志峰:《动员结构与自然保育运动的发展:以怒江反坝运动为例》,《开放时代》,2009 年第 9 期。

81. 姜文来:《“中国水威胁论”的缘起与化解之策》,《科技潮》,2007 年第 1 期。

82. 陈志恺:《人口、经济和水资源的关系》,《水利规划设计》,2000 年第 3 期。

83. 曾正德:《“中国生态环境威胁论”的缘起、特征与对策研究》,《扬州大学学报(人文社会科学版)》,2010 年第 2 期。

84. 李香云:《从印度水政策看中印边界线中的水问题》,《水利发展研究》,2010 年第 3 期。

85. 中国黄河文化经济发展研究会、大西线南水北调工程论证委员会:《大西线南水北调工程建议书》,《当代思潮》,1999 年 2 期。

86. 李光辉、裘叶艇:《日本担心湄公河归中国经济圈,15 亿美元争夺主导权》,《国际先驱导报》,2004 年 4 月 20 日。

87. 李永明:《美国协助越南发展核技术》,《联合早报》,2010 年 8 月 18 日。

88. 《美国插手湄公河政治》,香港亚洲时报在线,2010 年 8 月 4 日。

89. 蓝建中:《日本“黄金微笑”抛向湄公河五国》,《国际先驱导报》，2012 年 5 月 10 日。

90. 蒋丰：《“日本·湄公河峰会”搅局南海问题》，《日本新华侨报》，2012 年 4 月 23 日。

91. 赵姝岚：《日本对大湄公河次区域（GSM）五国援助述评》，《东南亚纵横》，2012 年第 6 期。

92. 王冲：《缅甸非政府组织反坝运动刍议》，《东南亚研究》，2012 年第 4 期。

93. 邓铭江、龙爱华、章毅、李湘权、雷雨：《中亚五国水资源及其开发利用评价》，《地球科学进展》，2010 年第 12 期。

94. 腾仁：《中俄毗邻地区生态安全合作》，《西伯利亚研究》，2010 年第 4 期。

95. 朱新光、张文潮、张文强：《中国—东盟水资源安全合作》，《国际论坛》，2010 年第 6 期。

96. 董斯扬、薛娴、徐满厚、尤金刚、彭飞：《气候变化对青藏高原水环境影响初探》，《干旱区地理》，2013 年第 5 期。

97. 李巧媛：《不同气候变化情境下青藏高原的冰川变化》，湖南师范大学博士学位论文，2011 年。

98. 达瓦次仁：《全球气候变化对青藏高原水资源的影响》，《西藏研究》，2010 年第 4 期。

99. 秦大河、效存德、丁永建等：《国际冰冻圈研究动态和我国冰冻圈研究的现状与展望》，《应用气象学报》，2006 年第 17 期。

100. 张建国、陆佩华、周忠浩、张位首：《西藏冰冻圈消融退缩现状及其对生态环境的影响》，《干旱区地理》，2010 年第 5 期。

101. 《中日 JICA 合作计划——我国高原及周边新一代气象灾害综合检测网系统建设新进展》，《气象学报》，2007 年 12 月 15 日。

102. 鄂文峰：《水文信息对水资源可持续发展的重要性》，《金田》，2013 年第 7 期。

103. 李晨阳：《中国发展与东盟互联互通面临的机遇与挑战》，《思想战线》，2012 年第 1 期。

104. 陈体前：《加快澜沧江—湄公河国际航运建设推进中国—

东盟互联互通建设》，《珠江水运》，2013 年第 10 期。

105. 邓恒：《澜沧江—湄公河水资源博弈》，暨南大学硕士学位论文，2011 年。

106. 李雪松、秦天宝：《欧盟水资源管理政策分析及对我国跨边界河流水资源管理的启示》，《生态经济》，2008 年第 1 期。

107. 郑通汉：《论水资源安全与水资源安全预警》，《中国水利》，2003 年第 6 期。

108. 胡文俊：《多瑙河沿岸国际合作实践与启示》，《长江流域资源与环境》，2010 年第 7 期。

109. 贾琳：《国际河流开发的区域合作法律机制》，《北方法学》，2008 年第 5 期。

110. 刘佳奇、田大川：《刍议〈莱茵河保护公约〉的协调机制——兼论该协调机制对我国的借鉴意义》，《中南财经政法大学研究生学报》，2011 年第 5 期。

111. 赵崇强：《ICPR：河流治理的欧洲经验》，《河南水利与南水北调》，2011 年第 3 期。

112. 胡文俊、陈霁巍、张长春：《多瑙河流域国际合作实践与启示》，《长江流域资源与环境》，2010 年第 7 期。

113. R. 施塔德勒：《多瑙河流域跨界管理》，《水利水电快报》，2009 年第 9 期。

114. 胡文俊、简迎辉、杨建基、黄河清：《国际河流管理合作模式的分类及演进规律探讨》，《自然资源学报》，2013 年第 12 期。

115. 余元玲：《中国—东盟国际流域保护合作法律机制研究》，重庆大学博士论文，2011 年。

二、英文参考

1. Peter H. Gleick, “An Introduction to global fresh water issue,” Water in crisis: a guide to the world’s fresh water resources, New York: Oxford University Press, 1993.

2. UNEP, An Overview of the State of the World's Fresh and Marine Waters, Nairobi: UNEP, 2008.

3. Malin Falkenmark, "Fresh waters as a factor in strategic policy and action", Westing, Global Resources and International Conflict.

4. Peter H. Gleick, "Water and Conflict, Fresh water Resource and International Security", International Security, Vol. 18, No. 1.

5. Alan Cowell, "Water Rights: Plenty of Mud to Sling", New York Times, February 7, 1990.

6. A. T. Wolf et al, International Water: identifying basin at Risk, Water Policy 5, 2003.

7. Helga Haftendorn, Water and International conflict, Third World Quarterly, Vol. 21, 2000.

8. Elhance, Hydropolitics in the 3rd World: Conflict and Cooperation in International River Basin, Washington, DC: United States Institute of Peace, 1999.

9. Falkenmark, M. The Massive Water Scarcity Now Threatening Africa-Why isn't it being Addressed? Ambio, 18, 2, 1989.

10. Thomas F. Homer-Dixon, "Environmental Scarcities and Violent Conflict: Evidence from Case," International Secutity Vol. 19. No. 1, Fall 1994.

11. Shira Yoffe, Aaron T. Wolf, Mark Giordano, "Conflict and Cooperation Over International Freshwater Resource: Indicators of Basins at Risk", Journal of the American Water Resources Association, 2003.

12. Sadoff, C. W. , & Grey, D. Cooperation on international rivers: A continuum for securing and sharing benefits. Water International, 30th, Apr, 2005.

13. NuritKliot, Deborah shmueli, Development of institutional framework for the management of trans-boundary water resources, International. Journal. Global Environmental Issues, Vol. 1, Nos. 3/4, 2001.

14. Human Development Report 2006, Beyond scarcity: Power,

poverty and the global water crisis. Download from www. undp. org.

15. Sadoff, C. W., Gery, D. Beyond the River: The benefits of co-operation on international rivers. Water Policy, 4, 2002.

16. Dinar Shlomi, "Water, security, conflict and cooperation", The Johns Hopkins University Press, Volume 22, Number 2, Summer-Fall 2002.

17. Shlomi Dinar, "Scarcity and Cooperation Along International Rivers", Global Environmental Politics, Volume 9, Number 1, February 2009.

18. Amon. Medzini and Aaron T. Wolf, "Towards a Middle East at Peace: Hidden Issues in Arab-Israeli Hydropolitics", Water Resources Development, Vol. 20, 2004. 2.

19. Shira Yoffe, Aaron T. Wolf, Mark Giordano, "Conflict and Co-operation Over International Freshwater Resource: Indicators of Basins at Risk", Journal of the American Water Resources Association, 2003.

20. Garnham, D., Dyadic International War 1816 - 1965: The Role of Power Parity and Geographical Proximity. Western Political Quarterly 29, 1976.

21. Helga Haftendom, 0wateandin. "Water and international conflict", Third World Quaterly, Vol. 21, No, 1, 2000.

22. Shira Yoffe, Aaron T. Wolf, Mark Giordano, "Conflict and Co-operation Over International Freshwater Resource: Indicators of Basins at Risk", Journal of the American Water Resources Association, 2003.

23. Mark Zeitoun, Naho Mirumachi, "Transboundary water interaction I: reconsidering conflict and cooperation", International Environmental Agreements, 2008.

24. Dipak Gyawali, Ajaya Dixit, "The Mahakali Impasse and Indo-Nepal Water Conflict", Peace Process and Peace Accords, Samir Kumar Das, ed, New Delhi: Sage Publication India Pvt Ltd, 2005.

25. Dipak Gyawali, Ajaya Dixit, "The Mahakali Impasse and Indo-

Nepal Water Conflict", Peace Process and Peace Accords, Samir Kumar Das, ed, New Delhi: Sage Publication India Pvt Ltd, 2005.

26. Mirumachi, N., & Warner, J, Co-existing conflict and cooperation in transboundary waters, paper prepared for the 49th annual conference of the International Studies Association, San Francisco, 26 - 29, March 2008.

27. Wolf, A. T., Healing the enlightenment rift: Rationality, spirituality, and shared water. International Affair, Volume 61, Number 2, 2008.

28. Peter H. Gleick, "Water and Conflicy: Fresh Water Resources and International Security", International Security, Vol. 18, 1993.

29. Meredith A. Giordano and Aaron T. Wolf, "World's International Freshwater Agreements", in Atlas of International Freshwater Agreements. UNEP and OSU. 2002.

30. Aaron T. Wolf, "Conflict Prevention and Resolution in Water Systems", The Management of Water Resources series (Ed. C. W. Howe). Cheltenham, UK: Elgar 2002.

31. Aaron T. Wolf, "Criteria for Equitable Allocations: The Heart of International Water Conflict", Natural Resources Forum, vol23, 1, 1999.

32. Aron T. Wolf, Shira B. Yoffe, and Mark Giordano, "International waters: identifying basins at risk", Water Policy, Vol. 5, 1, 2003.

33. Aaron T. Wolf, Annika Kramer, Alexander Carius, and Geoffrey D. Dabelko, "Chapter 5: Managing Water Conflict and Cooperation", In State of the World 2005: Redefining Global Security. The World Watch Institute. Washington, D. C. 2005.

34. Dinar Shlomi, "Water, Security, Conflict and Cooperation", SAIS Review, Vol. 22, Number 2, Summer-Fall 2002.

35. Dinar Shlomi, "Scarcity and Cooperation Along International Riv-

ers", Global Environmental Politics, Volume 9, Number 1, February 2009.

36. Juha I. Uitto, Alfred M. Duda, "Managementi of Transboundary Water Resources: Lessons from International Cooperation for Conflict Prevention", The Geographical Journal, Vol. 168, No. 4, Water Wars? Geographical Perspectives, Dec. 2002.

37. Joe. Parker, Forestalling Water Wars: Returning to Our (Grass) Roots. Prepared for and under the guidance of Professor Mel Gurtov, Mark, O. Hatfield School of Government, College of Urban & Public Affairs, Portland State University. 2006.

38. Meredith A. Giordano, "International River Basin Management: Global Principles and Basin Practice", in partial fulfillment of the requirements of the degree of Doctor of Philosophy, Presented March 7, 2002 Commencement June 2002.

39. Franklin M. Fisher, Annette T. Huber-Lee, "Sustainability, Efficient Management, and Conflict Resolution in Water", The Whitehead Journal of Diplomacy and International Relations, Winter 2011.

40. Muhammad Mizanur Rahaman and Olli Varis, "Integrated water management of the Brahmaputra basin: Perspectives and hope for regional development", Natural Resources Forum 33 , 2009.

41. Louis Lebel, Ram C Bastakoti, Rajesh Daniel, "Enhancing Multi-Scale Mekong Water Governace", CPWF Project Report. April 30, 2010.

42. Shira Yoffe and Greg Fiske, "Use of GIS for Analysis of Indicators of Conflict and Cooperation Over International Freshwater Resource", Submitted for publication, as part of set of three articles, to *Water Policy*, World Water Council, October 1, 2001.

43. Shira Yoffe, Aaron T. Wolf, and Mark Giordano, "Conflict and Cooperation Over International Freshwater Resources: Indicators of Basin at Risk", Journal of the American Water Resources Association, Oct,

2003.

44. Macan Markar, Marwaan, "Asia: Dam Across the Mekong Could Trigger a Water War", New York: Global Information Network, 2009.

45. Milton Osborne, River at Risk: "the Mekong and the water politics of Southeast Asia", Double Bay, N. S. W.: Longueville Media 2004.

46. Alex Liebman, "Trickle-down Hegemony? China's 'Peaceful Rise' and Dam Building on the Mekong", Contemporary Southeast Asia, Vol. 27, Number 2, August 2005.

47. Timo Menniken, "China's Performance in International Resource Politics: Lesson from the Mekong", Contemporary Southeast Asia, Vol. 29, Number 1, April 2007.

48. Philip Hirsch, Kurt Morck Jensen, "National Interests and Trans-boundary Water Governance in the Mekong", http: //sydney. edu. au.

49. Olive Hensengerth, "Trans-boundary River Cooperation and the Regional Public Good: The Case of the Mekong River", Contemporary Southeast Asia, Vol. 21, Number 2, August 2009.

50. Aaron T. Wolf, Annika Kramer, Alexander Carius et al., 2005. Manage Water Conflict and Cooperation. In State of the World 2005: Redefining Global Security. The World Watch Institutes. Washington, D. C.

51. Human Development Report 2006, Beyond scarcity: Power, poverty and the global water crisis. Download from www. undp. org.

52. Barbara Crosette, "Severe Water Crisis Ahead for Poorest Nations in the Next Two Decades", The New York Time, 10 August 1995, Section 1.

53. Aaron T. Wolf, Annika Kramer, Alexander Carius, and Geoffrey D. Dabelko, "Chapter 5: Managing Water Conflict and Cooperation", In State of the World 2005: Redefining Global Security. the World

Watch Institute. Washington, D. C. 2005.

54. Peter H. Gleick, "An Introduction to global fresh water issues," Water in Crisis: a guide to the world's fresh water resource, New York: Oxford University Press, 1993.

55. Barbara Crosette, "Severe Water Crisis Ahead for Poorest Nations in the Next Two Decades," The New York Time, 10 August 1995, Section 1.

56. John Davison, "Human Tide: The Real Migration Crisis", commissioned by Christian Aid, May 2007.

57. James A. Kelly, "An Overview of U. S. - East Asia Policy," testimony before the House InternationalRelations Committee, Washington, D. C., 108th Cong., 2d sess., June 2, 2004.

58. Goh, Evelyn, "Great Powers and Hierarchical Order in Southeast Asia Analyzing Regional Security Strategies", International Security, Volume 32, Number 3, Winter 8. 2007.

59. Satup Limaye, "Introduction: America's Bilateral Relations with Southeast Asia-Constraints and Promise", Contemporary Southeast Asia, Volumn. 32, Number. 3 2010.

60. "Hydropower project facing problem of clearances", The Shillong Times, 2012. 9. 10.

61. UNFPA State of World Population 2010, UNFPA, October, 20, 2010.

62. Brahma Chellaney, "Water: Asia's New Battleground", Washington, D. C.: Georgetown University Press, 2011.

63. "India speeds up work on 200 dams", Asian Age, 2013. 2. 12.

64. Bureau of Public Affairs of the U. S. Department of State: "The U. S. and the Lower Mekong: Building Capacity to Manage Natural Resources", http://www. america. gov/mgck, Jan, 6th, 2010.

65. Bureau of Public Affairs of the U. S. Department of State: "The

U. S. and the Lower Mekong: Building Capacity to Manage Natural Resources", http://www.america.gov/mgck, Jan, 6th, 2010.

66. International Rivers Network, The New Great Walls: A Guide to China's Overseas Dam Industry, Nov. 2012.

67. International Rivers Network, Dams Building Overseas by Chinese Companies and Financiers, Jan. 23, 2012.

68. "Global Water Futures: Addressing Our Global Water Future", Center for Strategic and International Corporation, December 2003.

69. Earth Policy Institute and U. N. Environment Program, Global Outlook for Ice and Snow, Nairrobi, Kenya, 2007.

70. H. Gwyn Rees& David Collins, "Regional differences in response of flow in glacier-fed Himalayan rivers to climactic warming", Hydrological Process, 2006.

71. Jain C. K, A Hydro Chemical Study of a Mountains Watershed: the Ganga, India, Journal of Water Resources Research, 2002.

72. Reiner Wassmann, Nguyen Xuan Hien, Chu Thai Hoanh, To Phue Tuong, "Sea level rise affecting the Vietnamese Mekong Delta: water elevation in the flood season and implications for rice production," Climactic Change, 2004.

73. WWAP, Water: A Shared Responsibility, N. Y., Berghahn Books, 2006., 74, Human Development Report 2006, Beyond scarcity: Power, poverty and the global water crisis. www.undp.org.

74. Elhance, Hydropolitics in the 3rd World: Conflict and Cooperation in International River Basin, Washington, D. C.: United States Institute of Peace, 1999.

75. Human Development Report 2006, Beyond scarcity: Power, poverty and the global water crisis. http://hdr.undp.org.

76. Feng Yan, He Daming, Transboundary Water Vulnerability and its Drivers in China, Journal of Geographical Sciences, 2009, 19.

附录　重要的国际涉水法律文件

一、《中华人民共和国水法》

（2002年8月29日第九届全国人民代表大会常务委员会第二十九次会议通过）

目　　录

第一章　总　则

第一条　为了合理开发、利用、节约和保护水资源，防治水害，实现水资源的可持续利用，适应国民经济和社会发展的需要，制定本法。

第二条　在中华人民共和国领域内开发、利用、节约、保护、管理水资源，防治水害，适用本法。

本法所称水资源，包括地表水和地下水。

第三条　水资源属于国家所有。水资源的所有权由国务院代表国家行使。农村集体经济组织的水塘和由农村集体经济组织修建管理的水库中的水，归各该农村集体经济组织使用。

第四条　开发、利用、节约、保护水资源和防治水害，应当全面规划、统筹兼顾、标本兼治、综合利用、讲求效益，发挥水资源的多种功能，协调好生活、生产经营和生态环境用水。

第五条　县级以上人民政府应当加强水利基础设施建设，并将其纳入本级国民经济和社会发展计划。

第六条　国家鼓励单位和个人依法开发、利用水资源，并保护其合法权益。开发、利用水资源的单位和个人有依法保护水资源的义务。

第七条 国家对水资源依法实行取水许可制度和有偿使用制度。但是，农村集体经济组织及其成员使用本集体经济组织的水塘、水库中的水的除外。国务院水行政主管部门负责全国取水许可制度和水资源有偿使用制度的组织实施。

第八条 国家厉行节约用水，大力推行节约用水措施，推广节约用水新技术、新工艺，发展节水型工业、农业和服务业，建立节水型社会。

各级人民政府应当采取措施，加强对节约用水的管理，建立节约用水技术开发推广体系，培育和发展节约用水产业。

单位和个人有节约用水的义务。

第九条 国家保护水资源，采取有效措施，保护植被，植树种草，涵养水源，防治水土流失和水体污染，改善生态环境。

第十条 国家鼓励和支持开发、利用、节约、保护、管理水资源和防治水害的先进科学技术的研究、推广和应用。

第十一条 在开发、利用、节约、保护、管理水资源和防治水害等方面成绩显著的单位和个人，由人民政府给予奖励。

第十二条 国家对水资源实行流域管理与行政区域管理相结合的管理体制。

国务院水行政主管部门负责全国水资源的统一管理和监督工作。

国务院水行政主管部门在国家确定的重要江河、湖泊设立的流域管理机构（以下简称流域管理机构），在所管辖的范围内行使法律、行政法规规定的和国务院水行政主管部门授予的水资源管理和监督职责。

县级以上地方人民政府水行政主管部门按照规定的权限，负责本行政区域内水资源的统一管理和监督工作。

第十三条 国务院有关部门按照职责分工，负责水资源开发、利用、节约和保护的有关工作。

县级以上地方人民政府有关部门按照职责分工，负责本行政区域内水资源开发、利用、节约和保护的有关工作。

第二章　水资源规划

第十四条　国家制定全国水资源战略规划。

开发、利用、节约、保护水资源和防治水害，应当按照流域、区域统一制定规划。规划分为流域规划和区域规划。流域规划包括流域综合规划和流域专业规划；区域规划包括区域综合规划和区域专业规划。

前款所称综合规划，是指根据经济社会发展需要和水资源开发利用现状编制的开发、利用、节约、保护水资源和防治水害的总体部署。前款所称专业规划，是指防洪、治涝、灌溉、航运、供水、水力发电、竹木流放、渔业、水资源保护、水土保持、防沙治沙、节约用水等规划。

第十五条　流域范围内的区域规划应当服从流域规划，专业规划应当服从综合规划。

流域综合规划和区域综合规划以及与土地利用关系密切的专业规划，应当与国民经济和社会发展规划以及土地利用总体规划、城市总体规划和环境保护规划相协调，兼顾各地区、各行业的需要。

第十六条　制定规划，必须进行水资源综合科学考察和调查评价。水资源综合科学考察和调查评价，由县级以上人民政府水行政主管部门会同同级有关部门组织进行。

县级以上人民政府应当加强水文、水资源信息系统建设。县级以上人民政府水行政主管部门和流域管理机构应当加强对水资源的动态监测。

基本水文资料应当按照国家有关规定予以公开。

第十七条　国家确定的重要江河、湖泊的流域综合规划，由国务院水行政主管部门会同国务院有关部门和有关省、自治区、直辖市人民政府编制，报国务院批准。跨省、自治区、直辖市的其他江河、湖泊的流域综合规划和区域综合规划，由有关流域管理机构会同江河、湖泊所在地的省、自治区、直辖市人民政府水行政主管部门和有关部门编制，分别经有关省、自治区、直辖市人民政府审查提出意见后，报国务院水行政主管部门审核；国务院水行政主管部门征求国务院有关部门意见后，报国务院或者其授权的部门批准。

前款规定以外的其他江河、湖泊的流域综合规划和区域综合规划，由县级以上地方人民政府水行政主管部门会同同级有关部门和有关地方人民政府编制，报本级人民政府或者其授权的部门批准，并报上一级水行政主管部门备案。

专业规划由县级以上人民政府有关部门编制，征求同级其他有关部门意见后，报本级人民政府批准。其中，防洪规划、水土保持规划的编制、批准，依照防洪法、水土保持法的有关规定执行。

第十八条 规划一经批准，必须严格执行。

经批准的规划需要修改时，必须按照规划编制程序经原批准机关批准。

第十九条 建设水工程，必须符合流域综合规划。在国家确定的重要江河、湖泊和跨省、自治区、直辖市的江河、湖泊上建设水工程，其工程可行性研究报告报请批准前，有关流域管理机构应当对水工程的建设是否符合流域综合规划进行审查并签署意见；在其他江河、湖泊上建设水工程，其工程可行性研究报告报请批准前，县级以上地方人民政府水行政主管部门应当按照管理权限对水工程的建设是否符合流域综合规划进行审查并签署意见。水工程建设涉及防洪的，依照防洪法的有关规定执行；涉及其他地区和行业的，建设单位应当事先征求有关地区和部门的意见。

第三章 水资源开发利用

第二十条 开发、利用水资源，应当坚持兴利与除害相结合，兼顾上下游、左右岸和有关地区之间的利益，充分发挥水资源的综合效益，并服从防洪的总体安排。

第二十一条 开发、利用水资源，应当首先满足城乡居民生活用水，并兼顾农业、工业、生态环境用水以及航运等需要。

在干旱和半干旱地区开发、利用水资源，应当充分考虑生态环境用水需要。

第二十二条 跨流域调水，应当进行全面规划和科学论证，统筹兼顾调出和调入流域的用水需要，防止对生态环境造成破坏。

第二十三条　地方各级人民政府应当结合本地区水资源的实际情况，按照地表水与地下水统一调度开发、开源与节流相结合、节流优先和污水处理再利用的原则，合理组织开发、综合利用水资源。

国民经济和社会发展规划以及城市总体规划的编制、重大建设项目的布局，应当与当地水资源条件和防洪要求相适应，并进行科学论证；在水资源不足的地区，应当对城市规模和建设耗水量大的工业、农业和服务业项目加以限制。

第二十四条　在水资源短缺的地区，国家鼓励对雨水和微咸水的收集、开发、利用和对海水的利用、淡化。

第二十五条　地方各级人民政府应当加强对灌溉、排涝、水土保持工作的领导，促进农业生产发展；在容易发生盐碱化和渍害的地区，应当采取措施，控制和降低地下水的水位。

农村集体经济组织或者其成员依法在本集体经济组织所有的集体土地或者承包土地上投资兴建水工程设施的，按照谁投资建设谁管理和谁受益的原则，对水工程设施及其蓄水进行管理和合理使用。

农村集体经济组织修建水库应当经县级以上地方人民政府水行政主管部门批准。

第二十六条　国家鼓励开发、利用水能资源。在水能丰富的河流，应当有计划地进行多目标梯级开发。

建设水力发电站，应当保护生态环境，兼顾防洪、供水、灌溉、航运、竹木流放和渔业等方面的需要。

第二十七条　国家鼓励开发、利用水运资源。在水生生物洄游通道、通航或者竹木流放的河流上修建永久性拦河闸坝，建设单位应当同时修建过鱼、过船、过木设施，或者经国务院授权的部门批准采取其他补救措施，并妥善安排施工和蓄水期间的水生生物保护、航运和竹木流放，所需费用由建设单位承担。

在不通航的河流或者人工水道上修建闸坝后可以通航的，闸坝建设单位应当同时修建过船设施或者预留过船设施位置。

第二十八条　任何单位和个人引水、截（蓄）水、排水，不得损害公共利益和他人的合法权益。

第二十九条 国家对水工程建设移民实行开发性移民的方针，按照前期补偿、补助与后期扶持相结合的原则，妥善安排移民的生产和生活，保护移民的合法权益。

移民安置应当与工程建设同步进行。建设单位应当根据安置地区的环境容量和可持续发展的原则，因地制宜，编制移民安置规划，经依法批准后，由有关地方人民政府组织实施。所需移民经费列入工程建设投资计划。

第四章 水资源、水域和水工程的保护

第三十条 县级以上人民政府水行政主管部门、流域管理机构以及其他有关部门在制定水资源开发、利用规划和调度水资源时，应当注意维持江河的合理流量和湖泊、水库以及地下水的合理水位，维护水体的自然净化能力。

第三十一条 从事水资源开发、利用、节约、保护和防治水害等水事活动，应当遵守经批准的规划；因违反规划造成江河和湖泊水域使用功能降低、地下水超采、地面沉降、水体污染的，应当承担治理责任。

开采矿藏或者建设地下工程，因疏干排水导致地下水水位下降、水源枯竭或者地面塌陷，采矿单位或者建设单位应当采取补救措施；对他人生活和生产造成损失的，依法给予补偿。

第三十二条 国务院水行政主管部门会同国务院环境保护行政主管部门、有关部门和有关省、自治区、直辖市人民政府，按照流域综合规划、水资源保护规划和经济社会发展要求，拟定国家确定的重要江河、湖泊的水功能区划，报国务院批准。跨省、自治区、直辖市的其他江河、湖泊的水功能区划，由有关流域管理机构会同江河、湖泊所在地的省、自治区、直辖市人民政府水行政主管部门、环境保护行政主管部门和其他有关部门拟定，分别经有关省、自治区、直辖市人民政府审查提出意见后，由国务院水行政主管部门会同国务院环境保护行政主管部门审核，报国务院或者其授权的部门批准。

前款规定以外的其他江河、湖泊的水功能区划，由县级以上地方人民政府水行政主管部门会同同级人民政府环境保护行政主管部门和有关部门拟定，报同级人民政府或者其授权的部门批准，并报上一级水行政主管部门和环境保护行政主管部门备案。

县级以上人民政府水行政主管部门或者流域管理机构应当按照水功能区对水质的要求和水体的自然净化能力，核定该水域的纳污能力，向环境保护行政主管部门提出该水域的限制排污总量意见。

县级以上地方人民政府水行政主管部门和流域管理机构应当对水功能区的水质状况进行监测，发现重点污染物排放总量超过控制指标的，或者水功能区的水质未达到水域使用功能对水质的要求的，应当及时报告有关人民政府采取治理措施，并向环境保护行政主管部门通报。

第三十三条 国家建立饮用水水源保护区制度。省、自治区、直辖市人民政府应当划定饮用水水源保护区，并采取措施，防止水源枯竭和水体污染，保证城乡居民饮用水安全。

第三十四条 禁止在饮用水水源保护区内设置排污口。

在江河、湖泊新建、改建或者扩大排污口，应当经过有管辖权的水行政主管部门或者流域管理机构同意，由环境保护行政主管部门负责对该建设项目的环境影响报告书进行审批。

第三十五条 从事工程建设，占用农业灌溉水源、灌排工程设施，或者对原有灌溉用水、供水水源有不利影响的，建设单位应当采取相应的补救措施；造成损失的，依法给予补偿。

第三十六条 在地下水超采地区，县级以上地方人民政府应当采取措施，严格控制开采地下水。在地下水严重超采地区，经省、自治区、直辖市人民政府批准，可以划定地下水禁止开采或者限制开采区。在沿海地区开采地下水，应当经过科学论证，并采取措施，防止地面沉降和海水入侵。

第三十七条 禁止在江河、湖泊、水库、运河、渠道内弃置、堆放阻碍行洪的物体和种植阻碍行洪的林木及高秆作物。

禁止在河道管理范围内建设妨碍行洪的建筑物、构筑物以及从事影响河势稳定、危害河岸堤防安全和其他妨碍河道行洪的活动。

第三十八条 在河道管理范围内建设桥梁、码头和其他拦河、跨河、临河建筑物、构筑物，铺设跨河管道、电缆，应当符合国家规定的防洪标准和其他有关的技术要求，工程建设方案应当依照防洪法的有关规定报经有关水行政主管部门审查同意。

因建设前款工程设施，需要扩建、改建、拆除或者损坏原有水工程设施的，建设单位应当负担扩建、改建的费用和损失补偿。但是，原有工程设施属于违法工程的除外。

第三十九条 国家实行河道采砂许可制度。河道采砂许可制度实施办法，由国务院规定。

在河道管理范围内采砂，影响河势稳定或者危及堤防安全的，有关县级以上人民政府水行政主管部门应当划定禁采区和规定禁采期，并予以公告。

第四十条 禁止围湖造地。已经围垦的，应当按照国家规定的防洪标准有计划地退地还湖。

禁止围垦河道。确需围垦的，应当经过科学论证，经省、自治区、直辖市人民政府水行政主管部门或者国务院水行政主管部门同意后，报本级人民政府批准。

第四十一条 单位和个人有保护水工程的义务，不得侵占、毁坏堤防、护岸、防汛、水文监测、水文地质监测等工程设施。

第四十二条 县级以上地方人民政府应当采取措施，保障本行政区域内水工程，特别是水坝和堤防的安全，限期消除险情。水行政主管部门应当加强对水工程安全的监督管理。

第四十三条 国家对水工程实施保护。国家所有的水工程应当按照国务院的规定划定工程管理和保护范围。

国务院水行政主管部门或者流域管理机构管理的水工程，由主管部门或者流域管理机构商有关省、自治区、直辖市人民政府划定工程管理和保护范围。

前款规定以外的其他水工程，应当按照省、自治区、直辖市人民政府的规定，划定工程保护范围和保护职责。

在水工程保护范围内，禁止从事影响水工程运行和危害水工程安全的爆破、打井、采石、取土等活动。

第五章　水资源配置和节约使用

第四十四条　国务院发展计划主管部门和国务院水行政主管部门负责全国水资源的宏观调配。全国的和跨省、自治区、直辖市的水中长期供求规划，由国务院水行政主管部门会同有关部门制订，经国务院发展计划主管部门审查批准后执行。地方的水中长期供求规划，由县级以上地方人民政府水行政主管部门会同同级有关部门依据上一级水中长期供求规划和本地区的实际情况制订，经本级人民政府发展计划主管部门审查批准后执行。

水中长期供求规划应当依据水的供求现状、国民经济和社会发展规划、流域规划、区域规划，按照水资源供需协调、综合平衡、保护生态、厉行节约、合理开源的原则制定。

第四十五条　调蓄径流和分配水量，应当依据流域规划和水中长期供求规划，以流域为单元制定水量分配方案。

跨省、自治区、直辖市的水量分配方案和旱情紧急情况下的水量调度预案，由流域管理机构商有关省、自治区、直辖市人民政府制订，报国务院或者其授权的部门批准后执行。其他跨行政区域的水量分配方案和旱情紧急情况下的水量调度预案，由共同的上一级人民政府水行政主管部门商有关地方人民政府制订，报本级人民政府批准后执行。

水量分配方案和旱情紧急情况下的水量调度预案经批准后，有关地方人民政府必须执行。

在不同行政区域之间的边界河流上建设水资源开发、利用项目，应当符合该流域经批准的水量分配方案，由有关县级以上地方人民政府报共同的上一级人民政府水行政主管部门或者有关流域管理机构批准。

第四十六条　县级以上地方人民政府水行政主管部门或者流域管理机构应当根据批准的水量分配方案和年度预测来水量，制定年度水量分配方案和调度计划，实施水量统一调度；有关地方人民政府必须服从。

国家确定的重要江河、湖泊的年度水量分配方案，应当纳入国家的国民经济和社会发展年度计划。

第四十七条 国家对用水实行总量控制和定额管理相结合的制度。

省、自治区、直辖市人民政府有关行业主管部门应当制订本行政区域内行业用水定额，报同级水行政主管部门和质量监督检验行政主管部门审核同意后，由省、自治区、直辖市人民政府公布，并报国务院水行政主管部门和国务院质量监督检验行政主管部门备案。

县级以上地方人民政府发展计划主管部门会同同级水行政主管部门，根据用水定额、经济技术条件以及水量分配方案确定的可供本行政区域使用的水量，制定年度用水计划，对本行政区域内的年度用水实行总量控制。

第四十八条 直接从江河、湖泊或者地下取用水资源的单位和个人，应当按照国家取水许可制度和水资源有偿使用制度的规定，向水行政主管部门或者流域管理机构申请领取取水许可证，并缴纳水资源费，取得取水权。但是，家庭生活和零星散养、圈养畜禽饮用等少量取水的除外。

实施取水许可制度和征收管理水资源费的具体办法，由国务院规定。

第四十九条 用水应当计量，并按照批准的用水计划用水。

用水实行计量收费和超定额累进加价制度。

第五十条 各级人民政府应当推行节水灌溉方式和节水技术，对农业蓄水、输水工程采取必要的防渗漏措施，提高农业用水效率。

第五十一条 工业用水应当采用先进技术、工艺和设备，增加循环用水次数，提高水的重复利用率。

国家逐步淘汰落后的、耗水量高的工艺、设备和产品，具体名录由国务院经济综合主管部门会同国务院水行政主管部门和有关部门制定并公布。生产者、销售者或者生产经营中的使用者应当在规定的时间内停止生产、销售或者使用列入名录的工艺、设备和产品。

第五十二条 城市人民政府应当因地制宜采取有效措施，推广节水型生活用水器具，降低城市供水管网漏失率，提高生活用水效率；加强城市污水集中处理，鼓励使用再生水，提高污水再生利用率。

第五十三条 新建、扩建、改建建设项目，应当制订节水措施方案，配套建设节水设施。节水设施应当与主体工程同时设计、同时施工、同时投产。

供水企业和自建供水设施的单位应当加强供水设施的维护管理，减少水的漏失。

第五十四条 各级人民政府应当积极采取措施，改善城乡居民的饮用水条件。

第五十五条 使用水工程供应的水，应当按照国家规定向供水单位缴纳水费。供水价格应当按照补偿成本、合理收益、优质优价、公平负担的原则确定。具体办法由省级以上人民政府价格主管部门会同同级水行政主管部门或者其他供水行政主管部门依据职权制定。

第六章 水事纠纷处理与执法监督检查

第五十六条 不同行政区域之间发生水事纠纷的，应当协商处理；协商不成的，由上一级人民政府裁决，有关各方必须遵照执行。在水事纠纷解决前，未经各方达成协议或者共同的上一级人民政府批准，在行政区域交界线两侧一定范围内，任何一方不得修建排水、阻水、取水和截（蓄）水工程，不得单方面改变水的现状。

第五十七条 单位之间、个人之间、单位与个人之间发生的水事纠纷，应当协商解决；当事人不愿协商或者协商不成的，可以申请县级以上地方人民政府或者其授权的部门调解，也可以直接向人民法院提起民事诉讼。县级以上地方人民政府或者其授权的部门调解不成的，当事人可以向人民法院提起民事诉讼。

在水事纠纷解决前，当事人不得单方面改变现状。

第五十八条 县级以上人民政府或者其授权的部门在处理水事纠纷时，有权采取临时处置措施，有关各方或者当事人必须服从。

第五十九条 县级以上人民政府水行政主管部门和流域管理机构应当对违反本法的行为加强监督检查并依法进行查处。

水政监督检查人员应当忠于职守，秉公执法。

第六十条 县级以上人民政府水行政主管部门、流域管理机构及其水政监督检查人员履行本法规定的监督检查职责时，有权采取下列措施：

（一）要求被检查单位提供有关文件、证照、资料；

（二）要求被检查单位就执行本法的有关问题作出说明；

（三）进入被检查单位的生产场所进行调查；

（四）责令被检查单位停止违反本法的行为，履行法定义务。

第六十一条 有关单位或者个人对水政监督检查人员的监督检查工作应当给予配合，不得拒绝或者阻碍水政监督检查人员依法执行职务。

第六十二条 水政监督检查人员在履行监督检查职责时，应当向被检查单位或者个人出示执法证件。

第六十三条 县级以上人民政府或者上级水行政主管部门发现本级或者下级水行政主管部门在监督检查工作中有违法或者失职行为的，应当责令其限期改正。

第七章 法律责任

第六十四条 水行政主管部门或者其他有关部门以及水工程管理单位及其工作人员，利用职务上的便利收取他人财物、其他好处或者玩忽职守，对不符合法定条件的单位或者个人核发许可证、签署审查同意意见，不按照水量分配方案分配水量，不按照国家有关规定收取水资源费，不履行监督职责，或者发现违法行为不予查处，造成严重后果，构成犯罪的，对负有责任的主管人员和其他直接责任人员依照刑法的有关规定追究刑事责任；尚不够刑事处罚的，依法给予行政处分。

第六十五条 在河道管理范围内建设妨碍行洪的建筑物、构筑物，或者从事影响河势稳定、危害河岸堤防安全和其他妨碍河道行洪的活动的，由县级以上人民政府水行政主管部门或者流域管理机构依据职权，责令停止违法行为，限期拆除违法建筑物、构筑物，恢复原状；逾期不拆除、不恢复原状的，强行拆除，所需费用由违法单位或者个人负担，并处一万元以上十万元以下的罚款。

未经水行政主管部门或者流域管理机构同意，擅自修建水工程，或者建设桥梁、码头和其他拦河、跨河、临河建筑物、构筑物，铺设跨河管道、电缆，且防洪法未作规定的，由县级以上人民政府水行政主管部门或者流域管理机构依据职权，责令停止违法行为，限期补办有关手续；逾期不补办或者补办未被批准的，责令限期拆除违法建筑物、构筑物；逾期不拆除的，强行拆除，所需费用由违法单位或者个人负担，并处一万元以上十万元以下的罚款。

虽经水行政主管部门或者流域管理机构同意，但未按照要求修建前款所列工程设施的，由县级以上人民政府水行政主管部门或者流域管理机构依据职权，责令限期改正，按照情节轻重，处一万元以上十万元以下的罚款。

第六十六条　有下列行为之一，且防洪法未作规定的，由县级以上人民政府水行政主管部门或者流域管理机构依据职权，责令停止违法行为，限期清除障碍或者采取其他补救措施，处一万元以上五万元以下的罚款：

（一）在江河、湖泊、水库、运河、渠道内弃置、堆放阻碍行洪的物体和种植阻碍行洪的林木及高秆作物的；

（二）围湖造地或者未经批准围垦河道的。

第六十七条　在饮用水水源保护区内设置排污口的，由县级以上地方人民政府责令限期拆除、恢复原状；逾期不拆除、不恢复原状的，强行拆除、恢复原状，并处五万元以上十万元以下的罚款。

未经水行政主管部门或者流域管理机构审查同意，擅自在江河、湖泊新建、改建或者扩大排污口的，由县级以上人民政府水行政主管部门或者流域管理机构依据职权，责令停止违法行为，限期恢复原状，处五万元以上十万元以下的罚款。

第六十八条　生产、销售或者在生产经营中使用国家明令淘汰的落后的、耗水量高的工艺、设备和产品的，由县级以上地方人民政府经济综合主管部门责令停止生产、销售或者使用，处二万元以上十万元以下的罚款。

第六十九条 有下列行为之一的，由县级以上人民政府水行政主管部门或者流域管理机构依据职权，责令停止违法行为，限期采取补救措施，处二万元以上十万元以下的罚款；情节严重的，吊销其取水许可证：

（一）未经批准擅自取水的；

（二）未依照批准的取水许可规定条件取水的。

第七十条 拒不缴纳、拖延缴纳或者拖欠水资源费的，由县级以上人民政府水行政主管部门或者流域管理机构依据职权，责令限期缴纳；逾期不缴纳的，从滞纳之日起按日加收滞纳部分千分之二的滞纳金，并处应缴或者补缴水资源费一倍以上五倍以下的罚款。

第七十一条 建设项目的节水设施没有建成或者没有达到国家规定的要求，擅自投入使用的，由县级以上人民政府有关部门或者流域管理机构依据职权，责令停止使用，限期改正，处五万元以上十万元以下的罚款。

第七十二条 有下列行为之一，构成犯罪的，依照刑法的有关规定追究刑事责任；尚不够刑事处罚，且防洪法未作规定的，由县级以上地方人民政府水行政主管部门或者流域管理机构依据职权，责令停止违法行为，采取补救措施，处一万元以上五万元以下的罚款；违反治安管理处罚条例的，由公安机关依法给予治安管理处罚；给他人造成损失的，依法承担赔偿责任：

（一）侵占、毁坏水工程及堤防、护岸等有关设施，毁坏防汛、水文监测、水文地质监测设施的；

（二）在水工程保护范围内，从事影响水工程运行和危害水工程安全的爆破、打井、采石、取土等活动的。

第七十三条 侵占、盗窃或者抢夺防汛物资，防洪排涝、农田水利、水文监测和测量以及其他水工程设备和器材，贪污或者挪用国家救灾、抢险、防汛、移民安置和补偿及其他水利建设款物，构成犯罪的，依照刑法的有关规定追究刑事责任。

第七十四条 在水事纠纷发生及其处理过程中煽动闹事、结伙斗殴、抢夺或者损坏公私财物、非法限制他人人身自由，构成犯罪的，依照刑法的有关规定追究刑事责任；尚不够刑事处罚的，由公安机关依法给予治安管理处罚。

第七十五条　不同行政区域之间发生水事纠纷，有下列行为之一的，对负有责任的主管人员和其他直接责任人员依法给予行政处分：

（一）拒不执行水量分配方案和水量调度预案的；

（二）拒不服从水量统一调度的；

（三）拒不执行上一级人民政府的裁决的；

（四）在水事纠纷解决前，未经各方达成协议或者上一级人民政府批准，单方面违反本法规定改变水的现状的。

第七十六条　引水、截（蓄）水、排水，损害公共利益或者他人合法权益的，依法承担民事责任。

第七十七条　对违反本法第三十九条有关河道采砂许可制度规定的行政处罚，由国务院规定。

第八章　附　则

第七十八条　中华人民共和国缔结或者参加的与国际或者国境边界河流、湖泊有关的国际条约、协定与中华人民共和国法律有不同规定的，适用国际条约、协定的规定。但是，中华人民共和国声明保留的条款除外。

第七十九条　本法所称水工程，是指在江河、湖泊和地下水源上开发、利用、控制、调配和保护水资源的各类工程。

第八十条　海水的开发、利用、保护和管理，依照有关法律的规定执行。

第八十一条　从事防洪活动，依照防洪法的规定执行。

水污染防治，依照水污染防治法的规定执行。

第八十二条　本法自2002年10月1日起施行。

二、《国际水道非航行使用法公约》[1]

（1997 年 5 月 21 日联合国第 51 届大会通过）

本公约缔约方，认识到世界许多区域的国际水道及其非航行使用的重要性，念及《联合国宪章》第十三条第一项（子）款规定，大会应发动研究，并作成建议，以提倡国际法的逐渐发展与编纂，考虑到成功地编纂和逐渐发展关于国际水道非航行使用的国际法规则将有助于促进和落实（《联合国宪章》）第一条和第二条所载的宗旨与原则，考虑到需求和污染日益增加等多种原因所造成的影响到许多国际水道的问题，表示深信缔定一项框架公约将保证国际水道的利用、开发、养护、管理和保护，并促进为今世后代对其进行最佳和可持续的利用，肯定在这方面国际合作和睦邻关系的重要性，认识到发展中国家的特殊情况和需要，回顾 1992 年联合国环境与发展会议在《里约宣言》和《21 世纪议程》中通过的原则和建议，还回顾关于国际水道非航行使用的现有双边和多边协定，注意到政府和非政府国际组织为编纂和逐渐发展这方面的国际法所做的宝贵贡献，赞赏国际法委员会所做的国际水道非航行使用法方面的工作，铭记联合国大会 1994 年 12 月 9 日第 49/52 号决议，兹协议如下：

第一部分　导　言

第 1 条　本公约的范围

1. 本公约适用于国际水道及其水为航行以外目的的使用，并适

---

① 联合国第 51 届大会以 103 票赞成，27 票弃权、3 票反对通过了该公约。该公约对国际水道非航行利用的原则、内容、方式和管理制度等方面进行了比较全面的规定，是世界上第一个专门就国际水资源的非航行利用问题而缔结的公约，是国际水法发展的里程碑。虽然中国是 3 个反对国之一，但是由于该公约所确立的国际水资源利用的基本规则已经获得大部分国家的认同，逐步发展成为国际性共识，而且中国在对境内的国际水资源开发利用中也遵循和倡行了其中的原则与理念，故将该公约附之于此。

用于同这些水道及其水的使用有关的保护、保全和管理措施。

2. 为航行的使用国际水道不属于本公约的范围，除非其他使用影响到航行或受到航行的影响。

第2条　用语

为本公约的目的：

(a)“水道”是指地面水和地下水的系统，由于它们之间的自然关系，构成一个整体单元，并且通常流入共同的终点；

(b)“国际水道”是指其组成部分位于不同国家的水道；

(c)“水道国”是指部分国际水道位于其领土内的本公约缔约国，或本身是区域经济一体化组织而部分国际水道位于其一个或多个成员国领土内的缔约方；

(d)“区域经济一体化组织”是指由某一区域的主权国家组成的组织，其成员国已将对本公约所管辖事项的权限转移给该组织，并按其内部程序正式授权它签署、批准、接受、核准或加入本公约。

第3条　水道协定

1. 在没有任何协定另予规定的情况下，本公约的任何规定不应影响水道国依照在它成为本公约缔约方之日已对它生效的协定应享的权利或应履行的义务。

2. 尽管有第1款的规定，第1款所述协定的缔约方必要时可考虑使这种协定同本公约的基本原则相一致。

3. 水道国可根据某一特定国际水道或其一部分的特征和使用，订立一项或多项适用和调整本公约的规定的协定（下称“水道协定”）。

4. 两个或两个以上水道国之间缔结的水道协定，应界定其所适用的水的范围。此种协定可就整个国际水道或其任何部分或某一特定项目、方案或使用订立，除非该协定对一个或多个其他水道国对该水道的水的使用产生重大不利影响，而未经它们明示同意。

5. 如果一个水道国认为，鉴于某一特定国际水道的特征和使用，必须调整和适用本公约的规定，各水道国应进行协商，以期为缔结一项或多项水道协定进行善意的谈判。

6. 当某一特定国际水道的部分但非全部水道国为某一协定的缔约方时，该协定的任何规定不应影响不是其缔约方的水道国在本公约下的权利或义务。

第 4 条　水道协定的缔约方

1. 每一水道国均有权参加适用于整个国际水道的任何水道协定的谈判，并成为该协定的缔约方，以及参加任何有关的协商。

2. 如果一个水道国对某一国际水道的使用可能因执行只适用于该水道的某一部分或某一特定项目、方案或使用的拟议水道协定而受到重大影响，则该水道国有权在其使用因此受到影响的幅度内，参加关于此一协定的协商，并在适当情况下参加为此进行着眼于成为其缔约方的善意谈判。

第二部分　一般原则

第 5 条　公平合理的利用和参与

1. 水道国应在各自领土内公平合理地利用国际水道。特别是，水道国在使用和开发国际水道时，应着眼于与充分保护该水道相一致，并考虑到有关水道国的利益，使该水道实现最佳和可持续的利用和受益。

2. 水道国应公平合理地参与国际水道的使用、开发和保护。这种参与包括本公约所规定的利用水道的权利和合作保护及开发水道的义务。

第 6 条　与公平合理的利用有关的因素

1. 为了在第 5 条的含义范围内公平合理地利用国际水道，必须考虑到所有有关因素和情况，包括：

（a）地理、水道测量、水文、气候、生态和其他属于自然性质的因素；

（b）有关的水道国的社会和经济需要；

（c）每一水道国内依赖水道的人口；

（d）一个水道国对水道的一种或多种使用对其他水道国的影响；

（e）对水道的现有和潜在使用；

（f）水道水资源的养护、保护、开发和节约使用，以及为此而采取的措施的费用；

（g）对某一特定计划或现有使用的其他价值相当的替代办法可能性。

2. 在适用第 5 条或本条第 1 款时，有关的水道国应在需要时本着合作精神进行协商。

3. 每项因素的分量要根据该因素与其他有关因素的相对重要性加以确定。在确定一种使用是否合理公平时，一切相关因素要同时考虑，在整体基础上作出结论。

第 7 条　不造成重大损害的义务

1. 水道国在自己的领土内利用国际水道时，应采取一切适当措施，防止对其他水道国造成重大损害。

2. 如对另一个水道国造成重大损害，而又没有关于这种使用的协定，其使用造成损害的国家应同受到影响的国家协商，适当顾及第 5 条和第 6 条规定，采取一切适当措施，消除或减轻这种损害，并在适当的情况下，讨论补偿的问题。

第 8 条　一般合作义务

1. 水道国应在主权平等、领土完整、互利和善意的基础上进行合作，使国际水道得到最佳利用和充分保护。

2. 在确定这种合作的方式时，水道国如果认为有此必要，可以考虑设立联合机制或委员会，以便参照不同区域在现有的联合机制和委员会中进行合作所取得的经验，为在有关措施和程序方面的合作提供便利。

第 9 条　经常地交换数据和资料

1. 依照第 8 条，水道国应经常地交换关于水道状况，特别是属于水文、气象、水文地质和生态性质的和与水质有关的便捷可得的数据和资料以及有关的预报。

2. 如果一个水道国请求另一个水道国提供不是便捷可得的数据或资料，后者应尽力满足请求，但可附有条件，即要求请求国支付收集和在适当情况下处理这些数据或资料的合理费用。

3. 水道国应尽力以便于获得数据和资料的其他水道国利用的方式收集和在适当情况下处理这种数据和资料。

第 10 条　各种使用之间的关系

1. 如无相反的协定或习惯，国际水道的任何使用均不对其他使用享有固有的优先地位。

2. 假如某一国际水道的各种使用发生冲突，应参考第 5 条至第 77 条加以解决，允应顾及维持生命所必需的人的需求。

第三部分　计划采取的措施

第 11 条　关于计划采取的措施的资料

各水道国应就计划采取的措施对国际水道状况可能产生的影响交换资料和互相协商，并在必要时进行谈判。

第 12 条　关于计划采取的可能造成不利影响的措施的通知

对于计划采取的可能对其他水道国造成重大不利影响的措施，一个水道国在予以执行或允许执行之前，应及时向那些国家发出有关通知。这种通知应附有可以得到的技术数据和资料，包括任何环境影响评估的结果，以便被通知国能够评价计划采取的措施可能造成的影响。

第 13 条　对通知作出答复的期限

除另有协议外：

（a）按照第 12 条发出通知的水道国应给予被通知国六个月的期限来对计划采取的措施可能造成的影响进行研究和评价，并将结论告知通知国；

（b）在被通知国评价计划采取的措施遇到特殊困难时，经其提出请求，这一期限将延长六个月。

第 14 条　通知国在答复期限内的义务

在第 13 条所述的期限内，通知国：

（a）应与被通知国合作，依请求向其提供为进行准确评价而需要的任何可以得到的补充数据和资料；

（b）未经被通知国同意，不执行或不允许执行计划采取的措施。

第 15 条　对通知的答复

被通知国应在第 13 条规定的适用期限内尽早将其结论告知通知国。如果被通知国认定执行计划采取的措施将不符合第 5 条或第 7 条的规定，则被通知国应在其结论中附上佐证说明，列举得出这一结论的理由。

第 16 条　对通知未作答复

1. 如果通知国在第 13 条规定的适用期限内，未获按照第 15 条告知结论，则通知国在不违反其依第 5 条和第 7 条所负义务的条件下，可按照向被通知国发出的通知和向它们提供的任何其他数据和资料，着手执行计划采取的措施。

2. 在第 13 条规定的适用期限内未作出答复的被通知国所提出的任何索赔要求，可以用通知国在答复期限届满后采取行动所支出的费用予以抵消，如果被通知国在该期限内提出异议，则这一行动就不会采取。

第 17 条　就计划采取的措施进行协商和谈判

1. 如果按照第 15 条作出告知，认为执行计划采取的措施将不符合第 5 条或第 7 条的规定，则通知国和作出告知的国家应进行协商，并于必要时进行谈判，以期达成公平地解决这种情况的办法。

2. 协商和谈判应在每个国家都必须善意地合理顾及另一个国家的权利和正当利益的基础上进行。

3. 在协商和谈判期间，如果被通知国在作出告知时提出请求，除非另有协议，通知国应在六个月期限内，不执行或不允许执行计划采取的措施。

第 18 条　没有通知时的程序

l. 如果一个水道国有合理根据认为另一个水道国正在计划采取可能对它造成重大不利影响的措施，前者可请求后者适用第 12 条的规定。这种请求应附有列举根据的佐证说明。

2. 假如计划采取措施的国家仍然认定它没有义务按照第 12 条发出通知，则它应告知该另一国，并附上佐证说明，列举得出这一结论的理由。如果这一结论不能使该另一国满意，经该另一国请求，两国应迅速按照第 17 条第 1 款和第 2 款所述的方式进行协商和谈判。

3. 在协商和谈判期间，如果另一国在请求展开协商和谈判的同时提出请求，除非另有协议，计划采取措施的国家应在六个月期限内，不执行或不允许执行这些措施。

第 19 条　紧急执行计划采取的措施

1. 假如为了保护公共卫生、公共安全或其他同样重要的利益，必须紧急执行计划采取的措施，则虽然有第 14 条和第 17 条第 3 款的规定，计划采取措施的国家在不违反第 5 条和第 7 条的条件下，仍可立即付诸执行。

2. 在这种情况下，应毫不延误地向第 12 条所述的其他水道国发出关于这些措施的紧迫性的正式声明，并附上有关的数据和资料。

3. 计划采取措施的国家经第 2 款所述的任何一国请求，应迅速按照第 17 条第 1 款和第 2 款所述的方式，同它进行协商和谈判。

第四部分　保护、保全和管理

第 20 条　保护和保全生态系统

水道国应单独地和在适当情况下共同地保护和保全国际水道的生态系统。

第 21 条　预防、减少和控制污染

1. 为本条的目的，“国际水道污染”是指人的行为直接或间接引起国际水道的水在成分或质量上的任何有害变化。

2. 水道国应单独地和在适当情况下共同地预防、减少和控制可能对其他水道国或其环境造成重大损害，包括对人的健康或安全、对水的任何有益目的的使用或对水道的生物资源造成损害的国际水道污染。水道国应采取步骤协调它们在这方面的政策。

3. 经任何水道国请求，各水道国应进行协商以期商定彼此同意的预防、减少和控制国际水道污染的措施和方法，如：

（a）订立共同的水质目标和标准；

（b）确定处理来自点源和非点源的污染的技术和做法；

（c）制定应禁止、限制、调查或监测让其进入国际水道水中的物质清单。

第 22 条 引进外来或新的物种

水道国应采取一切必要措施，防止把可能对水道生态系统有不利影响从而对其他水道国造成重大损害的外来或新的物种引进国际水道。

第 23 条 保护和保全海洋环境

水道国应考虑到一般接受的国际规则和标准，单独地和在适当情况下同其他国家合作，对国际水道采取一切必要措施，以保护和保全包括河口湾在内的海洋环境。

第 24 条 管理

1. 经任何水道国要求，各水道国应就国际水道的管理问题进行协商，其中可以包括建立联合管理机制。

2. 为本条的目的，“管理”尤其是指：

（a）规划国际水道的可持续发展，并就所通过的任何计划的执行作出规定；

（b）以其他方式促进对水道的合理和最佳利用、保护和控制。

第 25 条 调节

1. 水道国应在适当情况下进行合作，对调节国际水道水的流动的需要或机会作出反应。

2. 除非另有协议，水道国应公平参与它们同意进行的调节工程的兴建和维修，或支付其费用。

3. 为本条的目的，“调节”是指用水利工程或任何其他持续性措施来改变、变更或以其他方式控制国际水道水的流动。

第 26 条 设施

1. 水道国应在各自领土内，尽力维修和保护与国际水道有关的设施、装置和其他工程。

2. 经任何一个有合理根据认为可能遭受重大不利影响的水道国请求，各水道国应就下事项进行协商：

（a）与国际水道有关的设施、装置或其他工程的安全作业和维修；

（b）保护设施、装置或其他工程免受故意行为或疏忽行为或自然力的危害。

第五部分　有害状况和紧急情况

第 27 条　预防和减轻有害状况

水道国应单独地和在适当情况下共同地采取一切适当措施，预防或减轻与国际水道有关可能对其他水道国有害的状况，例如洪水或冰情、水传染病、淤积、侵蚀、盐水侵入、干旱荒漠化等，不论是自然原因还是人的行为所造成。

第 28 条　紧急情况

1. 为本条的目的，“紧急情况”是指对水道国或其他国家造成严重损害或有即将可能造成严重损害危险的情况，这种情况是由自然原因，例如洪水、冰崩解、山崩或地震，有的是人的行为——例如工业事故——所突然造成的。

2. 如果在一个水道国的领土内发生任何紧急情况，该水道国应毫不迟延地以可供采用的最迅速方法，通知其他可能受到影响的国家和主管国际组织。

3. 在其领土内发生紧急情况的水道国，应与可能受到影响的国家，并在适当情况下与主管国际组织合作，根据情况需要，立即采取一切实际可行的措施、预防、减轻和消除该紧急情况的有害影响。

4. 如有必要，水道国应共同地，并在适当情况下与其他可能受到影响的国家和主管国际组织合作，拟订应付紧急情况的应急计划。

第六部分　杂项规定

第 29 条　武装冲突期间的国际水道和设施

国际水道和有关的设施、装置及其他工程，应享有适用于国际性及非国际性武装冲突的国际法原则和规则所给予的保护，并且不得用于违反这些原则和规则。

第 30 条　间接程序

在水道国之间的直接联系有严重障碍的情况下，有关的国家应通过它们所接受的任何间接程序，履行本公约所规定的合作义务，包括交换数据和资料、发出通知、作出告知、进行协商和谈判。

第 31 条　对国防或国家安全至关重要的数据和资料

本公约的任何规定均不使水道国承担义务提供对其国防或国家安全至关重要的数据或资料。但该国应同其他水道国进行诚意，以期在这种情况下尽量提供可能提供的资料。

第 32 条　不歧视

除非有关的水道国为在与国际水道有关的活动造成重大跨界损害时，保护已经受害或面临受害严重威胁的自然人或法人的利益另有协议，水道国不应基于国籍或居所或伤害发生的地点而在允许这些人按照该国法律制度诉诸司法程序或其他程序、成就在其领土内进行的活动所造成的重大损害要求补偿或其他救济的权利上予以歧视。

第 33 条　争端的解决

1. 如果两个或两个以上缔约方对本公约的解释或适用发生争端，而它们之间又没有适用的协定，则当事各方应根据下列规定，设法以和平方式解决争端。

2. 如果当事各方不能按其中一方的请求通过谈判达成协议，它们可联合请第三方进行斡旋、调停或调解，或在适当情况下利用它们可能已经设立的任何联合水道机构，或协议将争端提交仲裁或提交国际法院。

3. 在符合第 10 款的运作情况下，如果在提出进行第 2 款所述的谈判的请求六个月后，当事各方仍未能通过谈判或第 2 款所述的任何其他办法解决争端，经争端任何一方请求，应按照第 4 款至第 9 款将争端提交公正的实况调查，除非当事各方另有协议。

4. 应设立一个实况调查委员会，由每一当事方提名一名成员加上由获提名各成员推选的另一名不具有任何当事方国籍的成员组成，并由后者应担任主席。

5. 如果当事各方提名的成员不能在提出设立该委员会的请求三个月内就主席人选达成协议，任何一方可请求联合国秘书长任命主席，该主席不能具有争端任何一方或有关水道的任何沿岸国的国籍。

如果某一当事方未能在根据第 3 款提出最初请求的三个月内提名成员，任何其他当事方可请求联合国秘书长任命一名不具有争端任何一方或有关水道的任何沿岸国国籍的人。这样任命的人应构成一个一人委员会。

6. 委员会应确定自己的程序。

7. 当事各方有义务向委员会提供它可能需要的资料，并经委员会请求，允许委员会为调查目的进入各自的领土和视察任何有关的设施、工厂、设备、建筑物或自然特征。

8. 除一人委员会外，委员会应以多数票通过其报告，并应将报告提交当事各方，其中载列其调查结果及理由依据，以及它认为对公平解决争端适当的建议；当事各方应善意地考虑这些建议。

9. 委员会的费用应由当事各方均摊。

10. 不是区域经济一体化组织的缔约方在批准、接受、核准或加入本公约时，或在其后任何时间，可向保存人提交书面文件声明，对未能根据第 2 款解决的任何争端，它承认下列义务在与接受同样义务的任何缔约方的关系上依事实具有强制性，而且无需特别协议：

(a) 将争端提交国际法院和（或）；

(b) 按照本公约附录规定的程序（除非争端各方另有协议），设立和运作的仲裁法庭进行仲裁。

本身是区域经济一体化组织的缔约方可就按照（b）项进行仲裁一事作出大意相同的声明。

第七部分　最后条款

第 34 条　签字

本公约应自 1997 年 5 月 21 日起至 2000 年 5 月 20 日止在纽约联合国总部开放给所有国家和区域经济一体化组织签字。

第 35 条　批准、接受、核准和加入

1. 本公约须经各国和各区域经济一体化组织批准、接受、核准或加入。批准书、接受书、核准书或加入书应交存于联合国秘书长。

2. 任何区域经济一体化组织如成为本公约的缔约方，而其成员国没有一个是缔约方，该组织应受本公约下所有义务的拘束。如果这种组织有一个或多个成员国是本公约的缔约方，则该组织及其成员国应决定它们各自对于履行本公约下各种义务的责任。在这种情况下，该组织及其成员国无权同时行使本公约下的权利。

3. 区域经济一体化组织应在其批准书、接受书、核准书或加入书中声明其对本公约所管辖事项的权限范围。这些组织还应将其权限范围上的任何实质性变更通知联合国秘书长。

第 36 条　生效

1. 本公约应自第三十五份批准书、接受书、核准书或加入书交存于联合国秘书长之日后第九十天起生效。

2. 对于在第三十五份批准书、接受书、核准书或加入书交存以后批准、接受、核准或加入本公约的每一国家或区域经济一体化组织，本公约应在该国或该区域经济一体化组织的批准书、接受书、核准书或加入书交存后第九十天起生效。

3. 为第 1 款和第 2 款的目的，区域经济一体化组织交存的任何文书不应计算在各国交存的文书之内。

第 37 条　作准文本

本公约正本应交存于联合国秘书长，其阿拉伯文、中文、英文、法文、俄文和西班牙文文本同等作准。

为此，下列全权代表经正式授权，在本公约上签字，以资证明。

一九九七年 × 月 × 日订于纽约。

附录

仲裁

第 1 条　除非争端各方另有协议，本公约第 33 条所规定的仲裁应依照本附件第 2 条至 14 条进行。

第 2 条　请求的一方应通知另一方，它正依照本公约第 33 条将争端交付仲裁。通知应说明仲裁的主题事项，并特别写明在解释或适用上引起问题的公约条款。如果当事各方不能就争端的主题事项达成协议，则主题事项应有仲裁法庭确定。

第 3 条

1. 对于涉及两个当事方的争端，仲裁法庭应由仲裁员三人组成。争端每一方应指派仲裁员一人，再由获指派的两位仲裁员共同协议指定第三位仲裁员，并由后者担任仲裁法庭庭长。庭长不应是争端任何一方或有关水道的任何沿岸国的国民，且其惯常居所不是在争端任何一方或任何此种沿岸国境内，也不得曾以任何其他身份处理此案。

2. 对于涉及两个以上当事方的争端，利害关系相同的当事方应通过协议共同指派一名仲裁员。

3. 任何空缺应按照最初指派时的规定方式填补。

第 4 条

1. 如果在指派了第二位仲裁员后两个月内仍未指定仲裁法庭庭长，经一方请求，应由国际法院院长在其后的两个月内指定仲裁法庭庭长。

2. 如果争端一方在接到请求后两个月内没有指派仲裁员，另一方可通知国际法院院长，后者应在其后两个月期间内指定一位仲裁员。

第 5 条　仲裁法庭应按照本公约和国际法的规定作出裁定。

第 6 条　除非争端各方另有协议，仲裁法庭应制定自己的程序规则。

第 7 条　仲裁法庭可应当事一方的请求，建议必要的临时保护措施。

第 8 条

1. 争端各方应为仲裁法庭的工作提供便利，尤应以一切可用的方法：

（a）向仲裁法庭提供一切有关的文件资料和便利；

（b）使法庭能在必要时传唤证人或鉴定人并接受他们的作证。

2. 当事各方和仲裁员都有义务保护在仲裁法庭诉讼期间作为机密向他们提供的资料的机密性。

第 9 条 除非仲裁法庭因案情特殊而另有决定，法庭的开支应由争端各方平均分担。法庭应保存一份所有开支的记录，并向争端各方提供一份开支决算表。

第 10 条 任何缔约方在争端的主题事项上有法律性质的利害关系，可能因该案的裁定而受到影响，经仲裁法庭同意可参加仲裁程序。

第 11 条 仲裁法庭可就争端的主题事项直接引起的反诉听取陈述并作出裁决。

第 12 条 仲裁法庭关于程序问题和实质问题的裁定都应以仲裁员的多数票作出。

第 13 条 如果争端一方不出庭或不作出辩护，另一方可请求仲裁法庭继续进行仲裁程序并作出裁定。一方缺席或不作出辩护不应构成停止仲裁的理由，仲裁法庭在作出最后裁定之前，必须查明诉讼主张确实有充分的事实和法律根据。

第 14 条

1. 法庭应在组成后五个月内作出最后裁定，除非它认为有必要延长期限；延长的时间不应超过五个月。

2. 仲裁法庭的最后裁定应限于争端的主题事项，并应陈述所根据的理由。最后裁定书中应载明参与的仲裁员姓名以及作出最后裁定的日期。任何仲裁员均可在裁定书上附加个别意见或异议。

3. 裁定应对争端各方具有拘束力。裁定不得上诉，除非争端各方事前议定某种上诉程序。

4. 争端各方如对最后裁定的解释或执行方式发生任何争议，任何一方均可提请作出该最后裁定的仲裁法庭予以裁定。

三、《国际河流利用规则》（《赫尔辛基规则》）[①]

（1966年8月，国际法协会第52届大会通过）

第一章　总则

第一条　本规则各章所宣告的国际法一般规则适用于国际流域的水资源利用，除流域国之间有其他公约、协定或有约束力的惯例另行规定者外。

第二条　国际流域是一个延伸到两国或多国的地理区域。其分界由水系统（包括流入共同重点的电表和地下水）的流域分界决定。

第三条　“流域国”是指其领土是国际流域一部分的国家。

第二章　国际流域的水域的公平利用

第四条　每个流域国在其领土范围内都有权公平合理分享国际流域水资源的利用效益。

第五条

一、第四条所指的“公平合理分享”决定于每种特定情况下的所有有关因素。

二、应加考虑的有关因素包括，但并限于：

1. 流域的地理条件，特别是各流域国境内水域的大小；
2. 流域的水文条件，特别是每个流域国提供的水量；
3. 影响流域的气候因素；
4. 流域水资源的利用情况，特别是目前的利用情况；
5. 各流域国的经济和社会需要；
6. 各流域国境内依靠流域水资源生活的人口；

---

① 《赫尔辛基规则》是国际水资源利用和保护法律制度的第一个里程碑，它提出了现在国际流域的概念，并为国际河流的综合利用和环境保护提供了国际法的一般原则。本中文本是在作准的中文文本的基础上，对照英文文本编译而成。The Helsinki Rules on the Uses of the Waters of International Rivers, adopted by the International Law Association at the fifty－second conference, held at Helsinki in August 1966.

7. 满足各流域国社会经济需求的替代方法的比较费用；

8. 其他资源的可利用性；

9. 在利用流域水源时应避免不必要的浪费；

10. 作为协调利用矛盾的一种手段，对一个或多个流域国进行补偿的可能性；

11. 在不对其他流域国造成实质性损害的条件下，对可以满足某一个流域国需要程度。

三、上述每一因素的权重由与其他有关因素相比的重要性决定。在确立公平合理分享时，应综合考虑所有因素，并且在此基础上得出分享结论。

第六条　某种利用或某些利用与另一种利用或一些利用相比，不具备固有的优先权。

第七条　在当前，某个流域国不应拒绝合理地利用国际流域水资源，以保护其他流域国在将来的利用。

第八条

一、目前的合理利用可保持不变，如果需要增加具有竞争性的、与现有利用不相容的利用，则必须改变或终止现有利用。

二、1. 实际上已运行的利用，从与之有关的工程施工初期开始就认为是现有利用，若无工程，从有关活动实施之日起就认为是现有利用；

2. 上文中的利用一直是现有利用，直到准备放弃时为止；

3. 如果某利用在开始运行时就与现有的合理利用相矛盾，则不认为该利用是现有利用。

第三章　污染

第九条　本章所采用的“水污染”一词系指人类行为对国际流域水资源的自然组成、含量和质量造成的任何变化。

第十条

一、根据“公平利用”国际流域水资源这个原则的基础上，流域国：

1. 必须防止对国际流域造成任何新的水污染，或加重现有污染程度，从而避免对其他流域国领土造成重大损害；

2. 应采取一切合理措施以减轻国际流域现有的水污染程度，直到不会对其他流域国领土造成实质性损害为止。

二、本条第 1 款中的两条原则适用于下列原因造成的水污染：

1. 在一国领土内造成的水污染；

2. 由国家领土内行为造成的领土外水污染。

第十一条

一、如果某流域国违反本章第十条第一款第 1 项规定时，该国应对受害国进行赔偿。

二、根据第十条中的原则，如果国家不履行第十条第一款第 2 项规定，未采取合理措施，该国则应立即与受损害的国家进行协商，以使问题得到公平的解决。

第四章　航行

第十二条

一、本章所指的河流和湖泊，其部分是可航运的，并位于两国边界或穿越两国或多国。

二、如果河流或湖泊在天然或渠化状态下，目前已用于商业航运，或者在天然状态下可以用于航运，则就是“可航运”河流或湖泊。

三、本章的“沿岸国”是指可航运河流或湖泊沿岸的国家。

第十三条　在遵守本规则的各项限制条件的前提下，每个沿岸国有权在整个河流上或湖泊中自由航运。

第十四条　本章的“自由航运”这个概念是指在平等的基础上，任何一个沿岸国的船舶都具有下列自由权：

1. 在河流或湖泊的整个可航运段自由航行；

2. 自由进入港口，并使用港口设施和船坞；

3. 在沿岸国的领土之间以及沿岸国领土和公海之间，直接或转船自由运输货物和旅客。

第十五条　沿岸国对在其管辖下的河段或湖泊段应行使治安权，这包括但不限于保护公共安全和健康，但在行使这些权利时，不能妨碍第十三条和第十四条中规定的自由航行权。

第十六条　每个沿岸国可以限制或禁止外国船舶在其境内装卸货物或上下旅客。

第十七条　沿岸国可给予非沿岸国家在其境内的河段或湖泊中航行的权利。

第十八条　每个沿岸国应采取一定措施使其管辖的可航运河流或湖泊处于良好状态。

第十九条　本章规则不适用于军用船只、治安船只或行政管理船只的航行，总之，不适用于国家权力的任何其他形式。

第二十条　在战争、其他武装冲突或危及到国家生存的紧急情况下，沿岸国可采取措施，减免本章规定的应承担的义务，但其减免程度应严格符合紧急情况的要求，采取的措施应与国际法规定的其他义务不相矛盾。沿岸国在任何情况下，都应为人道主义为目的的航行提供方便。

第五章　木材浮运

第二十一条　在穿越两国或多国领土，或流经两国或多国界的水道上浮运木材，应遵守下列条款规定，但根据有关法律或对沿岸国有约束力的惯例，受航运规则控制的木材浮运除外。

第二十二条　对用于航行的国际水道，沿岸国应一致决定是否允许，并在什么条件下允许在水道上浮运木材。

第二十三条

一、建议非航运国际水道的每一个沿岸国，在适当考虑水道上的其他利用的基础上，准许其他沿岸国利用其境内水道和沿岸运送木材。

二、这种准许应扩展到木材浮运工人在沿岸进行的所有必要工作以及木材浮运可能需要的设施建设。

第二十四条　如果沿岸国需要在另一沿岸国境内修建浮运木材的永久性设施，或需要对水道的流量进行调节，则与此有关的所有问题必须由有关的国家协商决定。

第二十五条　对于已用于或将用于木材浮运的水道，沿岸国应协商达成木材浮运管理协议；若有必要，可以建立一个联合机构或委员会，管理与木材浮运有关的所有事情。

第六章　争端的防止和解决方法

第二十六条　本章的内容是与国际流域中的流域国及其他国家的法定权利或其他利益有关的国际争端的防止和解决办法。

第二十七条

一、根据《联合国宪章》，所有国家有义务采取不危及国际和平、安全和公正的和平手段，解决与本国法定权利或其他利益有关的国际争端。

二、建议所有国家逐步采取本章第二十九条至三十四条规定的方法防止和解决争端。

第二十八条

一、所有国家根据对其有约束力的、适用的条约规定的方法防止和解决争端是其基本义务。

二、规定有防止和解决争端方法的、对国家有约束力的条约仅限于可适用的条约。

第二十九条

一、为了防止流域国之间产生与法定权利或其他利益有关的争端，建议每个流域国都向其他流域国提供与其境内流域水资源及其利用活动有关的、合理的资料。

二、国家不论其在国际流域所处的位置如何，对于可能会改变流域水情，引起第二十六条所定义争端的任何建议工程或设施，该国应特别向其他利益可能会受到实质性影响的其他流域国提供和通知情况。提供的情况应包括基本资料，可以使接受资料的国家据以评价建议工程或设施的可能影响。

三、根据本条第二款提供情况的国家应给接受情况的国家留一定时间，使得他们可以对建议工程或设施的可能影响作出评价，并将他们的意见返回给提供情况的国家。

四、如果某国没有根据本条第二款提供情况，在决定流域水资源的公平合理分配时，对该国改变流域水情的工程或设施一般不给予水资源暂时优先利用权。

第三十条　如果国家之间发生了第二十六条所定义的关于法定权利或其他利益的争端则应通过谈判寻求解决方法。

第三十一条

一、如果发生了与国际流域水资源现行或将来利用有关的问题或争端，建议流域国将问题或争端提交给一个联合机构，并要求该机构对国际流域进行调查研究，提出计划或建议，以便充分地、有效地利用水资源，从而给所有流域国带来利益。

二、建议联合机构在自己能力范围内，向成员国的有关当局呈交所有有关问题的报告。

三、建议联合机构的成员国邀请根据条约在国际流域水资源利用中享有一定权利的非流域国参与联合机构的工作，或允许它们参加联合机构。

第三十二条　如果有关国家认为采取第三十一条的方法不能解决问题或争端，建议这些国家寻求第三国、合格的国际组织或个人的帮助，或联合要求它们进行调解。

第三十三条

一、如果有关国家不能通过谈判解决其争端，或者不能对第三十一条和第三十二条规定的措施达成协议，建议这些国家成立一个调查委员会或专门的调解委员会，并致力于找出一个可能被有关国家接受的解决方法，来解决与它们法定权利有关的任何争端。

二、建议按本规则附件规定的方法组成调解委员会。

第三十四条　如果：

一、没有根据第三十三条成立一个委员会；

二、委员会不能提出解决争端的建议；

三、提出的建议不能被有关国家接受；

四、其他原因使得不能达成一个协议。

则建议有关国家同意将法律争端提交给一个专门的仲裁法庭或常设仲裁法庭或国际法院解决。

第三十五条　在仲裁时，建议有关国家参考联合国国际法委员会于1958年第10届会议上通过的“仲裁典型准则”。

第三十六条 借助于仲裁意味着有关国家认为其仲裁结果是最终结果，并将保证执行。

第三十七条 本章各条所述争端解决方法不影响地区组织、机构和其他国际机构建议的或要求的争端解决方法的实施。

附件

解决争端的调解委员会的典型组成原则

（对第六章第三十三条的补充）

第一条 委员会成员，包括主席，应由有关国家指定。

第二条 如果有关国家不同意上述指定，则每个国家应指定两名委员。这些委员应选举一名委员会主席。如果这些委员不能选出委员会主席，在任何一个有关国家的要求下，委员会主席应由国际法院院长指定，若国际法院院长不能制定，则由联合国秘书长指定。

第三条 委员会成员应具有处理国际流域争端的实际能力和资格。

第四条 如果委员会某成员不能进行工作或不能履行其职责，应根据本附件第一条或第二条规定的委员会制定程序予以替换。如果：

一、按第一条指定的原委员的替换人选得不到有关国家的同意；

二、按第二条指定的原委员的替换人选得不到有关国家的同意。

则在任何一个有关国家的要求下，替换委员会可由国际法院院长指定，若国际法院院长不能指定，可由联合国秘书长指定。

第五条 如果双方没有就如何解决争端签订协议，调解委员会应自己确定会议地点和调解程序。

四、关于水资源法的《柏林规则》节选[①]

（2004 年，国际法协会柏林会议通过）

第一章　范围

第一条　本规则的范围

1. 本规则中体现的国际法，适用于国际流域的水资源管理以及所有合适的水域。

2. 本规则并不影响条约或者特别惯例中的权利和义务。

第二条　本规则的执行

1. 所有国家都应该颁布适当的法律和规章以实现本规则的目的，并采取有效而充分的行政措施，包括实施这些法律和规章的管理计划和法律程序。

2. 所有国家应该制定必要的教育和研究计划，确保国家和公共部门具有履行本章或其他规则中所规定义务的技术能力。

第三条　定义

为了各条款的目的，这些用语具有以下含义。

1. “水生环境”是指所有的地表水和地下水、与这些水体有关的陆地和地下地质组成，以及这些水体和陆地相关的空气。

2. “含水层”是指具有充分孔隙和渗透能力的地下层和地质层，允许地下水流动，或储存一定量的可用地下水。

3. “流域国”是指领土是国际流域一部分的国家。

4. “损害”包括：

（a）声明的丧失或者人身伤害；

（b）财产损失或者伤害，或者其他经济损失；

（c）对环境的危害；

---

① 《柏林规则》是国际法协会在国际流域水资源管理法方面的最新发展，在综合其以前规则的基础上又增加了人的权利、环境流量、影响评价、极端情况、跨界含水层、国家责任及法律赔偿等方面的规定，是目前内容最全面的跨界水国际规则。

（d）为防止或者降低这些损失、伤害或危害所采取合理措施的费用。

5. “流域”是指一个延伸到两国或多国的地理区域，其分界由水系统（包括流入共同终点的地表水和地下水）流域分界决定。

6. “生态完整性”是指水及其他资源足以保证水生环境的生物、化学和物理完整性的自然条件。

7. “环境”包括特定时间、存在于一个特定区域内的水体、陆地、空气、植物和动物等。

8. “环境危害”包括：

（a）对环境造成的危害，以及有这种伤害造成的其他损失或损害；

（b）实际中为恢复环境而正在或者即将采取的合理措施的费用。

9. “洪水”是指对一个或者多个流域国家造成不利影响的水位上涨现象。

10. “防洪”是指为了保护土地不受洪水威胁或者减少洪水损害而采取的措施。

11. “地下水”是指位于地表之下饱和带中，与地面或土壤有直接联系的水体。

12. “有害物质”是指生物体内积累的，具有致癌性，诱导有机体突变、产生畸形的或者有毒的物质。

13. “国际流域”是指一个延伸到两个或多个国家的流域。

14. “水资源管理”和“管理水资源”包括水资源的开发、利用、保护、分配、调度和控制等。

15. “人”是指任何自然人或法人。

16. “污染”是指人类行为直接或间接的对国际水资源的自然组成或质量造成的任何不利变化。

17. “区域经济综合组织”是指一个由特定区域内的主权国家组成的组织，其成员国对本规则支配下有关问题的具有机动能力。

18. “国家”是指一个主权国家或者一个区域经济综合组织。

19. “可持续利用”是指在尽最大努力保护可更新资源和维护不

可更新资源的同时，为确保当代乃至下一代人有效而公平地利用水资源的利益，而进行综合的资源管理。

20. “重要的人类需求”是指直接用于维持人类生存的水资源，包括饮用水、炊用水和卫生用水，以及直接用于维持家庭生计的水。

21. “水体”指除海水之外的所有地表水和地下水。

第二章　控制所有水资源管理的国际法原则

第四条　人的参与

各国应该采取措施，确保可能受影响的人能够参与水资源管理的相关决策过程。

第五条　联合利用

各国应该尽各自的最大努力，对地表水、地下水以及其他相关水资源进行统一而全面的管理。

第六条　综合管理

各国应该尽各自最大的努力，将水资源管理适当地与其他资源的管理结合起来。

第七条　可持续性

各国应该采取一切适当措施，保证水资源管理的可持续性。

第八条　尽量降低对环境的危害

各国应该采取一切适当措施，防止对环境的危害或者使之降到最低。

第九条　对各规则的解释

1. 所有这些规则的解释都应该与本章的原则相一致。

2. 这些规则中所提及的国家，包括单独参与或共同参与的国家，以及通过适当国际组织参与的国家。

第三章　国际共享水资源

第十条　流域国的参与

1. 所有流域国都具有公平、合理和可持续的方式参与国际流域水资源管理的权利。

2. 各流域国应该对适用于与国际流域水资源的管理相关的国际协议的水资源给出定义；这种国际协议适用于，国际流域中所有或部分的水资源，或者特定工程或特殊用途，但除了这种情况，即一个或多个流域国家的利用，未经另一流域国同意时，不应对后者的权利或使用造成重大不利影响。

第十一条　合作

为了各参与国的共同利益，各流域国应该满怀诚意地在国际流域的水资源管理中进行合作。

第十二条　公平利用

1. 各流域国应该在其领土内，公平合理地履行管理国际流域水资源的义务，而不应该在其他流域国家造成重大损害。

2. 特别的，为了实现最佳的、可持续的利用并从中获益，在考虑其他流域国利益，以及充分保护水资源的条件下，各流域国应该开发和利用国际流域的水资源。

第十三条　确定公平、合理的利用方式

1. 第十二条所谓的“公平合理履行”，决定于每种特定情况下的所有相关因素。

2. 需要考虑的有关因素包括，但不限于：

（a）流域的地理、水文地理、水文、水文地质、气候、生态以及其他自然地物等情况；

（b）相关流域国的社会和经济需要；

（c）每个流域国依赖国际流域水资源生活的人口；

（d）某一流域国在国际流域水资源利用中对其他流域国家的影响；

（e）国际流域现有的以及潜在的水资源利用；

（f）国际流域水资源利用中的保持、保护、开发和节约，以及为达到这些目的所采取的措施的费用；

（g）对于特定规划或现有利用的替代办法的比较价值的可获得性；

（h）提议的或者现有的利用的可持续性；

（i）尽量减少对环境的危害。

3. 上述每一因素的权重由其他有关因素相比的重要决定性。在确定合理且公平的分摊时，应综合考虑所有的因素，并且在此基础上得出分摊结论。

第十四条　各种利用中的优先权

1. 在确定公平合理的利用中，各国应该首先分配满足重要的人类需水量。

2. 某种利用或某些利用与另一种或一些利用相比，不具备固有的优先权。

第十五条　其他流域国对所分配水的水利用

1. 根据协议或者其他规定给某个流域国分水，不应妨碍另一流域国对其应分得但实际还未利用的水量的利用。

2. 为了本条的目的，用水包括，为确保生态流量、维持生态完整性，或者使环境危害降到最小所需的水量。

3. 某个流域国没有利用另外一国分得的水时，就不应该妨碍该国对自己所分水的利用方式。

第十六条　避免造成跨界危害

在国际流域水资源的管理过程中，所有流域国都应在其领土内避免和防止发生对拥有公平合理利用水资源权利的另一流域国造成重大不利影响的行为或疏忽行为。

第四章　人的权利

第十七条　获得水资源的权利

1. 为了满足人类的重要需求，每个人都有获得充足、安全、可接受、身体易接近并能负担得起费用的水资源的权利。

2. 各国都应该确保无歧视地执行获得水资源的权利。

3. 各国都应该通过以下事项，逐渐地意识到获得水资源的权利：

（a）避免直接或间接的妨碍享有的权利；

（b）防止所享有的权利受到第三方的干扰；

（c）采取定义并实施适当的获取和使用水的法定权利等措施，帮助个人获得水资源；

（d）当通过超越个人能力的方法不能够为个人提供水或获取水的方法时，就要通过他们自己的努力来获得水资源。

4. 各国应该通过一个共同的、透明的程序，定期的监测和审查获得水资源的权利的实现情况。

第十八条　公众参与和获得信息

1. 在水资源管理中，各国应该确保各国管辖范围内的一级可能受到水资源管理决策影响的人们，能够直接或者间接地参与到这些决策的制定过程中，并有机会表达他们对水资源相关的项目、计划、工程或行动等的看法。

2. 为了实现这种参与，各国应该提供获取相关的水资源管理信息的途径，没有不切实际的困难，不收取不合理的费用。

3. 根据本条规定，要获取的相关信息，包括与水资源管理相关的影响评价，但不限于此。

4. 根据本条规定，在获取信息时，各国不必提供以下信息：

（a）知识产权，包括商业上或者工业上的秘密；

（b）个人的隐私权；

（c）对罪犯的调查或者审讯；

（d）国家安全；

（e）危机生态系统、历史名胜以及其他自然景观或者文化景点的信息。

第十九条　教育

各国应该在各个层次上进行教育，以促进和鼓励对这些规则下所出现问题的理解。

第二十条　对特殊团体的保护

在为了国家整体或某个群体利益而进行的水资源的开发过程中，各国应该采取一切适当措施来保护可能受到水资源管理影响的团体、本国人民或者其他特别脆弱团体的权利、利益和特殊需要。

第二十一条　向因水利工程或计划而移民的个人或群体进行赔偿的义务

各国应该向由于受到水利项目、计划、工程或行动的影响而移民的个人或团体给予赔偿，也应该制定保证移民个人或群体保持其人民升级和文化的适当条款。

第五章　保护水生环境

第二十二条　生态完整性

各国应该采取一切适当措施，维持依赖于特定水域的生态系统，以保护其必需的生态完整性。

第二十三条　预防途径

1. 在执行本章所规定义务时，各国应该采取预防途径。

2. 当存在对水资源的可持续利用有重大不利影响的严重危险，甚至是这种行为或者疏忽行为与其预期的影响之间还存在确凿的因果关系时，各国都应该采取一切适当措施来预防、消除、减少或者控制对水生环境的危害。

第二十四条　环境流量

各国应该采取一切适当措施，确保能够保证流域水域（包括河口水域）的生态完整性的流量。

第二十五条　外源物种

各国应该采取一切适当措施，防止外源物种的进入，无论是故意与否，一旦外源物种进入水生环境，将可能会对依赖于特定水域的生态系统造成重大不利影响。

第二十六条　有害物质

各国应该采取一切适当措施，防止有害物质进入其管辖或控制区域内的水体。

第二十七条　污染

1. 为了尽量降低对环境的危害，各国应该防止、消除或者控制污染。

2. 各国应该采取一切适当措施，确保遵循依照第二十八条建立的相关水质标准。

3. 各国应该确保利用最佳实用技术或最佳环境实践对污水、污染物和有害物质进行适当处理，以保护水生环境。

第二十八条　建立水质标准

1. 各国应该建立水质标准，以保护公众健康和水生环境，并提供人们满意的水，尤其是为了：

（a）提供达到人民身体健康所需水质标准的饮用水；

（b）保护生态系统；

（c）给农业（包括灌溉和畜牧业）供水；

（d）为了卫生和美观的需要，而供给休闲娱乐用水。

2. 除了其他，根据本条规定所需要建立的标准包括：

（a）在考虑特定水域用水的情况下，为一个国家所管辖或控制范围内的所有水域建立特定的水质目标；

（b）具体的水质目标适用于特定流域或流于某一部分。

第六章　影响评价

第二十九条　环境影响评价的义务

1. 各国应该对可能对水生环境或水资源开发的持续性具有重大影响的项目计划、工程或者行动等进行前期和后期的影响评价。

2. 除其他外，影响评价还包括以下因素：

（a）对人们身体健康和安全的影响；

（b）对环境的影响；

（c）对现有或未来经济活动的影响；

（d）对文化或社会—经济条件的影响；

（e）对水资源利用可持续性的影响。

第三十条　参与另一国家的影响评价

受到另一国家水资源相关的项目、计划、工程或行动等影响或严重威胁的个人，具有同该国人民参与环境影响评价相同的条件或相似的资格。

第三十一条　影响评价过程

任何项目、计划、工程或行动的影响评价，除了其他，还应该包括：

（a）对可能受到影响的水资源和环境进行的影响评价；

（b）对所提议活动及其影响的描述，应该特别重视所有的跨界影响；

（c）确认可能收到影响的生态系统，包括对相关流域的生命及非生命资源的评价；

（d）降低对环境危害所采取的适当缓解措施的描述；

（e）对相关流域的制度机构和设备进行评价；

（f）对相关流域的污染源和污染程度及其对人们健康、生态完整性和人类适宜性等的影响进行评价；

（g）确认那些可能收到影响的人类活动；

（h）对预防方法、潜在的假设条件和用到的相关数据等的解释，包括辨识知识和在编纂所需信息时遇到的不确定性之间的差距，及重大意外事故的风险评估等；

（i）根据情况，为项目和计划的后分析制定监测和管理大纲；

（j）对合理的备选方案（包括一个非行动性方案）的说明；

（k）一份适当的非技术性总结。

第七章　极端情形

第三十二条　对极端情形的响应

1. 各国应该采取一切适当措施，防止、降低、消除或者控制能对以下方面造成重大风险的所有水资源情况（无论其是否由于人为因素引起的）：

（a）对人民生命或健康；

（b）财产损失；

（c）对环境的危害。

2. 任何国家，应立即采取最快捷的方法，将其管辖或控制范围内的水域发生本条款下的任何危险情形，通报其他受到潜在影响的国家和主管国际组织。

3. 为了应对本条款下的危险情形，各国应该研制通知系统并制定应急计划。

第三十三条　污染事件

1. 各国应尽可能地采取一切适当措施，减少、消除或者控制由意外事件引起的污染。

2. 对另一国家管辖或控制范围内的水域存在对其造成严重污染的重大危险，特别是这种污染是由有害物质所致时，污染国应该立即采取最快捷的方法通知其他受到影响的国家和主管国际组织。

3. 为了应对本条款下的意外事件，各国应该研制通知系统并制定应急计划。

第三十四条　洪水

1. 顾及到其他国家的利益可能受到洪水影响，各国应该协作一起制定防洪措施，并投入实施。

2. 可能受到洪水影响的国家质检，应该采用最快捷的方法相互沟通，并就关于它们领土内发生的可能引起洪灾或者水位上涨危险的任何时间尽快同国际组织联系，建立：

（a）一个有效的信息发送系统以履行这项义务；

（b）确保紧急情况下优先交换洪水警报信息的措施；

（c）必要时，在两个流域国之间建立一个专门的翻译系统。

3. 为应对可预测的洪水情形，各国应该联合制定一个应急计划。

4. 除了应急计划外，各国还应通过在受影响国家以及适当的国际组织等之间签订关于防洪方面的合作协议，还包括其他问题：

（a）收集并交换相关的数据；

（b）准备进行测量、调查、研究和制定洪泛区地图，并在相互之间在进行交流；

（c）规划和设计相关措施，包括泛红区管理和防洪工程等；

（d）防洪措施的执行、运行和维护；

（e）洪水预报和洪水警报通信；

（f）为了达到这些目标，制定或加强必要的立法和适当的制度建设；

（g）定期进行信息服务，主要发布水位和流量等信息。

5. 各国应保证各种防洪措施的正常运行，并及时进行维护或采取其他的应急措施，尽量降低洪水损失。

6. 倘若洪水流量能够达到防洪目标，且不会对其他国家的权利或利益造成不利影响，就应该保证用于分洪的河道或湖泊保持通畅且不受任何限制。

第三十五条　干旱

1. 各国应该在水资源管理方面进行合作，防止、控制或者消除旱灾，以免影响其他流域国的利益。

2. 受影响的国家之间以及同适当的国际组织之间，应该签订旱灾方面的合作协议，还包括其他问题：

（a）制定一个综合策略，包括旱灾的物理成因、对生物和社会经济的影响等；

（b）定义一个积极支持本条规定的标准；

（c）制定一个综合策略，以消除旱灾影响并面向水资源的可持续利用；

（d）为了达到这些目标，制定或者加强必要的立法和适当的制度建设；

（e）为了达到这些目标，根据它们各自的情况和能力，对资源进行适当分配。

3. 按照2（b）中固定的详细标准，可能受到旱灾影响的国家之间，以及它们同主管国际组织之间应该尽快进行沟通。

4. 只要采取的措施不违背本规则或者其他规定中的义务，也不妨碍其他国家的权利，本条款不会限制保护自己单方面避免旱灾影响的权利。

……

第九章 航行

第四十三条 航行自由

1. 在本章限制范围内，各沿岸国都具有平等、无歧视地在整个水道上自由通航的权利。

2. 为了本章目的，“沿岸国”是指被适航水道所经过或分隔的国家。

3. 为了本章目的，“水道”是指可以从一个沿岸国通往另一个沿岸国或通向远海的河流、湖泊或其他地表水体。

4. 为了本章目的，一条水道，如果就其天然条件或人工开凿条件来说是“适于航行的”，那么这条水道必须是目前正用于商业航运或将来具有航运的天然条件。

5. 为了本章目的，“自由通航”包括：

（a）可以自由地航行于整条适航水道上；

（b）可以自由地进入港口并自由地使用设备和码头；

（c）可以直接或通过在一个沿岸国领土和另一个沿岸国的领土之间，以及沿岸国领土与远海之间进行转载的方式，自由的运输货物和游客。

第四十四条　自由航行的限制

1. 仅有船只而缺乏专门安排的沿岸国，具有自由通航的权利。

2. 船只的自由航行应该是连续的和快捷的，但不能使沿岸国的和谐、良好秩序或安全受到损害。

3. 正常航行的船只，当遇到紧急事故，或由于不可抗力、遇险，或需要给陷于危险或危难的个人、海船或航行器等提供援助时，允许其停泊或者抛锚。

4. 沿岸国可以限制或禁止外国的货船和客船在该国领土内卸载。

5. 一个沿岸国可以收取无歧视费用，以收回它为自由航行船只提供服务的成本。

第四十五条　调节航行

假设某沿岸国不会歧视另一沿岸国的任何过往船只，也不会没有理由地去干扰船只享有第四十三条和第四十四条中规定的航行自由的权利，该国可以调节、限制或延缓航行，以实现该国管辖范围内国际水道的良好航行秩序，并尽可能保护它所管辖的那段水道上的公众安全、健康和环境。

第四十六条　航行的维护

要求每个沿岸国尽最大努力，对各自管辖范围内的适航水道进行维护以保证其正常运行。

第四十七条　准许非沿岸国航行的权利

各沿岸国应该分别或共同，准许非沿岸国家在它或它们境内的水道或其他水域上航行的权利。

第四十八条　派出公用船

航行自由，不适用于非商业性目的的战船或政府公用船只的航行，除非得到相关国家的同意。

第四十九条　战争或相似的紧急事件对航行的影响

1. 在发生战争、其他武装冲突或会对沿岸国的安全构成威胁的公共紧急事件时，迫于紧急情势，该沿岸国应该严格按照本章规定采取措施减少它所承担的义务。

2. 本条规定中的措施，不违背各国所承担国际法中的其他义务。

3. 为了人道主义的目的，各沿岸国在任何情况下都应尽力为航行提供便利。

第十一章　国际合作和管理

第五十六条　信息交流

1. 各流域国应该定期地给其他流域国提供关于流域含水层地水量和水质的所有相关的、可得到的信息，以及关于水生环境的状态和引起水体、含水层或水生环境任何变化的原因等，包括一份众所周知的取水和污染来源列表，但不限于此。

2. 各流域国应该尽自己最大的努力，收集数据和信息，并对其进行适当处理，以便于那些与其沟通的其他流域国的利用。

3. 本条规定下要交流的信息，应该包括项目、计划、工程或行动等的所有相关技术信息，及任何相关的影响评价结果。

4. 各流域国应该同其他流域国进行合作，提供尽可能多的、关于第 5 款所规定的环境信息。

5. 各国并不必提供下面的信息：

（a）知识产权，包括商业上的或者工业中的秘密；

（b）个人的隐私权；

（c）对罪犯进行的调查或者审判；

（d）国家安全；

（e）可能危及生态系统、历史遗址和其他重要的自然或文化遗物或景点的信息。

第五十七条　项目、计划、工程或者行动的通知

1. 各流域国应该立即通知，可能受到项目、计划、工程或行动等影响的其他流域国或主管国际组织。

2. 为了履行本规则规定的义务，必要时，各流域国也应该立即通知其他流域国或者主管国际组织。

3. 某一国家有合理理由指出另一国家内将要或已经进行的项目、计划、工程或行动可能会对自己境内的水资源或水生环境产生重大影响时，就应该通知其他流域国，同时提供支持其结论的文件，并根据第五十六条规定要求同另一国交换信息，根据第五十八条进行磋商。

第五十八条　磋商

1. 各流域国相互之间及同主管国际组织之间，应该根据它们在国际法中的权利和义务，就关于它们共享的水资源或水生环境等实际存在或潜在的问题进行磋商，通过它们自己的选择得出遗址的解决方案。

2. 认为某项目、计划、工程或行动等会对其产生重大不利影响的流域国，应该立即通知负责该项目、计划、工程或行动的国家，并提供确证文件。一旦收到这种要求，利益相关的国家相互之间就应该立即进行磋商。

3. 流域国根据本条第 1 款和第 2 款进行的磋商和谈判，应该是建立在真诚的承认相关流域国的合法权利和合法利益的基础上的，并且为了达成一份公平的、可持续的决议，必要时，可以调整该项目、计划、工程或行动的执行步骤。

4. 在磋商期间，如果另一个利益相关国提出请求的话，负责该项目、计划、工程或行动规划的流域国，已经制止该项目、计划、工程或行动执行，或允许其在适当时期内进行。

5. 磋商中，不应将其主题即项目、计划、工程或行动，不合理地延期执行。

第五十九条　磋商失败

1. 按照第五十八条，应该承担磋商义务的国家，如果没有在合适的时间里加入磋商或谈判，其他利益相关国就可以按照它在国际法中承担的责任，执行提议的项目、计划、工程和行动。

2. 某一国家因违背国际惯例而要承担向另外一利益相关国进行赔偿的义务，可以与由于另一国家没有做出反应而使债务国招致利益损失相抵消。

第六十条　要求影响评价或获得其他信息

1. 如果某流域国将要或正在建设的项目、计划、工程或行动可能使另一国受到影响，只要后者提出请求，该国就应该对该项目、计划、工程或行动进行影响评价。

2. 如果某流域国将要或正在建设的项目、计划、工程或行动可能使另一国受到影响，只要后者提出请求，该国就应根据第五十六条第2款，给请求国提供所需的相关信息，或使其通过合法的途径可获得这些信息。

3. 按照本条规定，如果另一流域国提出要求其提供信息或进行影响评价的请求时，该流域国就应该尽自己最大努力满足请求国的要求，但是可以同请求国相互交换信息作为条件，或要求其为信息地收集和收集支付适当的费用。

第六十一条　需要紧迫执行项目、计划、工程或行动

1. 当项目、计划、工程或行动的执行对于公共健康、公共安全或相似的利益非常重要时，流域国应该在等待磋商的过程中，考虑立即将该项目、计划、工程或行动付诸实施，但不能违背这些条款中规定的其他义务。

2. 按照本条规定，执行项目、计划、工程或行动的流域国，应该立即通知其他流域国，并向他们透露所有的相关数据和信息。

3. 按照本条规定，尽管流域国做出了执行项目、计划、工程或行动的决定，但只要另一利益相关流域国提出请求，负责执行的流域国就应该按照第五十八条规定与其进行磋商和谈判。

第六十二条　国家法律和政策之间的调和

依照本条规定，所有流域国在制定国家法律时，应该同其他利益相关的流域国之间进行磋商，就有关水资源和水生环境的公平利用与可持续发展的法律和政策进行协调。

第六十三条　保护水利工程

1. 各流域国应该尽最大努力，对其境内与国际流域水资源管理相关的设施、设备和其他工程进行维护和保护。

2. 某流域国与水资源或水资源管理相关的设施、设备和其他工程等，可能对另一流域国的利益造成重大不利影响时，只要后者提出合理请求，该流域国应就一下相关事项同其进行磋商。

（a）设施、设备或其他工程的安全运行和维护；

（b）保护设施、设备和其他工程等不受蓄意、疏忽行为或自然力的损害。

第六十四条　建立流域范围的其他联合的管理机构

1. 为了确保水资源利用的公平性与可持续性，并防止其受到损害，如果必要的话，各流域国应该建立一个流域范围的或联合的、具有权威性的机构或委员会，对国际流域进行综合管理。

2. 各流域国应该根据情况，为水资源管理建立其他联合机构。

3. 流域范围的管理机构的存在，不会影响到各流域国为了解决有关跨界水资源管理中目前或将来存在的任何问题或争端建立、存在或指定的任何联合管理机构、协调委员会或法庭。

第六十五条　联合管理机构的最低要求

1. 根据第六十四条，流域范围的管理机构应具有以下权利：

（a）其他科学和技术上的研究计划之间的协调和综合；

（b）为了长期进行观测和控制，而建立一个协调的、同等的或统一的网络；

（c）为了整个流域或其重要部分，建立联合的或协调的水质目标和标准。

2. 根据第六十四条成立机构的协议，应该为机构提供以下内容：

（a）目标和目的；

（b）特性和组成；

（c）形式和期限；

（d）法律地位；

（e）作用范围；

（f）功能和能源；

（g）资金安排。

第六十六条　回顾

各流域国应该对他们在协议中承担的有关水资源的义务及联合

管理机构的执行等进行定期回顾，回顾中应该承担以下内容：

（a）根据所得到的所有信息，对关于水资源或水生环境的管理措施的所有影响进行评价；

（b）根据这个机构建立的目标及随着科技知识的发展，对联合管理机构相关的；

（c）促使有关国家对气候变化作出适当的响应；

（d）为了有效地执行联合管理机构或其他协议，对方法简化；

（e）为了执行联合管理机构或其他协议，建立必要或合适的附属机构；

（f）如果必要且可能的话，为联合管理机构或其他协议筹措额外的资金来源；

（g）如果合适的话，国际组织、政府间机构和非政府机构等之间进行相互服务或合作；

（h）对联合管理机构或其他协议等执行中的问题，提出必要切且合适的建议。

第六十七条　费用分摊

1. 收集和交换相关信息以及其他联合行动（包括流域管理机构的成立和运行）等的费用，在各流域国之间的分摊建立在以下基础之上：

（a）获得的经济利益；

（b）获得的环境利益；

（c）支付能力。

2. 依照协议在某一国家境内建设的特殊工程的费用，经另一国家请求，应该由请求国承担，除非另有协议。

第十二章　国家职责

第六十八条　国家职责

根据国际法中规定的国家职责，当违背国际法中关于水资源管理或水生环境的规定时，国家应该对其负责。

……

第十四章　国际水事争端的解决

第七十二条　国际水事争端的和平解决

1. 各国应该通过和平的手段，解决本规则范围内相关问题的争端。

2. 为了通过他们自己的选择，得到一个符合国际法中权利和义务的一致解决方法，争端涉及的各个国家应该在相互之间，以及同合适的主管国际机构之间进行协商。

3. 当存在争端事实时，相关国家，应该委托一个机构来调查并解决这个争端事实，负责实情调查的机构所作出的决议，仅当这些国家同意其约束影响时，才对这些国家具有法律约束力。

4. 在解决争端的任何方法中，有关各国都应该，在争端出现的早期适当阶段邀请可能受到争端决议影响的其他国家提出他们的观点。

5. 本条款中提及的争端解决方法不影响区域机构或其他国际机构成员建议的或要求的争端解决方法的实施。

第七十三条　仲裁和诉讼

1. 如果采用本规则第七十二条中的方法不能够成功地解决争端时，有关国家或国际组织应该同意，将争端提交给一个专门的仲裁法庭或常设仲裁法庭或主管国家法庭解决。

2. 借助仲裁或诉讼，就意味着有关国家认为其任何仲裁结果或判决时最终结果，并具有法律约束力。